高等学校电子信息学科系列教材
广西重点学科精品课程专业基础课教材

随机信号分析基础

(第二版)

梁红玉　郑　霖
王　波　罗丽燕　编

西安电子科技大学出版社

内容简介

本书为广西重点学科(通信工程和电子信息工程)精品课程的专业基础课教材，目的是帮助相关专业读者打下牢固的随机信号分析的基础，使其掌握现代信号分析和处理技术的研究方法，紧跟技术发展。全书共六章，主要介绍随机信号的基本理论和分析方法，在回顾随机变量研究方法的基础上引出随机信号的相关概念，然后分别从随机信号的时域和频域讨论随机信号的特点，并对随机信号通过线性系统的响应以及通信系统中常见的窄带随机信号进行分析。

本书以概率论、高等数学和信号系统分析的基础知识为背景，既可作为高等学校通信、电子信息类专业本科生的教材，也可作为相关专业领域的师生、科研人员和工程技术人员的参考资料。

图书在版编目(CIP)数据

随机信号分析基础/梁红玉等编. —2版. —西安：西安电子科技大学出版社，2020.7

ISBN 978-7-5606-5630-4

Ⅰ.①随…　Ⅱ.①梁…　Ⅲ.①随机信号—信号分析　Ⅳ.①TN911.6

中国版本图书馆CIP数据核字(2020)第046609号

策划编辑　马乐惠
责任编辑　宁晓蓉　马乐惠
出版发行　西安电子科技大学出版社(西安市太白南路2号)
电　　话　(029)88242885　88201467　　邮　　编　710071
网　　址　www.xduph.com　　电子邮箱　xdupfxb001@163.com
经　　销　新华书店
印刷单位　咸阳华盛印务有限责任公司
版　　次　2020年7月第2版　2020年7月第2次印刷
开　　本　787毫米×1092毫米　1/16　印张　10.5
字　　数　243千字
印　　数　3001～6000册
定　　价　24.00元

ISBN 978-7-5606-5630-4/TN

XDUP　5932002-2

前　言

随机信号分析是通信、电子信息类专业的主要专业基础课程之一。本书吸取了目前国内外同类教材的长处，在编者多年教学实践总结的基础上精心编写而成。设置该课程的目的是为了使通信、电子信息等相关专业学生全面掌握随机信号分析的基础理论和分析方法，并能将学到的理论和电子、通信等领域的知识相联系。同时，学习一些与现代信号处理理论相关的基础知识，了解随机信号理论仿真及分析处理方法，可以培养学生具备适应未来新的交叉学科发展的综合应用能力和创新能力。

本书第一版于2013年出版，是高等学校电子信息学科“十二五”规划教材，同时入选广西重点学科精品课程专业基础课教材。第二版是在保持第一版整体内容和特色不变的基础上，进一步结合作者近年教学经验和学生反馈意见修订而成的。本次修订对第一版中出现的错误或不恰当的符号等进行了更正，并在附录中增加了部分习题参考答案与简单提示。

本书共六章。第一章介绍概率论的基础知识，重点讲述随机变量的研究和分析方法，为后面章节的学习奠定基础。第二章介绍随机信号的基本概念、描述方式及其统计特性，分析了几种电子通信中典型的随机信号和重要的高斯随机信号。第三章介绍随机信号的平稳性与各态历经性，分析了平稳随机信号自相关函数的特性以及各态历经性的意义及实际应用。第四章对随机信号进行了频域分析，介绍了一般随机信号和平稳随机信号的功率谱密度及互功率谱密度。第五章介绍随机信号通过线性时不变系统的分析方法，讨论了噪声中信号处理的基本技术，并分析了匹配滤波器的基本原理。第六章讨论窄带随机信号的物理模型和数学模型，分析了窄带随机信号的统计特性及窄带随机信号通过包络检波器或者平方律滤波器后统计特性的变化。

本书建议教学学时数为32～48学时。为了满足不同教学需求并利于广大读者自学，书中对于一些不作硬性要求的节或小节标注了“*”。本书条理清晰、图例丰富、简明易学，对于初学者来说是一本较为基础的入门教材。

本书由梁红玉、郑霖、王波和罗丽燕合作编写。其中，第一至四章由梁红玉编写；第五章由王波和罗丽燕共同编写；第六章由郑霖和梁红玉共同编写。全书由梁红玉负责统稿、定稿。

本书的编写和修订得到了桂林电子科技大学通信研究所郑继禹教授、仇洪冰教授建设性的指导，同时得到了桂林电子科技大学信息与通信学院通信工程系全体同仁的大力支持与帮助，在此一并表示衷心的感谢。

本书虽经多次统稿修改，但由于编者水平有限，书中难免存在疏漏之处，恳请读者批评指正。对本书的任何指正和建议，可以发送到电子邮箱：lruby@guet.edu.cn，编者深表感谢！

编　者
2020 年 3 月
于桂林电子科技大学

目　　录

第一章　随机变量基础

在电子通信系统中，被传输和处理的信号通常是具有不确定性的随机信号或者随机信号与确知信号的混合信号。随机信号的分析方法体现在随机性和信号性两方面。

随机性的理论基础是概率论及数理统计。本章首先对随机变量的要点做简单介绍，然后介绍随机变量的描述方法，并给出通信与信息处理领域中常见的一些随机变量的分布；重点讨论高斯随机变量及其一维分布的求解问题，供读者参考和选用。本章内容是研究随机信号随机性的基础。

1.1　概率基本术语

1.1.1　概率空间

1. 随机现象

在自然科学的研究中，人们对自然现象进行观察后得出：自然现象可分为确定现象和随机现象两类。确定现象是在一定条件下必然发生或必然不发生的现象，如上抛的石子必然会下落，异性电荷必然相互吸引等。随机现象是指只知道各种可能发生的结果，但无法准确判定哪一个结果将发生，如某城市每天出生的人口数量、某工厂每天产品的合格率、股市的行情等。

随机现象有两个主要特点：① 个别试验的不确定性；② 大量试验结果的统计规律性。概率论和数理统计是描述和研究随机现象统计规律性的数学学科，它们研究大量随机现象内在的统计规律，建立随机现象的物理模型并预测随机现象将要产生的结果。

在信息与通信系统中，随机现象更是大量存在，主要表现在信号、噪声、信道和通信业务这些物理对象中。例如信源中的数字信号、信道噪声干扰、接收检测、通信流量等。

2. 随机试验

为了建立随机现象的物理模型，引入随机试验的概念。随机试验必须满足下面3个特征：

(1) 试验可以在相同条件下重复进行。

(2) 每次试验的结果并不唯一，并能事先确定所有可能的结果。

(3) 每次试验前结果不确定。

随机试验中某个可能出现的结果称为样本点，记为 $\xi_i(i=1, 2, \cdots)$；随机试验所有可能出现的结果，即全体样本点构成的集合称为样本空间，记为 Ω，$\xi_i\in\Omega(i=1, 2, \cdots)$；而事件是试验中“人们感兴趣的结果”构成的集合，是 Ω 的子集，常用大写字母 A，B，C，…表示。事件和样本空间之间是包含关系，例如 $A\subset\Omega$。各种不同的事件的总体构成一个事件集合，称为事件域 F。事件域 F 是事件的集合，事件和事件域之间的关系是属于的关系，如 $A\in F$。

例 1.1　随机抛一个骰子，观察出现的点数。

(1) 样本空间=所有样本点，$\Omega=\{1, 2, 3, 4, 5, 6\}$。

(2) 事件 A ="投掷结果为 3"$=\{3\}\subset\Omega$。(说明：仅由一个样本点构成的事件叫作基本事件。)

(3) 事件 B ="投掷结果为奇数"$=\{1, 3, 5\}\subset\Omega$。

(4) 事件 $D=\{1, 2, 3, 4, 5, 6\}=\Omega$，包括所有样本点，为必然事件。

(5) 空集 $E=\varnothing$，不包含任何样本点，是不可能事件。

事件之间的关系及运算，与集合论中集合的关系与运算是相似的。

3. 概率的公理化定义及性质

概率论中有概率的统计定义、公理化定义和古典定义。下面重点介绍概率的公理化定义。

1) 定义

设 Ω 是某随机试验的样本空间，F 是定义在该样本空间 Ω 上的事件域。若定义在事件域 F 的一个集合函数 P 满足下面三个条件：

(1) 非负性：对任何事件 A，均有 $P(A)\geqslant 0$ 成立，即

$$P(A)\geqslant 0, \forall A\in F \tag{1-1}$$

(2) 规范性：必然事件概率为 1，即

$$P(\Omega)=1$$

(3) 完全可加性：若 $A_i\in F(i=1, 2, \cdots)$，且两两互不相容时，有

$$P\left(\bigcup_{i=1}^{\infty} A_i\right)=\sum_{i=1}^{\infty} P(A_i) \tag{1-2}$$

则称 P 为概率。

显然，集合函数 P 将每一个事件 A 和区间 $[0, 1]$ 内的数 $P(A)$ 对应起来，这个数 $P(A)$ 就是事件 A 的概率，如图 1-1 所示。

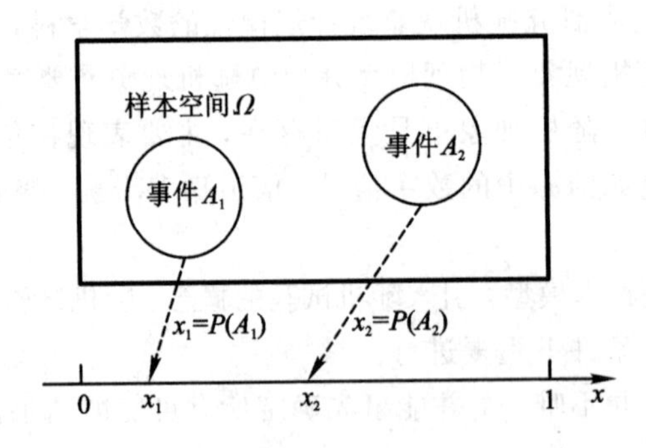

图 1-1　概率的定义

2) 性质

(1) 不可能事件的概率为 0，即

$$P(\varnothing)=0 \tag{1-3}$$

(2) 完全可加性：若 $A_i\in F\ (i=1, 2, \cdots)$，且两两互不相容(互斥)，则

$$P(\bigcup_{i=1}^{\infty} A_i) = \sum_{i=1}^{\infty} P(A_i) \tag{1-4}$$

（3）逆事件的概率为

$$P(\overline{A}) = 1 - P(A) \tag{1-5}$$

（4）单调性：若 $B \subset A$，则

$$P(A-B) = P(A) - P(B)\text{，且 } P(B) \leqslant P(A) \tag{1-6}$$

（5）加法公式：

$$P(A \cup B) = P(A) + P(B) - P(AB)$$

次可加性：

$$P(A \cup B) \leqslant P(A) + P(B)$$

一般地，有

$$\begin{aligned} P(\bigcup_{i=1}^{\infty} A_i) = & \sum_{i=1}^{\infty} P(A_i) - \sum_{1 \leqslant i \leqslant j = n}^{\infty} P(A_i A_j) + \sum_{1 \leqslant i \leqslant j \leqslant k = n}^{\infty} P(A_i A_j A_k) - \cdots \\ & (-1)^{n-1} P(A_1 A_2 \cdots A_n) \\ \leqslant & \sum_{i=1}^{\infty} P(A_i) \end{aligned} \tag{1-7}$$

4. 概率空间

至此，我们引进了研究随机试验的三个基本组成部分：样本空间 Ω、事件域 F 和概率 P。对随机试验 E 而言，样本空间 Ω 给出了它的所有可能的试验结果，F 给出了由这些可能结果组成的各种各样的事件，而 P 则给出了每一个事件发生的概率。这三部分构成的整体 (Ω, F, P) 称为随机试验 E 的概率空间。概率空间是随机试验建模的基础。图 1-2 是随机试验、样本空间和概率空间的关系示意图。

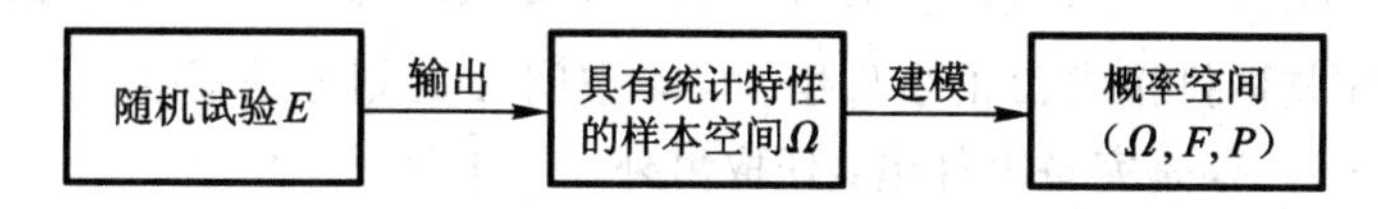

图 1-2　随机试验、样本空间和概率空间的关系示意图

1.1.2　条件概率

条件概率是一个重要且实用的概念。因为在实际系统或工程问题中，除了要求单个事件发生的概率，有时候还要考虑该事件发生后对其他事件的影响。例如，在通信系统中，我们在接收端收到某个信号的同时要对发射端发出的信号做推测，或者是发某个符号时，要考虑接收端收到的是否是该符号。本节在介绍条件概率和事件独立的基础上，给出全概率公式和贝叶斯(Bayes)公式。

1. 条件概率的定义

设 B 为一个概率不为零的事件，已知某次试验的样本点属于 B，考虑该样本点又同时属于另一事件 A 的概率。即在事件 B 发生的条件下，事件 A 发生的概率，这个概率称为条件概率，记为 $P(A|B)$，定义为

$$P(A|B) = \frac{P(A \cap B)}{P(B)} = \frac{P(AB)}{P(B)}, \quad P(B) > 0 \tag{1-8}$$

当 B 成为条件时，实际上相当于 B 成为必然事件，即 B 成为当前事件的全空间，因此需将概率 $P(AB)$ 放大 $1/P(B)$倍。

对于事件 $B\in F$，$P(B)>0$，条件概率有以下性质：

(1) 对于任意 $A\in F$，有 $0\leqslant P(A|B)\leqslant 1$。

(2) $P(\Omega|B)=1$。

(3) 对任意可列个 $A_n\in F(n=1, 2, \cdots)$，如 $A_i\cap A_j=\varnothing(i\neq j)$，则

$$P(\bigcup_{n=1}^{\infty}A_n|B)=\sum_{n=1}^{\infty}P(A_n|B)$$

2. 事件的独立

当事件 A 的发生不依赖于条件 B 时，有 $P(A|B)=P(A)$，则称事件 A 与 B 独立。由式(1-8)等价地有

$$P(AB)=P(A)P(B) \tag{1-9}$$

因此称满足式(1-9)的事件 A 和 B 互相独立。注意"独立"与"互斥"的区别，互斥为$P(AB)=0$。

推广到多个事件，设 $A_1, A_2, \cdots, A_N$ 为同一样本空间上的一组事件，若对任意的 $M(2\leqslant M\leqslant N)$及任意 M 个互不相同的整数 $i_1, i_2, \cdots, i_M$，满足

$$P(A_{i_1}A_{i_2}\cdots A_{i_M})=P(A_{i_1})P(A_{i_2})\cdots P(A_{i_M}) \tag{1-10}$$

则称 $A_1, A_2, \cdots, A_N$ 互相独立。N 个事件互相独立要求它们任意 $2\leqslant M\leqslant N$ 之间都互相独立。

3. 全概率公式

若事件 $A_1, A_2, \cdots, A_N$ 两两互斥(互不相容)，即 $\forall i\neq j$，且其并集等于样本空间，即 $\bigcup_{i=1}^{N}A_i=\Omega$，则 $A_1, A_2, \cdots, A_N$ 为样本空间 Ω 的一个分割或完备事件组。完备事件组是既彼此互斥，又可以完整地拼接成 Ω 的事件组。样本空间 Ω 的划分是不唯一的。

若 $A_1, A_2, \cdots, A_N$是完备事件组，任取另外一个事件 $B\subset\Omega$，则有

$$P(B)=\sum_{i=1}^{N}P(BA_i)=\sum_{i=1}^{n}P(B\mid A_i)P(A_i) \tag{1-11}$$

该公式称为全概率公式。可以看出，全概率公式等价于 $P(B)=\sum_{i=1}^{N}P(BA_i)$，其中，$BA_i$是图 1-3 中 B 的局部子块，它们彼此互斥。

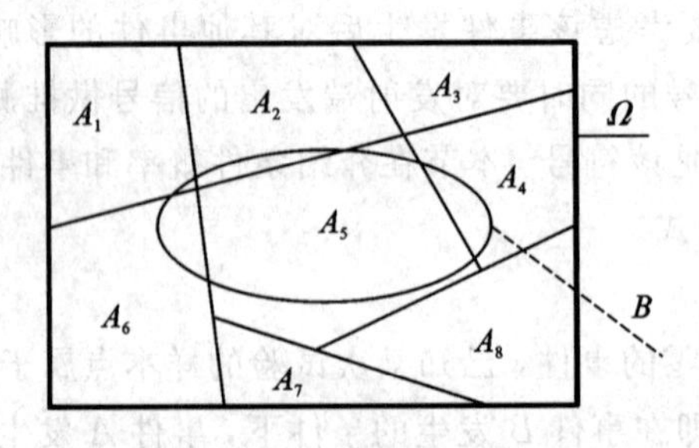

图 1-3　全概率公式

样本空间的分割实际上是对样本空间样本点的分组，对于不同组别的样本点，事件 B 具有不同的条件概率。全概率公式揭示了在这种情况下事件 B 的概率求法。

例 1.2　某通信网可以支持 3 种业务，第 1 种业务的概率是 0.3，第 2 种业务的概率是 0.2，第 3 种业务的概率是 0.5。对于第 1 种业务，在传输过程中发生阻塞的概率是 0.1，对于第 2、3 种业务，在传输过程中发生阻塞的概率分别为 0.15 和 0.2。试求该通信网发生阻塞的总概率。

解　此题可以用全概率公式求解。

用 A_1、A_2、A_3分别表示“一个业务是第 1、2、3 种业务”3 个事件，用 B 表示“该通信网发生阻塞”这个事件，由全概率公式有

$$\begin{aligned}P(B) &= P(B \mid A_1)P(A_1) + P(B \mid A_2)P(A_2) + P(B \mid A_3)P(A_3) \\ &= 0.1\times 0.3 + 0.15\times 0.2 + 0.2\times 0.5 = 0.16\end{aligned}$$

4. 贝叶斯(Bayes) 公式

设事件 $A_i(i=1, 2, \cdots, N)$为样本空间 Ω 的一个完备事件组，对任意事件 $B\in F$，$P(B)>0$，由条件概率公式(1-8) 和全概率公式(1-11)知，在事件 B 发生的条件下，事件 A_i的概率为

$$\begin{aligned}P(A_i \mid B) &= \frac{P(BA_i)}{P(B)} = \frac{P(B|A_i)P(A_i)}{\sum_{j=1}^{N} P(BA_j)} \\ &= \frac{P(B|A_i)P(A_i)}{\sum_{j=1}^{N} P(B|A_j)P(A_j)} \quad (i, j = 1, 2, \cdots, N) \qquad (1-12)\end{aligned}$$

式(1-12)称为 Bayes 公式。

对上面公式做如下简单说明：

(1) $P(A_i)(i=1, 2, \cdots, N)$为事件发生的概率，称为先验概率，它在试验前就已给定。

(2) $P(A_i|B)$是观测到 B 出现的条件下，事件 A_i发生的概率，称为后验概率。

(3) $P(B|A_j)$是事件 A_j试验后转移成事件 B 的概率，称为转移概率。

贝叶斯公式正是基于结果 B 推测某种起因 A_i的可能性的方法，可应用于研究因果推测、信息传输与信号检测等问题。

例 1.3　二进制对称信道传输模型如图 1-4 所示，设信道输入为 0 或 1，信源发出 0 的概率为 q，信道传输差错概率为 p，试求：

(1) 信道输出为 0 和 1 的概率；

(2) 输出为 1 的条件下输入是 1 的概率以及输出是 0 的条件下输入为 1 的概率。

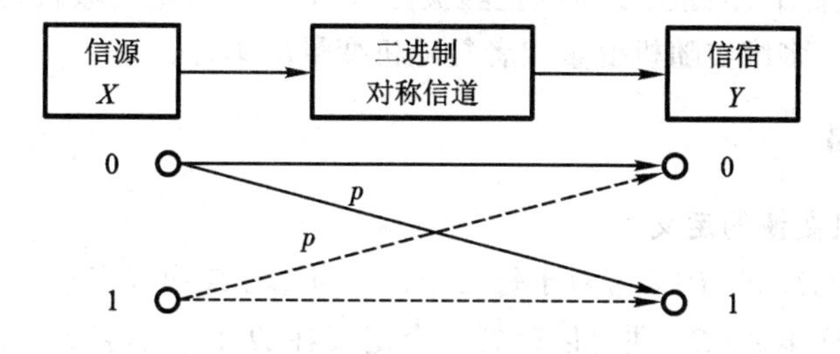

图 1-4　二进制对称信道传输模型

解　先考虑原因，样本空间 $\Omega_X=\{0, 1\}$，由已知得先验概率 $P(X=0)=q$，可以得出

$$P(\Omega_X) = 1 \Rightarrow P(X = 1) = 1 - q$$

则当信源发出 1 时接收到 0 的概率为

$$P(Y=0|X=1)=p$$

对称信道同理，当信源发出 0 时接收到 1 的概率为

$$P(Y=1|X=0)=p$$

结果样本空间为 $\Omega_Y=\{0,1\}$，因此有

$$P(Y=1|X=1)=P(Y=0|X=0)=1-p$$

(1) 由全概率公式得到

$$\begin{aligned}P(Y=1)&=P(Y=1|X=0)P(X=0)+P(Y=1|X=1)P(X=1)\\&=pq+(1-p)(1-q)=1-(p+q)+2pq\end{aligned}$$

同理有

$$\begin{aligned}P(Y=0)&=P(Y=0|X=0)P(X=0)+P(Y=0|X=1)P(X=1)\\&=(1-p)q+p(1-q)=p+q-2pq\end{aligned}$$

(2) 题中所求即为 $P(X=1|Y=1)$和 $P(X=1|Y=0)$，由 Bayes 公式得到

$$\begin{aligned}P(X=1|Y=1)&=\frac{P(Y=1|X=1)P(X=1)}{P(Y=1|X=1)P(X=1)+P(Y=1|X=0)P(X=0)}\\&=\frac{(1-p)(1-q)}{(1-p)(1-q)+pq}=\frac{1-(p+q)+pq}{1-(p+q)+2pq}\end{aligned}$$

同理有

$$\begin{aligned}P(X=1|Y=0)&=\frac{P(Y=0|X=1)P(X=1)}{P(Y=0|X=1)P(X=1)+P(Y=0|X=0)P(X=0)}\\&=\frac{p(1-q)}{p(1-q)+(1-p)q}=\frac{p-pq}{p+q-2pq}\end{aligned}$$

1.2 随机变量及其分布

前面已经建立了随机现象的数学模型——概率空间(Ω, F, P)，而随机试验的样本空间为一般意义下的集合，不便于讨论与分析。本节在概率空间(Ω, F, P)基础上引入随机变量的概念，随机变量概念的引入使概率论的研究对象由具体事件抽象为随机变量。将样本空间映射到一维实数域 $\mathbf{R}$ 或其子集，转到实数域进行讨论。样本点映射为实数值，事件映射为实数或复数集合(实随机变量或复随机变量)，变量的定义域就是样本空间，值域就是一维实随机变量、多维实随机变量或者复随机变量的集合。

1.2.1 随机变量

1. 一维实随机变量的定义

设概率空间为$\{\Omega, F, P\}$，若对于每一个样本点 $\xi_k\in\Omega$ 均有实数 $x_k=X(\xi_k)$，$x_k\in\mathbf{R}$ 与之对应，对于所有样本 $\xi\in\Omega$，便可以得到一个定义在 Ω 上的单值实函数 $X(\xi)$；若每个实数 x 的数集$\{X(\xi)\leqslant x\}$仍然是事件域 F 中的事件，则称这个单值实函数 $X(\xi)$为一维实随机变量，简写为 X。一维实随机变量的定义如图 1-5 所示。

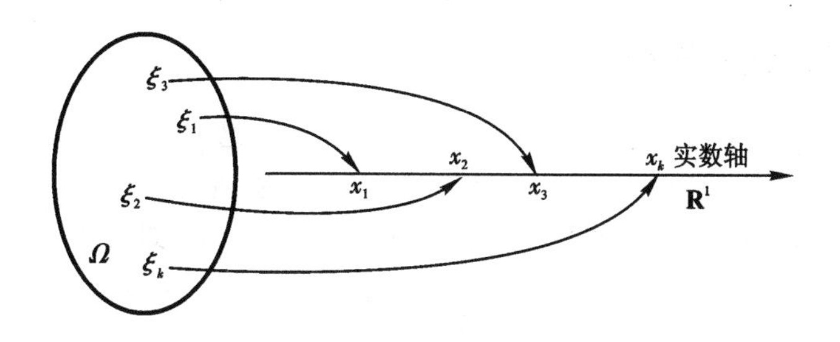

图 1－5　一维实随机变量的定义

下面对一维实随机变量做简要说明。

(1) 样本 ξ_k 是样本空间上的点，所对应的实数 x_k 是某个实数集 $\mathbf{R}^1$ 上的点。因此，一维实随机变量 $X(\xi)$ 就是从原样本空间 Ω 到新空间 $\mathbf{R}^1$ 的一种映射，如图 1－5 所示。

(2) 随机变量 $X(\xi)$ 总是对应一定的概率空间(Ω, F, P)。为了书写简便，没有特殊要求时不必每次写出随机变量 $X(\xi)$ 的概率空间(Ω, F, P)。

(3) 随机变量 $X(\xi)$ 是关于 ξ 的单值实函数，简写为 X。本书规定用大写英文字母 X, Y, Z, …表示随机变量，用相应的小写字母 x, y, z, …表示随机变量的可能取值，用 $\mathbf{R}^1$ 表示一维实随机变量的值域。

简单地说，一维实随机变量实际上就是样本空间为一维实数域 $\mathbf{R}^1$ 其子集的概率空间。

2. 二维及多维实随机变量

多维随机变量亦称随机向量，随机向量在矩阵分析和信号处理中非常重要，例如雷达回波信号的幅度和相位需要两个不同的随机变量来描述。仿照一维实随机变量的定义，二维随机变量用(X, Y)来表示，它可以认为是从原样本空间 Ω 到新空间 $\mathbf{R}^2$(xOy 平面)的一种映射，即样本空间 Ω 中任意 ξ 映射为二维空间平面上的一个随机点，如图 1－6 所示。同理，n 维随机变量则用(X_1, X_2, …, X_n)表示，它可推广到 n 维空间上的一个随机点。依此类推，样本空间 Ω 中任意 ξ 映射到复数空间即是复随机变量。

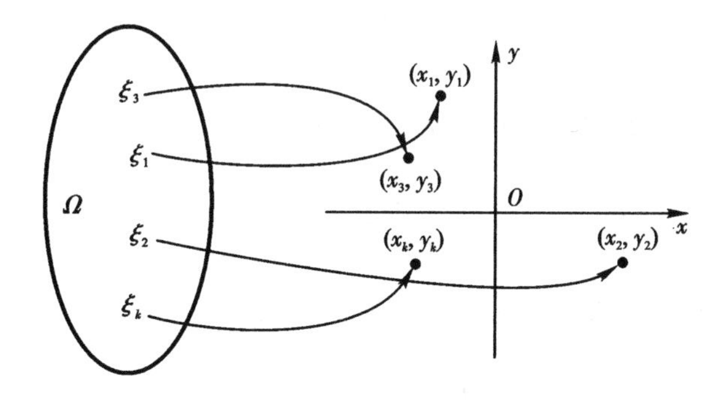

图 1－6　二维实随机变量的定义

3. 随机变量的分类

按照随机变量的可能取值，其可以分为两种基本类型，即离散型随机变量和连续型随机变量。离散型随机变量仅可取得有限个或者可数多个数值，例如移动通信系统用户在某一段时间内对基站的呼叫次数就属于离散型随机变量；而连续型随机变量其取值连续且占据某一区间，例如通信系统中接收机的噪声电压就属于连续型随机变量。本书以连续型随机变量为研究对象进行讨论和分析。

1.2.2 随机变量统计描述

1.2.1节对随机变量与一般变量进行了概念的推广。通常的变量只要考虑其可能的取值，而不考虑其取值的可能性大小；而随机变量由于是随机现象的输出，因此不仅要考虑其可能的取值，更重要的是还要考虑各个取值的可能性大小，即概率大小。通过大量试验发现，随机变量的取值具有一定的统计规律。因此，通常采用概率分布函数或者分布律和概率密度函数对随机变量的统计规律进行描述。

1. 一维连续实随机变量 X 的概率分布函数与概率密度函数

1) 概率分布函数

对随机变量 X，定义任意实数 $x \in \mathbf{R}^1$ 的函数

$$F_X(x) = P\{X \leqslant x\} \tag{1-13}$$

为 X 的概率分布函数或累积分布函数，记为 $F_X(x)$，其中，实数 x 为随机变量 X 的可能的取值。

$F_X(x)$ 表示随机变量 X 的取值落在 $(-\infty, x]$ 区间上的概率，简单而言，即事件 $\{X \leqslant x\}$ 的概率。例如在电子系统中，测量某元器件两端电压不小于3 V的试验结果就是求其概率分布。

概率分布函数的性质如下：

(1) $F_X(x)$ 为单调非降函数，即当 $x_2 > x_1$ 时，$F_X(x_2) > F_X(x_1)$。

(2) $0 \leqslant F_X(x) \leqslant 1$，且有 $\lim\limits_{x \to +\infty} F_X(x) = F_X(+\infty) = 1$ 和 $\lim\limits_{x \to -\infty} F_X(x) = F_X(-\infty) = 0$。

(3) 分布函数右连续，即 $F_X(x+0) = \lim\limits_{\varepsilon \to 0} F_X(x+\varepsilon) = F_X(x)$。

因此，若已知随机变量 X 的分布函数，就可以知道 X 落在任一区间上的概率，从这个意义上说，分布函数完整地描述了随机变量的统计规律性。

(4) 随机变量在 $(x_1, x_2]$ 区间内的概率为

$$P(x_1 < X \leqslant x_2) = F_X(x_2) - F_X(x_1) \tag{1-14}$$

2) 概率密度函数

随机变量 X 的概率密度函数定义为概率分布函数 $F_X(x)$ 对可能取值状态 x 的导数，即

$$f_X(x) = \frac{\mathrm{d}F_X(x)}{\mathrm{d}x} \tag{1-15}$$

$f_X(x)$ 的含义即为随机变量 X 分布在单位长度上的概率大小。

概率密度函数的性质如下：

(1) 非负性：$f_X(x) \geqslant 0$，$-\infty < x < +\infty$。

(2) 归一性：$\int_{-\infty}^{+\infty} f_X(x)\mathrm{d}x = 1$。

(3) $P\{x_1 < X \leqslant x_2\} = F_X(x_2) - F_X(x_1) = \int_{x_1}^{x_2} f_X(x)\mathrm{d}x$。

一维概率分布函数和一维概率密度函数可以充分地说明连续型随机变量取值落在某一区间或者单位区间的概率。值得注意的是，连续型随机变量在某点取值的概率为0。图1-7表示了连续型随机变量的概率密度函数和概率分布函数。

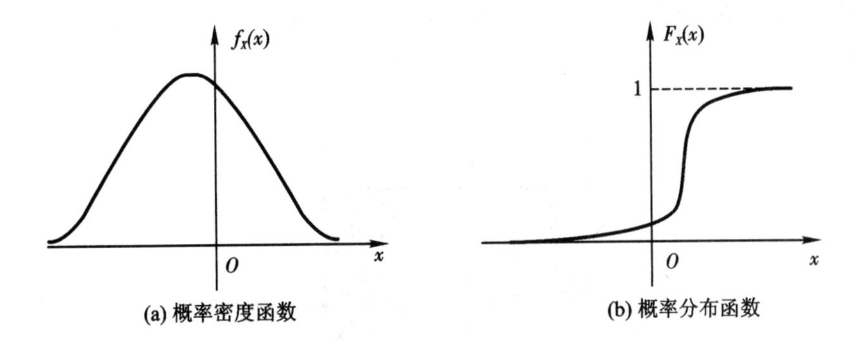

图 1-7　连续型随机变量的概率密度函数和概率分布函数

例 1.4　在通信系统中，一条消息的传输时间 X 是一个随机变量，它服从指数概率分布，即 $P(X>x)=\mathrm{e}^{-\lambda x}(x>0)$，其中 λ 是一个正常数。试求 X 的概率分布函数和概率密度函数，并求出 $P(1/\lambda<X\leqslant 2/\lambda)$。

解　X 的概率分布函数为

$$F_X(x)=P(X\leqslant x)=1-P(X>x)$$

因此有

$$F_X(x)=\begin{cases}0, & x<0\\ 1-\mathrm{e}^{-\lambda x}, & x\geqslant 0\end{cases}$$

X 的概率密度函数为

$$f_X(x)=F'_X(x)=\begin{cases}0, & x<0\\ \lambda\mathrm{e}^{-\lambda x}, & x\geqslant 0\end{cases}$$

根据概率分布函数定义有

$$P(1/\lambda<X\leqslant 2/\lambda)=F_X(2/\lambda)-F_X(1/\lambda)=\mathrm{e}^{-1}-\mathrm{e}^{-2}$$

2. 二维及多维连续实随机变量的概率分布函数与概率密度函数

根据以上讨论，我们不难将其推广到两个随机变量(二维分布)或更多随机变量(多维分布)的情况。n 个随机变量构成 n 维随机变量，记为$(X_1, X_2, \cdots, X_n)$。也可用列向量形式表示为 $\mathbf{X}=(X_1, X_2, \cdots, X_n)^{\mathrm{T}}$。从概率空间的概念可以看出，$n$ 维随机变量的样本空间为 n 维实数空间 $\mathbf{R}^n$(n 维欧氏空间)。以后在多维随机变量研究中，为了简便，经常用一个随机向量来表示 n 维随机变量。随机向量常用大写字母 $\mathbf{X}$, $\mathbf{Y}$, $\mathbf{Z}$, …表示。对于二维或多维随机变量，采用联合概率特性来描述其统计规律。

1) 二维随机变量的联合概率分布函数

仿照一维随机变量概率分布函数的定义，任意取 $x, y\in\mathbf{R}^1$，称

$$F_{XY}(x, y)=P(X\leqslant x, Y\leqslant y) \tag{1-16}$$

为(X, Y)的联合概率分布函数。它表示随机变量 $X\leqslant x$ 且 $Y\leqslant y$ 这样一个联合事件的概率。

联合概率分布函数 $F_{XY}(x, y)$具有以下性质：

(1) $F_{XY}(x, y)$分别对 x、y 单调不减。

(2) $F_{XY}(x, y)$对每个变量均为右连续。

(3) $0\leqslant F_{XY}(x, y)\leqslant 1$，且有 $F_{XY}(x, -\infty)=0$，$F_{XY}(-\infty, y)=0$ 和 $F_{XY}(+\infty, +\infty)=1$。

(4) $P\{a<X\leqslant b, c<Y\leqslant d\}=F_{XY}(b, d)-F_{XY}(a, d)-F_{XY}(b, c)+F_{XY}(a, c)$，如图 1－8 所示。

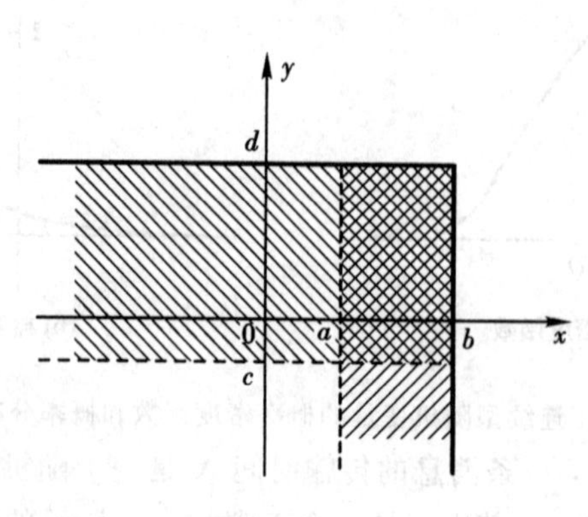

图 1－8　联合概率分布函数性质(4)

2) 二维随机变量的联合概率密度函数

若 $F_{XY}(x, y)$存在二阶偏导数，定义

$$f_{XY}(x,y)=\frac{\partial^2 F_{XY}(x,y)}{\partial x\partial y} \tag{1-17}$$

为二维随机变量(X, Y)的联合概率密度函数。

二维概率密度函数 $f_{XY}(x, y)$反映了随机变量(X, Y)在(x, y)处的联合概率的强度，它具有如下基本性质：

(1) $f_{XY}(x,y)\geqslant 0$。

(2) $\int_{-\infty}^{+\infty}\int_{-\infty}^{+\infty} f_{XY}(x, y)\mathrm{d}x\mathrm{d}y=1$。

(3) $\int_{-\infty}^{y}\int_{-\infty}^{x} f_{XY}(u, v)\mathrm{d}u\mathrm{d}v=F_{XY}(x,y)$。

(4) $P\{(x,y)\in D\}=\iint_D f_{XY}(u,v)\mathrm{d}u\mathrm{d}v$。

以上由一维随机变量的统计特性推广到二维随机变量的联合概率分布和联合概率统计特性，如图 1－9 所示。

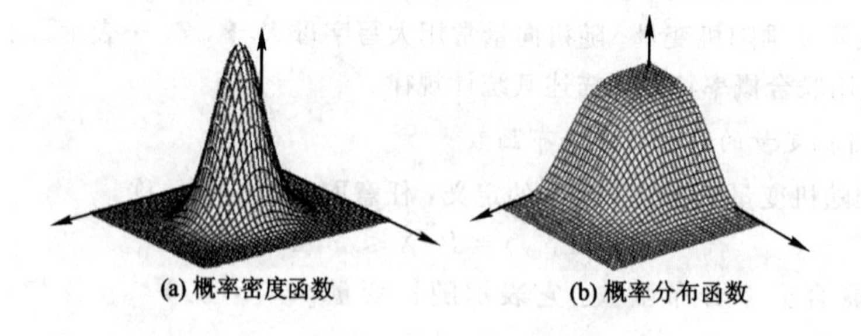

图 1－9　二维概率密度函数和概率分布函数

联合概率特性包含了随机变量分量各自的边缘概率特性与它们相互间交叉的概率特性，这就是边缘分布与条件分布。

3）二维随机变量的边缘分布与条件分布

边缘分布函数定义为

$$\begin{cases} F_X(x)=F_{XY}(x,+\infty)=\int_{-\infty}^{x}\int_{-\infty}^{+\infty}f_{XY}(u,y)\mathrm{d}y\mathrm{d}u \\ F_Y(y)=F_{XY}(+\infty,y)=\int_{-\infty}^{+\infty}\int_{-\infty}^{y}f_{XY}(x,v)\mathrm{d}x\mathrm{d}v \end{cases} \tag{1-18}$$

其密度函数定义为

$$\begin{cases} f_X(x)=\dfrac{\partial}{\partial x}F_{XY}(x,+\infty)=\int_{-\infty}^{+\infty}f_{XY}(x,y)\mathrm{d}y \\ f_Y(y)=\dfrac{\partial}{\partial y}F_{XY}(+\infty,y)=\int_{-\infty}^{+\infty}f_{XY}(x,y)\mathrm{d}x \end{cases} \tag{1-19}$$

仿照事件的条件概率公式，二维随机变量的条件概率分布定义为

$$\begin{cases} F_{X|Y}(x|y)=\dfrac{F_{XY}(x,y)}{F_Y(y)} \\ F_{Y|X}(y|x)=\dfrac{F_{XY}(y,x)}{F_X(x)} \end{cases} \tag{1-20}$$

其密度函数定义为

$$\begin{cases} f_{X|Y}(x|y)=\dfrac{f_{XY}(x,y)}{f_Y(y)} \\ f_{Y|X}(y|x)=\dfrac{f_{YX}(y,x)}{f_X(x)} \end{cases} \tag{1-21}$$

4）二维随机变量的统计独立性

设 X、Y 是两个随机变量，$\forall x,\ y\in\mathbf{R}$，若有

$$P(X<x,Y<y)=P\{(X<x)\cap(Y<y)\}=P(X<x)\cdot P(Y<y)$$

则称随机变量 X、Y 相互独立。

对于二维随机变量(X,Y)，X 与 Y 相互独立的条件为

$$F_{XY}(x,y)=F_X(x)\cdot F_Y(y) \quad 或 \quad f_{XY}(x,y)=f_X(x)\cdot f_Y(y) \tag{1-22}$$

5）n 维随机变量

n 维随机变量 $\mathbf{X}=(X_1,\ X_2,\ \cdots,\ X_n)^{\mathrm{T}}$ 的联合分布函数定义为

$$F_{\mathbf{X}}(x_1,\ x_2,\ \cdots,\ x_n)=P\{X_1\leqslant x_1,\cdots,X_n\leqslant x_n\} \tag{1-23}$$

若 n 维随机变量$(X_1,\ X_2,\ \cdots,\ X_n)^{\mathrm{T}}$的联合分布函数 $F_{\mathbf{X}}(x_1,\ x_2,\ \cdots,\ x_n)$存在 n 阶偏导数，则称

$$f_{\mathbf{X}}(x_1,\ x_2,\ \cdots,\ x_n)=\frac{\partial^n}{\partial x_1\partial x_2\cdots\partial x_n}F_{\mathbf{X}}(x_1,\ x_2,\ \cdots,\ x_n) \tag{1-24}$$

为 n 维随机变量的联合概率密度。

边缘分布函数定义如下：

$$F_{\mathbf{X}}(x_1,\ x_2,\ \cdots,\ x_n)=F_{\mathbf{X}}(x_1,\ x_2,\ \cdots,\ x_m,\ \underbrace{\infty,\ \cdots,\ \infty}_{n-m个}),\ m<n$$

$$F_{\mathbf{X}}(x_i)=F_{\mathbf{X}}(\infty,\ \cdots,\infty,\ x_i,\ \infty,\ \cdots,\ \infty) \tag{1-25}$$

边缘密度函数定义如下：

$$\begin{cases} f_{\boldsymbol{X}}(x_1,x_2,\cdots,x_m)=\underbrace{\int_{-\infty}^{+\infty}\int_{-\infty}^{+\infty} f_{\boldsymbol{X}}(x_1,x_2,\cdots,x_m,x_{m+1},x_{m+2},\cdots,x_n)\mathrm{d}x_{m+1}\mathrm{d}x_{m+2}\cdots\mathrm{d}x_n}_{(n-m)} \\ f_{\boldsymbol{X}}(x_i)=\underbrace{\int_{-\infty}^{+\infty}\int_{-\infty}^{+\infty} f_{\boldsymbol{X}}(x_1,\cdots,x_{i-1},x_i,x_{i+1},\cdots,x_n)\mathrm{d}x_1\cdots\mathrm{d}x_{i-1}\mathrm{d}x_{i+1}\cdots\mathrm{d}x_n}_{(n-1)} \end{cases} \tag{1-26}$$

如果有

$$f_{\boldsymbol{X}}(x_1,\ x_2,\ \cdots,\ x_n)=f_{\boldsymbol{X}}(x_1)f_{\boldsymbol{X}}(x_2)\cdots f_{\boldsymbol{X}}(x_{n-1})f_{\boldsymbol{X}}(x_n) \tag{1-27}$$

则称 n 个随机变量 X_1，X_2，…，X_n是相互独立的。

例 1.5　二维高斯分布的联合概率密度函数为

$$f_{XY}(x,\ y)=\frac{1}{2\pi\sigma_X\sigma_Y\sqrt{1-\rho^2}}\times$$

$$\exp\left\{\frac{-1}{2(1-\rho^2)}\left[\frac{(x-m_X)^2}{\sigma_X^2}-2\rho\frac{(x-m_X)(y-m_Y)}{\sigma_X\sigma_Y}+\frac{(y-m_Y)^2}{\sigma_Y^2}\right]\right\}$$

其中 m_X、m_Y为任意常数，σ_X、σ_Y为正常数，$|\rho|<1$ 为常数，求：

(1) X 和 Y 的概率密度；

(2) 条件概率密度函数 $f(y|x)$。

解　首先将指数部分写为

$$\begin{aligned} &\frac{(x-m_X)^2}{\sigma_X^2}-2\rho\frac{(x-m_X)(y-m_Y)}{\sigma_X\sigma_Y}+\frac{(y-m_Y)^2}{\sigma_Y^2} \\ &=\left(\rho\frac{x-m_X}{\sigma_X}-\frac{y-m_Y}{\sigma_Y}\right)^2+(1-\rho^2)\frac{(x-m_X)^2}{\sigma_X^2} \\ &=\left[y-m_Y-\frac{\rho(x-m_X)\sigma_Y}{\sigma_X}\right]^2+(1-\rho^2)\frac{(x-m_X)^2}{\sigma_X^2} \end{aligned}$$

则有

$$\begin{aligned} f_X(x)&=\int_{-\infty}^{+\infty}f_{XY}(x,\ y)\mathrm{d}y \\ &=\frac{1}{\sqrt{2\pi}\sigma_X}\exp\left[-\frac{(x-m_X)^2}{\sigma_X^2}\right]\times\int_{-\infty}^{+\infty}\frac{1}{\sqrt{2\pi}\sigma_Y\sqrt{1-\rho^2}}\exp\left\{-\frac{\left[y-m_Y-\frac{\rho(x-m_X)\sigma_Y}{\sigma_X}\right]^2}{2(1-\rho^2)\sigma_Y^2}\right\}\mathrm{d}y \end{aligned}$$

被积函数正好为一维高斯分布形式，因此，对 y 的积分项正好为 1，则有

$$f_X(x)=\frac{1}{\sqrt{2\pi}\sigma_X}\exp\left[-\frac{(x-m_X)^2}{2\sigma_X^2}\right]$$

同理有

$$f_Y(y)=\frac{1}{\sqrt{2\pi}\sigma_Y}\exp\left[-\frac{(y-m_Y)^2}{2\sigma_Y^2}\right]$$

可见，其边缘分布分别是 X 和 Y 的一维高斯分布。

根据定义，条件概率密度为

$$f(y|x)=\frac{f_{XY}(x,y)}{f_X(x)}=\frac{1}{\sqrt{2\pi}\sigma_Y\sqrt{1-\rho^2}}\exp\left\{-\frac{\left[y-m_Y-\frac{\rho(x-m_X)\sigma_Y}{\sigma_X}\right]^2}{2(1-\rho^2)\sigma_Y^2}\right\}$$

可以看出，$f(y|x)$是均值为$m_Y+\frac{\rho(x-m_X)\sigma_Y}{\sigma_X}$、方差为$(1-\rho^2)\sigma_Y^2$的一维高斯分布。

1.2.3　常见随机变量的分布

概率论中我们已经学过一些随机变量的分布，本节复习一些简单的分布，重点讨论均匀分布、高斯分布及通信电子领域中常见的连续型随机变量分布。

1. 均匀分布

如果随机变量 X 的概率密度函数满足

$$f_X(x)=\begin{cases}\dfrac{1}{b-a}, & a\leqslant x\leqslant b\\ 0, & \text{其他}\end{cases} \tag{1-28}$$

则称 X 为在$[a, b]$区间内均匀分布的随机变量。容易证明其概率分布函数为

$$F_X(x)=\begin{cases}0, & x<a\\ \dfrac{x-a}{b-a}, & a\leqslant x<b\\ 1, & x\geqslant b\end{cases} \tag{1-29}$$

均匀分布是最常用的分布律之一。实际应用中，均匀的或没有明确向性的物理量会产生均匀分布特性。在数字通信技术中，数字信号的量化噪声通常呈现均匀分布。在工程上，正弦随机信号 $X(t)=a\cos(\omega_0 t+\Phi)$的相位经常假定为在$(0,2\pi)$上均匀分布的随机相位变量。

图 1-10 是均匀分布的概率密度函数和概率分布函数。

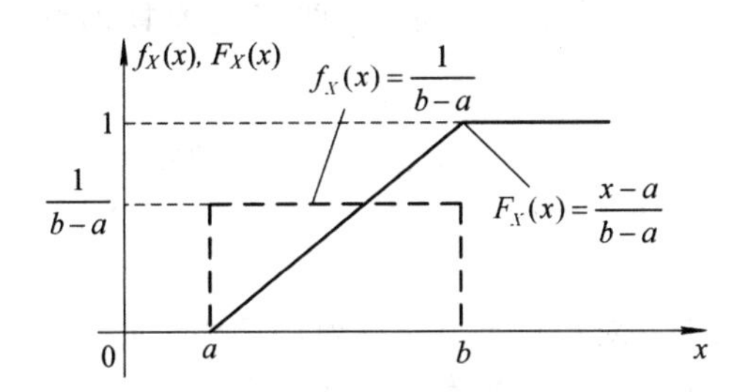

图 1-10　均匀分布的概率密度函数和概率分布函数

2. 高斯(正态)分布

若随机变量 X 的概率密度函数为

$$f_X(x)=\frac{1}{\sqrt{2\pi}\sigma_X}\exp\left[-\frac{(x-m_X)^2}{2\sigma_X^2}\right] \tag{1-30}$$

其中 m_X、σ_X为常数，则称随机变量 X 服从高斯分布，高斯分布简记为 $N(m_X, \sigma_X^2)$。其概率密度函数如图 1-11 所示。

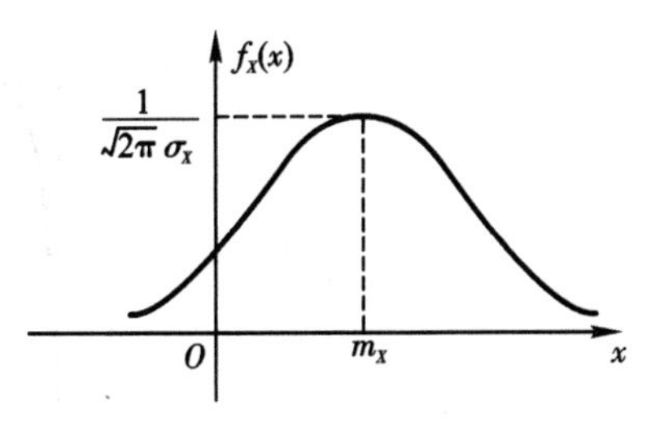

图 1-11　高斯分布的概率密度函数

由概率分布函数和概率密度函数的关系，得出高斯分布函数为

$$F_X(x)=\int_{-\infty}^{x}\frac{1}{\sqrt{2\pi}\sigma_X}\exp\left[-\frac{(t-m_X)^2}{2\sigma_X^2}\right]\mathrm{d}t \tag{1-31}$$

高斯分布不仅在统计数学中占有重要的位置，在通信与信号处理领域中也是应用最广的分布。关于高斯分布的特性及其应用后面章节会进行详细介绍。

3. 指数分布

若随机变量 X 的概率密度函数满足

$$f_X(x) = \lambda \mathrm{e}^{-\lambda x}, \quad x \geqslant 0, \lambda > 0 \tag{1-32}$$

则称 X 服从指数分布。容易证明，其概率分布函数为

$$F_X(x) = 1 - \mathrm{e}^{-\lambda x}, \quad x \geqslant 0 \tag{1-33}$$

在通信系统中，指数分布的随机变量常被用来对业务达到的时间间隔、业务所需要的服务时间等随机现象建模。

图 1-12 是指数分布的概率密度和概率分布函数。

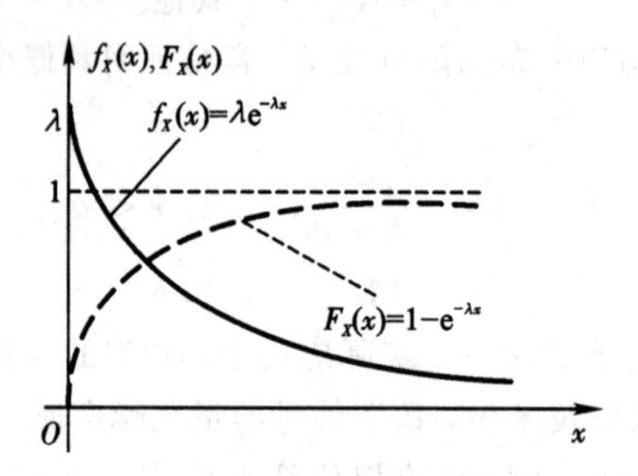

图 1-12　指数分布的概率密度函数和概率分布函数

4. 对数正态分布

若随机变量 X 服从高斯分布 $N(m_X, \sigma_X^2)$，即 X 是高斯随机变量，定义新的随机变量 $Y=\ln X$，则 Y 的概率密度函数为

$$f_Y(y) = \begin{cases} \dfrac{1}{y\sqrt{2\pi}\sigma_X}\exp\left[-\dfrac{(\ln y - m_X)^2}{2\upsilon_X^2}\right], & y > 0 \\ 0, & y < 0 \end{cases} \tag{1-34}$$

通常称 Y 服从对数正态分布。对数正态分布一般用于移动无线通信中对大的障碍物引起的信号慢衰落进行建模。雷达海杂波的幅度特性通常也用对数正态分布来描述。对数正态分布的概率密度函数如图 1-13 所示。

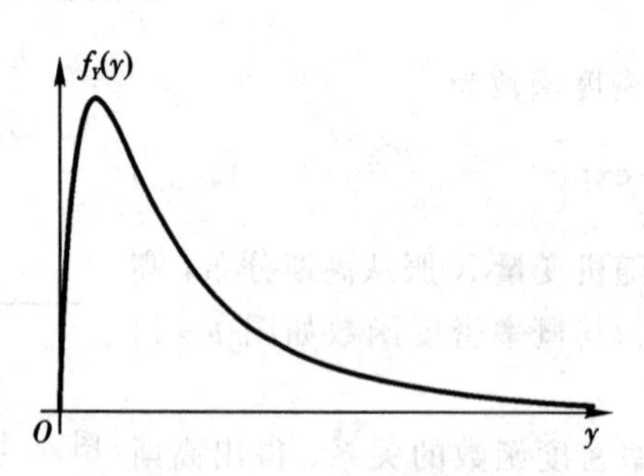

图 1-13　对数正态分布的概率密度函数

5. 瑞利分布

若随机变量 X 的概率密度函数为

$$f_X(x)=\frac{x}{\sigma_X^2}\exp\left(-\frac{x^2}{2\sigma_X^2}\right),\ x\geqslant 0 \tag{1-35}$$

其中 σ_X 为常数，则称 X 服从瑞利分布。通信系统接收端接收到的信号通常是窄带信号，其包络服从瑞利分布，无线通信中由多径传播造成的快衰落信号的幅度一般也服从瑞利分布。瑞利分布的概率密度函数如图 1-14 所示。

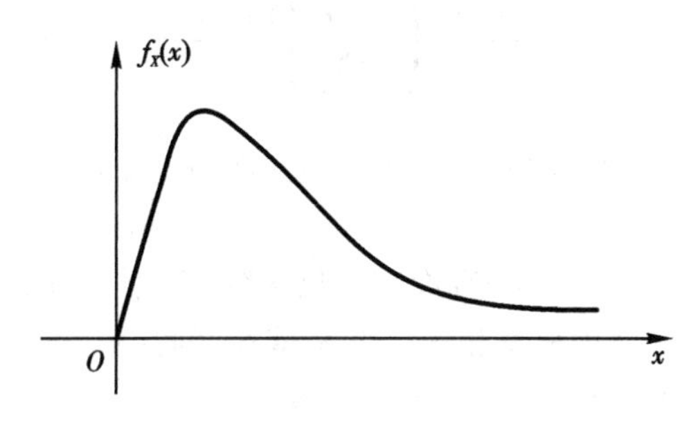

图 1-14　瑞利分布的概率密度函数

6. 莱斯分布

若随机变量 X 的概率密度函数为

$$f_X(x)=\frac{x}{\sigma^2}\exp\left(-\frac{x^2+a^2}{2\sigma^2}\right)I_0\left(\frac{xa}{\sigma^2}\right),\ x\geqslant 0 \tag{1-36}$$

其中 σ、a 为常数，则称 X 服从莱斯分布。在通信系统中，叠加窄带高斯噪声的接收信号的幅度通常服从莱斯分布。在无线通信中，接收到的多径衰落信号幅度有时也服从莱斯分布。莱斯分布的概率密度函数如图 1-15 所示。

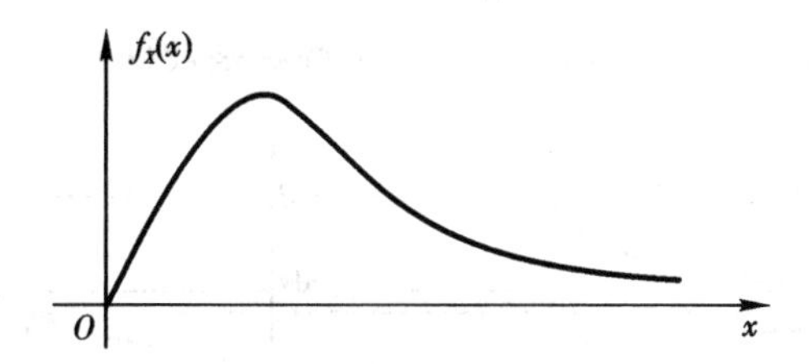

图 1-15　莱斯分布的概率密度函数

另外，信号的传输一般是窄带形式，经常要用到包络检波。小信号检波时，通常采用平方律检波，因此，检波器输出的是信号与噪声包络的平方。此时将包络的平方看成随机变量 X 服从中心χ^2分布和非中心χ^2分布，这两个分布将在后面章节以例题形式给出。

1.3　随机变量函数及其分布

实际工作中常遇到求随机变量函数的分布问题。在通信、信号处理等领域经常遇到的信号通过某个系统的处理方法就属于这类问题。

问题描述：已知随机变量 X 的概率分布，且知道 $Y=g(X)$或 $Y=g(X_1, X_2, \cdots, X_n)$，求随机变量 Y 的概率分布。

下面先考虑一维随机变量的函数分布，然后将结果推广到多维的情况。

1.3.1　一维随机变量函数的分布

已知一个实函数变换 $y=g(x)$以及随机变量 X，定义一个新的随机变量 $Y=g(X)$，称随机变量 Y 是随机变量 X 的函数，其分析模型如图 1-16 所示。

$X: f_X(x)$ → 函数变换 → $Y: f_Y(y)$

图 1-16　一维随机变量函数分析模型

1. 单值变换

首先考虑单值变换，即 $Y=g(X)$存在唯一反函数 $X=g^{-1}(Y)=h(Y)$，X 与 Y 一一对应。因此必有对应无限小区间内概率相等，即 X 落在区间$(x_0,\ x_0+\mathrm{d}x)$内的概率等于 Y 落在区间$(y_0,\ y_0+\mathrm{d}y)$的概率，如图 1-17 所示，有

$$P\{x_0<X\leqslant x_0+\mathrm{d}x\}=P\{y_0<Y\leqslant y_0+\mathrm{d}y\}$$

因此

$$f_Y(y)\mathrm{d}y=f_X(x)\mathrm{d}x$$

可以推出

$$f_Y(y)=f_X(x)\frac{\mathrm{d}x}{\mathrm{d}y}=f_X[h(y)]\cdot h'(y)$$

由概率密度的非负性，$\mathrm{d}x/\mathrm{d}y$ 应取绝对值，即

$$f_Y(y)=f_X(x)\left|\frac{\mathrm{d}x}{\mathrm{d}y}\right|=f_X[h(y)]\cdot|h'(y)| \tag{1-37}$$

这样，不论 $h(y)$是单调增函数$(h'(y)>0)$还是单调减函数$(h'(y)<0)$，上式均成立。

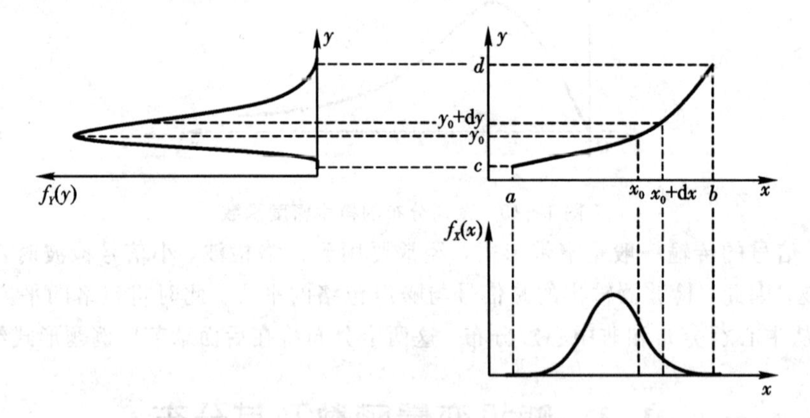

图 1-17　一维函数单值变换

例 1.6　已知随机变量 X 和 Y 满足线性关系 $Y=aX+b$，X 为高斯随机变量，即 $X\sim N(m_X,\ \sigma_X^2)$，$a$ 和 b 为常数，求 Y 的概率密度函数。

解　根据已知条件 X 为高斯随机变量且 $X\sim N(m_X,\ \sigma_X^2)$，所以随机变量 X 的概率密度函数为

$$f_X(x)=\frac{1}{\sqrt{2\pi}\sigma_X}\exp\left[-\frac{(x-m_X)^2}{2\sigma_X^2}\right]$$

根据 Y 和 X 是严格单调这一函数关系，其反函数为

$$X=h(Y)=\frac{Y-b}{a}$$

其导数存在且有

$$h'(y)=\frac{1}{a}$$

将上式代入公式(1－37)中，可以求得 Y 的概率密度函数为

$$\begin{aligned}
f_Y(y)&=\frac{1}{\sqrt{2\pi}\sigma_X}\exp\left[-\frac{\left(\dfrac{y-b}{a}-m_X\right)^2}{2\sigma_X^2}\right]\cdot\left|\frac{1}{a}\right|\\
&=\frac{1}{\sqrt{2\pi}\,|a|\,\sigma_X}\exp\left[-\frac{(y-am_X-b)^2}{2a^2\sigma_X^2}\right]\\
&=\frac{1}{\sqrt{2\pi}\sigma_Y}\exp\left[-\frac{(y-m_Y)^2}{2a^2\sigma_X^2}\right]
\end{aligned}$$

该例说明了高斯随机变量 X 经线性变换后的随机变量 Y 仍然是高斯分布，其中 $m_Y=am_X+b$，$\sigma_Y^2=a^2\sigma_X^2$。

2. 多值变换

下面考虑多值变换，即反函数 $X=h(Y)$ 不唯一，一个 Y 值对应多个 X 值。以双值变换函数为例，即一个 Y 值可能对应着两个 X 值，$X_1=h_1(Y)$ 或 $X_2=h_2(Y)$，如图 1－18 所示。当 X 位于 $(x_1,\ x_1+\mathrm{d}x_1)$ 或 $(x_2,\ x_2+\mathrm{d}x_2)$ 内时，两个事件中只要有一个发生，则 Y 位于 $(y_0,\ y_0+\mathrm{d}y_0)$ 内的事件就发生。因此，根据和事件的概率求法可得

$$f_Y(y)\mathrm{d}y=f_X(x_1)\mathrm{d}x_1+f_X(x_2)\mathrm{d}x_2$$

将 x_1 用 $h_1(y)$ 代入，x_2 用 $h_2(y)$ 代入，可得

$$f_Y(y)=|h_1'(y)|\cdot f_X[h_1(y)]+|h_2'(y)|\cdot f_X[h_2(y)] \tag{1-38}$$

对于多值变换，上式可以推广为

$$f_Y(y)=f_X[h_1(y)]\cdot|h_1'(y)|+f_X[h_2(y)]\cdot|h_2'(y)|+\cdots \tag{1-39}$$

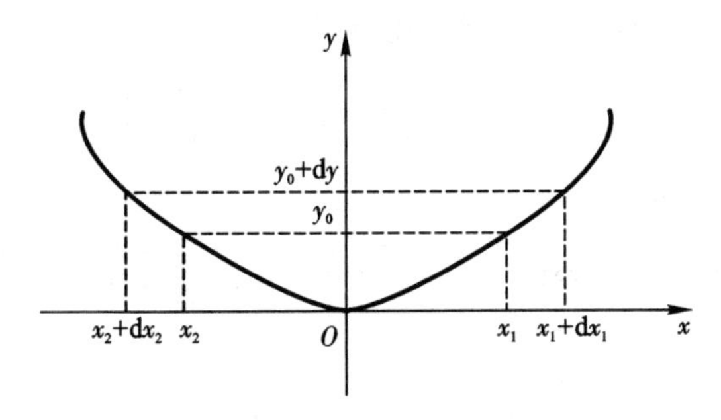

图 1－18　一维随机变量双值变换

例 1.7　考虑通信电路中常用的平方律设备，其输出随机变量 Y 和输入随机变量 X 之间的关系为 $Y=X^2$。已知随机变量 X 是服从 $N(m_X,\ \sigma_X^2)$ 的高斯变量，求输出 Y 的概率密度函数。

解　由 $y=x^2$ 可得

$$x_1=+\sqrt{y},\quad x_2=-\sqrt{y}$$

$$\left|\frac{\mathrm{d}x_1}{\mathrm{d}y}\right|=\left|\frac{\mathrm{d}x_2}{\mathrm{d}y}\right|=\frac{1}{2\sqrt{y}}$$

由于 Y 不可能为负，因此当 $y<0$ 时，必有 $f_Y(y)=0$。

此变换是双值变换，故

$$f_Y(y)=\begin{cases}\dfrac{1}{2\sqrt{y}}\left[f_X(\sqrt{y})+f_X(-\sqrt{y})\right], & y\geqslant 0\\ 0, & y<0\end{cases}$$

(1) 若 $m_X=0$，则高斯变量 X 的概率密度函数为

$$f_X(x)=\frac{1}{\sqrt{2\pi}\sigma_X}\exp\left(-\frac{x^2}{2\sigma_X^2}\right)$$

将其代入 $f_Y(y)$ 表达式中得到

$$f_Y(y)=\begin{cases}\dfrac{1}{\sqrt{2\pi y}\sigma_X}\exp\left(-\dfrac{y}{2\sigma_X^2}\right), & y\geqslant 0\\ 0, & y<0\end{cases}\tag{1-40}$$

这是一个中心 χ^2(读作卡方)分布，如图 1-19 所示。

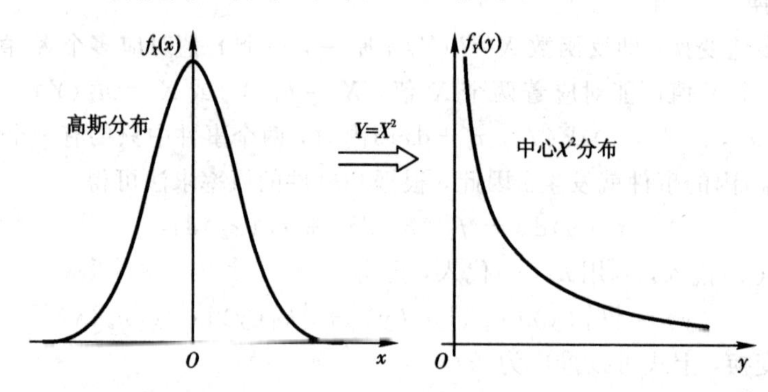

图 1-19 $m_X=0$ 的概率密度变换

(2) 若 $m_X\neq 0$，则高斯变量 X 的概率密度函数为

$$f_X(x)=\frac{1}{\sqrt{2\pi}\sigma_X}\exp\left[-\frac{(x-m_X)^2}{2\sigma_X^2}\right]$$

将其代入 $f_Y(y)$ 表达式中得到

$$f_Y(y)=\frac{1}{\sqrt{2\pi}\sigma_X}\frac{1}{2\sqrt{y}}\exp\left(-\frac{y+m_X{}^2}{2\sigma_X^2}\right)\left[\exp\left(\frac{m_X}{\sigma_X^2}\sqrt{y}\right)+\exp\left(-\frac{m_X}{\sigma_X^2}\sqrt{y}\right)\right]$$

由三角函数公式

$$\frac{\mathrm{e}^x+\mathrm{e}^{-x}}{2}=\cosh x$$

可以得到

$$f_Y(y)=\begin{cases}\dfrac{1}{\sqrt{2\pi y}\sigma_X}\exp\left(-\dfrac{y+m_X^2}{2\sigma_X^2}\right)\cosh\left(\dfrac{m_X}{\sigma_X^2}\sqrt{y}\right), & y\geqslant 0\\ 0, & y<0\end{cases}\tag{1-41}$$

这是非中心 χ^2 分布。

1.3.2　二维随机变量函数的分布

下面把一维随机变量函数分布的结果推广到二维及多维随机变量函数的情况。本书只对二维随机变量函数分布作讨论。由于二维变换比一维变换要复杂，因此这里只讨论单值函数的情况。

问题描述：已知二维随机变量(X_1, X_2)的联合概率密度$f_X(x_1, x_2)$，求新的二维随机变量(Y_1, Y_2)的联合概率密度$f_Y(y_1, y_2)$，其中(Y_1, Y_2)分别为(X_1, X_2)的函数，则有

$$\begin{cases} Y_1 = g_1(X_1, X_2) \\ Y_2 = g_2(X_1, X_2) \end{cases} \Rightarrow \begin{cases} X_1 = h_1(Y_1, Y_2) \\ X_2 = h_2(Y_1, Y_2) \end{cases} \tag{1-42}$$

从几何意义上理解，新随机变量落入无限小区间dS_Y的概率$f_Y(y_1, y_2)dS_Y$等于原随机变量落入对应无限小区间dS_X的概率$f_X(x_1, x_2)dS_X$，如图1-20所示，即

$$f_Y(y_1, y_2)dS_Y = f_X(x_1, x_2)dS_X$$

因此

$$\begin{aligned} f_Y(y_1, y_2) &= f_X(x_1, x_2) \cdot \left|\frac{dS_X}{dS_Y}\right| \\ &= |J| \cdot f_X[h_1(y_1, y_2), h_2(y_1, y_2)] \end{aligned} \tag{1-43}$$

上式中坐标间的变换比J为雅可比行列式，即

$$J = \frac{dS_X}{dS_Y} = \frac{dS_{x_1x_2}}{dS_{y_1y_2}} = \begin{vmatrix} \dfrac{\partial h_1}{\partial y_1} & \dfrac{\partial h_1}{\partial y_2} \\ \dfrac{\partial h_2}{\partial y_1} & \dfrac{\partial h_2}{\partial y_2} \end{vmatrix} = \begin{vmatrix} \dfrac{\partial g_1}{\partial x_1} & \dfrac{\partial g_1}{\partial x_2} \\ \dfrac{\partial g_2}{\partial x_1} & \dfrac{\partial g_2}{\partial x_2} \end{vmatrix}^{-1} \tag{1-44}$$

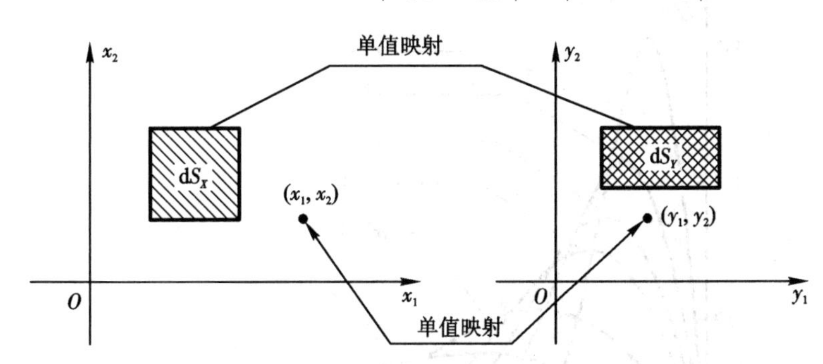

图1-20　函数变换对应的区间变换

例1.8　复随机变量$Z = X + jY = Re^{j\Theta}$，其实部与虚部为高斯随机变量，$X \sim N(m_X, \sigma^2)$，$Y \sim N(m_Y, \sigma^2)$，且$X$与$Y$相互独立，试讨论振幅$R$和相位$\Theta$的概率分布。

解　题中的原函数、反函数和雅可比行列式分别为

$$\begin{cases} R = \sqrt{X^2 + Y^2} \\ \Theta = \arctan\left(\dfrac{Y}{X}\right) \end{cases}$$

$$\begin{cases} x = r\cos\theta \\ y = r\sin\theta \end{cases}$$

$$J=\begin{vmatrix}\dfrac{\partial x}{\partial r} & \dfrac{\partial x}{\partial \theta}\\ \dfrac{\partial y}{\partial r} & \dfrac{\partial y}{\partial \theta}\end{vmatrix}=\begin{vmatrix}\cos\theta & -r\sin\theta\\ \sin\theta & r\cos\theta\end{vmatrix}=r$$

由联合概率密度可得

$$f_{XY}(x,\ y)\Rightarrow f_{R\Theta}(r,\theta)\Rightarrow \text{边缘概率密度 } f_R(r) \text{ 与 } f_\Theta(\theta)$$

(1) 首先考虑零均值情况，即 $m_X=m_Y=0$。由于 X 与 Y 相互独立，有

$$f_{XY}(x,\ y)=f_X(x)f_Y(y)=\frac{1}{2\pi\sigma^2}\exp\left(-\frac{x^2+y^2}{2\sigma^2}\right)$$

于是有

$$f_{R\Theta}(r,\ \theta)=\begin{cases}r\cdot f_{XY}(r\cos\theta,\ r\sin\theta)\\ 0\end{cases}=\begin{cases}\dfrac{r}{2\pi\sigma^2}\exp\left(-\dfrac{r^2}{2\sigma^2}\right), & r\geqslant 0\\ 0, & r<0\end{cases}$$

边缘概率密度函数为

$$f_R(r)=\int_0^{2\pi}f_{R\Theta}(r,\ \theta)\mathrm{d}\theta=\begin{cases}\dfrac{r}{\sigma^2}\exp\left(-\dfrac{r^2}{2\sigma^2}\right), & r\geqslant 0\\ 0, & r<0\end{cases}\tag{1-45}$$

$$f_\Theta(\theta)=\int_0^{+\infty}f_{R\Theta}(r,\theta)\mathrm{d}r=\begin{cases}\dfrac{1}{2\pi}, & \theta\in[0,2\pi)\\ 0, & \text{其他}\end{cases}\tag{1-46}$$

可见，复变量 Z 的幅度 R 为瑞利(Rayleigh)分布，如图 1-21 所示。相位 Θ 为均匀分布，且 $f_{R\Theta}(r,\theta)=f_R(r)\cdot f_\Theta(\theta)$，即幅度 R 和相位 Θ 相互独立。

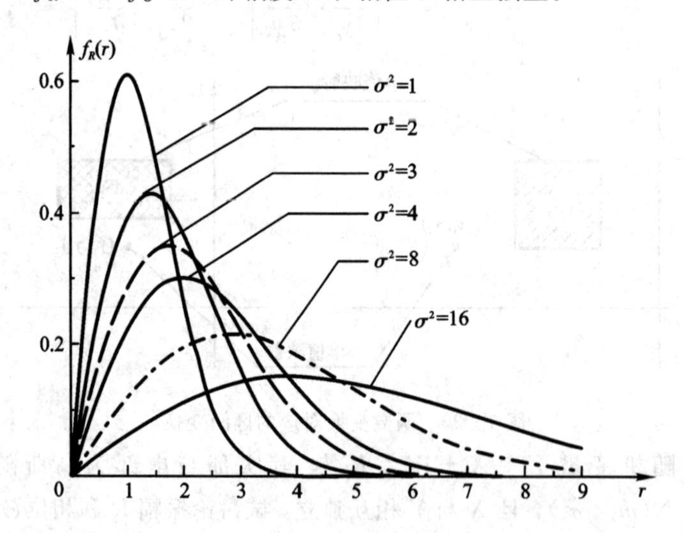

图 1-21 瑞利分布的概率密度函数

(2) 若均值不为零，则

$$f_{XY}(x,\ y)=f_X(x)f_Y(y)=\frac{1}{2\pi\sigma^2}\exp\left[-\frac{(x-m_X)^2+(y-m_Y)^2}{2\sigma^2}\right]$$

令

$$\begin{cases} a = \sqrt{m_X^2 + m_Y^2} \\ \phi = \arctan\left(\dfrac{m_Y}{m_X}\right) \end{cases}$$

$$\begin{cases} m_X = a\cos\phi \\ m_Y = a\sin\phi \end{cases}$$

于是 $f_{XY}(x, y)$的指数部分为

$$\begin{aligned}(x-m_X)^2+(y-m_Y)^2 &= x^2+y^2+m_X^2+m_Y^2-2(xm_X+ym_Y)\\ &= r^2+a^2-2ra(\cos\theta\cos\phi+\sin\theta\sin\phi)\\ &= r^2+a^2-2ra\cos(\theta-\phi)\end{aligned}$$

因此

$$f_{R\Theta}(r,\theta)=\begin{cases}\dfrac{r}{2\pi\sigma^2}\exp\left[-\dfrac{r^2+a^2}{2\sigma^2}+\dfrac{ra\cos(\theta-\phi)}{\sigma^2}\right], & r\geqslant 0\\ 0, & r<0\end{cases}$$

当 $r \geqslant 0$ 时，幅度分布为

$$\begin{aligned}f_R(r) &= \int_0^{2\pi} f_{R\Theta}(r,\theta)\mathrm{d}\theta\\ &= \frac{r}{2\pi\sigma^2}\exp\left(-\frac{r^2+a^2}{2\sigma^2}\right)\int_0^{2\pi}\exp\left[\frac{ra\cos(\theta-\phi)}{\sigma^2}\right]\mathrm{d}\theta\\ &= \frac{r}{2\pi\sigma^2}\exp\left(-\frac{r^2+a^2}{2\sigma^2}\right)\mathrm{I}_0\left(\frac{ra}{\sigma^2}\right)\end{aligned}\qquad(1-47)$$

其中，$\mathrm{I}_0(\cdot)$为修正贝塞尔函数。

$$\mathrm{I}_0(x)=\frac{1}{2\pi}\int_0^{2\pi}\exp(x\cos\theta)\mathrm{d}\theta\qquad(1-48)$$

式(1-47)为莱斯分布或广义瑞利分布，在卫星通信、短波通信等无线信道传播特性研究中应用较多，如图 1-22 所示。

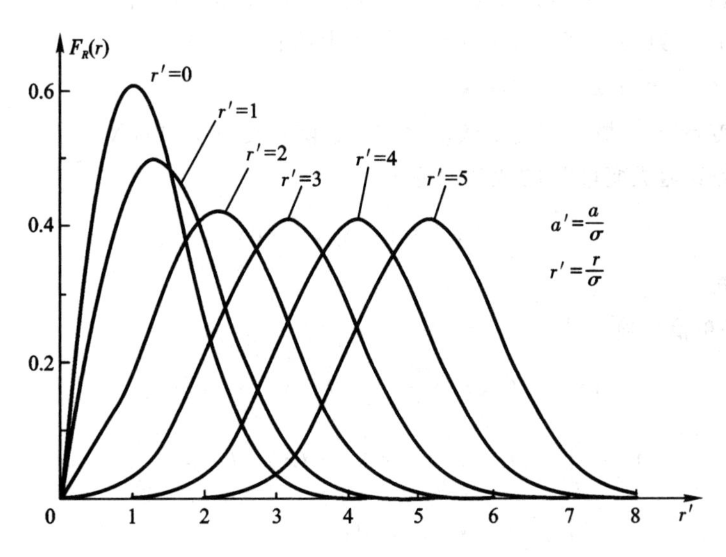

图 1-22　莱斯分布的概率密度函数

在电子与通信工程等应用中，信号与噪声在许多时候服从高斯分布，分析中常常要讨论这些信号或噪声的两个正交分量及其幅度与相位的特性，它们在数学上分别对应于复变量的实部、虚部、振幅及相位，因此，将大量地用到瑞利与莱斯分布。

1.4 随机变量及其函数的数字特征

概率分布函数和概率密度函数可以完全描述随机变量的统计特性，但是必须建立在大量无穷多次试验的基础上才能实现。在实际工程中，并不需要对随机变量进行完整的描述，只要求得随机变量统计规律的主要特征即可。而随机变量的主要特征可用少量的数值来描述，这些数值是一些关于随机变量的集中特性、离散特性和随机变量之间相关性的统计平均值，因此将它们统称为随机变量的数字特征。本节主要讨论一维随机变量和二维随机变量的数字特征。

1.4.1 一维随机变量的数字特征

随机变量 X 的一维数字特征主要包括数学期望 m_X、方差 σ_X^2 和均方值 ψ_X^2。

1. 数学期望

随机变量的数学期望又称统计平均或者集平均。数学期望可用于描述随机变量取值的集中特性。

1) 一维随机变量的数学期望

对于概率密度为 $f_X(x)$ 的连续型随机变量 X，称

$$m_X = E[X] = \int_{-\infty}^{+\infty} x f_X(x)\mathrm{d}x \tag{1-49}$$

为连续型随机变量 X 的数学期望或均值，简记为 m_X。

m_X 是对随机变量 X 所有可能取值作统计平均，它表示各随机变量 X 变化的中心，其结果是一个常数。从信号分析角度来看，若随机变量 X 是一电信号，则 m_X 表示该信号中的直流成分，而 m_X^2 则表示该信号加在单位阻抗上的直流功率。

2) 一维随机变量函数的数学期望

已知随机变量 X 的概率密度函数 $f_X(x)$，且随机变量 $Y=g(X)$，其中 $g(\cdot)$ 是连续型实函数，则可得到随机变量 Y 的数学期望为

$$E[Y] = \int_{-\infty}^{+\infty} y f_Y(y)\mathrm{d}y \tag{1-50}$$

其分析过程如下：

若 $g(\cdot)$ 是单值变换，则

$$f_Y(y) = f_X(x)\cdot\frac{\mathrm{d}x}{\mathrm{d}y} = |h'(y)|\cdot f_X[h(y)]$$

$$\begin{aligned} E[Y] &= \int_{-\infty}^{+\infty} y f_Y(y)\mathrm{d}y = \int_{-\infty}^{+\infty} g(x)\cdot f_X(x)\cdot\frac{\mathrm{d}x}{\mathrm{d}y}\cdot\mathrm{d}y \\ &= \int_{-\infty}^{+\infty} g(x)\cdot f_X(x)\mathrm{d}x \\ &= E[g(X)] \end{aligned}$$

若 $g(\cdot)$是多值变换，则

$$f_Y(y)=f_X(x_1)\cdot\frac{\mathrm{d}x_1}{\mathrm{d}y}+f_X(x_2)\cdot\frac{\mathrm{d}x_2}{\mathrm{d}y}+\cdots$$

$$\begin{aligned}E[Y]&=\int_{-\infty}^{+\infty}yf_Y(y)\mathrm{d}y\\&=\int_{Dx_1}g(x_1)f_X(x_1)\mathrm{d}x_1+\int_{Dx_2}g(x_2)f_X(x_2)\mathrm{d}x_2+\cdots\\&=\int_{-\infty}^{+\infty}g(x)\cdot f_X(x)\mathrm{d}x\\&=E[g(X)]\end{aligned}$$

其中，Dx_1，Dx_2，…为 $f_X(x_1)$，$f_X(x_2)$，…的定义域。

结论：若连续型随机变量 X 的概率密度为 $f_X(x)$，且 $\int_{-\infty}^{+\infty}|g(x)|\cdot f_X(x)\mathrm{d}x<\infty$，则随机变量函数 $g(X)$的数学期望为

$$E[g(X)]=\int_{-\infty}^{+\infty}g(x)\cdot f_X(x)\mathrm{d}x \tag{1-51}$$

例 1.9　随机变量 X 在区间(a,b)上呈均匀分布，求 $g(X)=X^2+1$ 的数学期望。

解　由于 X 服从均匀分布，则其概率密度函数 $f_X(x)$为

$$f_X(x)=\begin{cases}\dfrac{1}{b-a}, & a<x<b\\0, & 其他\end{cases}$$

则随机变量函数 $g(X)$的数学期望为

$$\begin{aligned}E[g(X)]&=\int_{-\infty}^{+\infty}g(x)\cdot f_X(x)\mathrm{d}x\\&=\int_a^b\frac{x^2+1}{b-a}\mathrm{d}x\\&=\frac{1}{3}(a^2+ab+b^2)+1\end{aligned}$$

3) 数学期望的基本性质

(1) 若随机变量 X 满足 $a\leqslant X\leqslant b$，a、b 为常数，则其数学期望 $a\leqslant E[X]\leqslant b$。

(2) 常数 c 的期望为 $E[c]=c$。

(3) $\forall b$，$a_i(i=1, 2, \cdots)$为常数，有 $E\left[\sum_{i=1}^{n}a_iX_i+b\right]=\sum_{i=1}^{n}a_iE[X_i]+b$。

(4) 若随机变量 X 与随机变量 Y 互不相关，则 $E[XY]=E[X]E[Y]$。

(5) n 个随机变量$(X_1, X_2, \cdots, X_n)$相互独立，则 $E\left[\prod_{i=1}^{n}X_i\right]=\prod_{i=1}^{n}E[X_i]$。

2. 方差

方差用来度量随机变量偏离其数学期望的程度，也可度量随机变量在数学期望附近的离散程度，因此也可用它来描述随机变量取值分布的离散特性。方差用 $D[X]$或σ_X^2表示。

一维连续型随机变量 X 的方差为

$$\sigma_X^2=D[X]=E[(X-m_X)^2]=\int_{-\infty}^{+\infty}(x-m_X)^2f_X(x)\mathrm{d}x \tag{1-52}$$

其中 $D[X]$的正平方根 $\sqrt{D[X]}=\sigma_X$称为随机变量 X 的均方差或标准偏差。从信号分析的

角度来看，方差 σ_X^2 可以表示信号的归一化交流功率的平均值。

方差有如下性质：

(1) $D[X]\geqslant 0$，且当 $X=c$（c 为常数）时，$D[X]=0$。

(2) $D[X]=E[X^2]-m_X^2=E[X^2]-E^2[X]$。

(3) $\forall C\in R$，有 $D[CX]=C^2D[X]$。

(4) 若 $(X_1, X_2, \cdots, X_n)$ 两两互不相关，则有

$$D[X_1\pm X_2\pm\cdots\pm X_n]=D[X_1]+D[X_2]+\cdots+D[X_n]$$

例 1.10 已知高斯随机变量 X 的概率密度为 $f_X(x)=\dfrac{1}{\sqrt{8\pi}}\exp\left[-\dfrac{(x-2)^2}{8}\right]$，求它的数学期望 m_X 和方差 σ_X^2。

解 根据数学期望和方差的定义，有

$$m_X=E[X]=\int_{-\infty}^{+\infty}xf_X(x)\mathrm{d}x=\int_{-\infty}^{+\infty}\frac{x}{\sqrt{2\pi}\times 2}\exp\left[-\frac{(x-2)^2}{2\times 2^2}\right]\mathrm{d}x$$

令 $t=\dfrac{x-2}{2}$，$\mathrm{d}x=2\mathrm{d}t$，将其代入上式，整理得

$$m_X=\frac{2}{\sqrt{2\pi}}\int_{-\infty}^{+\infty}t\mathrm{e}^{-t^2/2}\mathrm{d}t+\frac{2}{\sqrt{2\pi}}\int_{-\infty}^{+\infty}\mathrm{e}^{-t^2/2}\mathrm{d}t=0+\frac{2}{\sqrt{2\pi}}\sqrt{2\pi}=2$$

$$\sigma_X^2=D[X]=\int_{-\infty}^{+\infty}(x-2)^2f_X(x)\mathrm{d}x=\int_{-\infty}^{+\infty}\frac{(x-2)^2}{\sqrt{2\pi\times 2}}\exp\left[-\frac{(x-2)^2}{2\times 2^2}\right]\mathrm{d}x$$

进行与前面同样的变换，令 $t=\dfrac{x-2}{2}$，整理得

$$\sigma_X^2=\frac{2\times 2^2}{\sqrt{2\pi}}\int_0^{+\infty}t^2\mathrm{e}^{-t^2/2}\mathrm{d}t$$

根据数学手册中的积分表有

$$\int_0^{+\infty}x^{2n}\mathrm{e}^{-ax^2}\mathrm{d}x=\frac{1\times 3\times\cdots\times(2n-1)}{2^{n+1}a^n}\sqrt{\frac{\pi}{a}}$$

上式中，令 $n=1$，$a=1/2$，利用积分结果，可得方差为

$$\sigma_X^2=\frac{2\times 2^2}{\sqrt{2\pi}}\cdot\frac{\sqrt{2\pi}}{2}=2^2=4$$

3. 均方值

已知随机变量 X 及其一维概率密度函数 $f_X(x)$，对随机变量 $Y=X^2$ 进行统计平均得均方值，定义为

$$\psi_X^2=E[X^2]=\int_{-\infty}^{+\infty}x^2f_X(x)\mathrm{d}x \tag{1-53}$$

均方值 ψ_X^2 的物理含义表示信号归一化的总功率的平均值，其公式为

$$\sigma_X^2=D[X]=E[X^2]-E^2[X]=\psi_X^2-m_X^2 \tag{1-54}$$

式(1-54)表明一维随机变量的数字特征都是常数，同时揭示了随机变量数字特征之间的内在关系，从信号功率分配角度考虑，它们满足功率守恒定律。

1.4.2 二维随机变量的数字特征

若有二维随机变量 (X, Y)，其联合概率密度函数为 $f_{XY}(x, y)$，其主要数字特征有二

维随机变量及其函数的期望、协方差、相关矩和相关系数。

1. 二维随机变量及其函数的数学期望

设(X, Y)是定义在概率空间(Ω, F, P)上的二维连续型随机变量，且已知其联合概率密度函数$f_{XY}(x, y)$，则由联合概率密度与边缘概率密度的关系及数学期望定义式可得

$$\begin{cases} E[X]=\int_{-\infty}^{+\infty} xf_X(x)\mathrm{d}x = \int_{-\infty}^{+\infty}\int_{-\infty}^{+\infty} xf_{XY}(x, y)\mathrm{d}x\mathrm{d}y \\ E[Y]=\int_{-\infty}^{+\infty} yf_Y(x)\mathrm{d}y = \int_{-\infty}^{+\infty}\int_{-\infty}^{+\infty} yf_{XY}(x, y)\mathrm{d}x\mathrm{d}y \end{cases} \tag{1-55}$$

$$E[g(X, Y)]=\int_{-\infty}^{+\infty}\int_{-\infty}^{+\infty} g(x, y)\cdot f_{XY}(x, y)\mathrm{d}x\mathrm{d}y \tag{1-56}$$

2. 二维随机变量的协方差、相关矩和相关系数

若二维随机变量(X, Y)中，X和Y的数学期望m_X、m_Y和方差均存在，则称

$$\begin{aligned} C_{XY} &= \mathrm{cov}(X,Y) = E[(X-m_X)(Y-m_Y)] \\ &= \int_{-\infty}^{+\infty}\int_{-\infty}^{+\infty}(x-m_X)(y-m_Y)\cdot f_{XY}(x, y)\mathrm{d}x\mathrm{d}y \end{aligned} \tag{1-57}$$

为随机变量X与Y的协方差。

C_{XY}用来表征两个随机变量X与Y之间的关联程度。

协方差具有下列性质：

(1) $\mathrm{cov}(X, X)=D[X]$。

(2) $\mathrm{cov}(X, Y)=\mathrm{cov}(Y, X)$。

(3) $\mathrm{cov}(X, c)=0$(c为常数)。

(4) $\mathrm{cov}(aX, bY)=ab\mathrm{cov}(X, Y)$($a$、$b$为常数)。

(5) $\mathrm{cov}(X, Y\pm Z)=\mathrm{cov}(X, Y)\pm\mathrm{cov}(X, Z)$。

所以有

$$C_{XY} = E[(X-m_X)(Y-m_Y)] = E[XY] - m_X m_Y \tag{1-58}$$

定义

$$R_{XY} = E[XY] = \int_{-\infty}^{+\infty}\int_{-\infty}^{+\infty} xy\cdot f_{XY}(x, y)\mathrm{d}x\mathrm{d}y \tag{1-59}$$

为随机变量X与Y的相关值。相关值也是衡量随机变量X与Y之间相关联程度的量。公式(1-58)表明了协方差和相关值以及均值之间的关系。当$Y=X$时，该公式就退化成公式(1-54)。

当然，随机变量X、Y的相关程度还可以用相关系数来表示，其定义为

$$\rho_{XY} = \rho(X,Y) = \frac{\mathrm{cov}(X,Y)}{\sqrt{D[X]}\sqrt{D[Y]}} = \frac{C_{XY}}{\sigma_X\sigma_Y} \tag{1-60}$$

3. 两个随机变量之间的关系

随机变量所描述的对象是随机现象，对于二维随机变量，由于随机现象之间往往是相互影响、相互联系的，一种现象的发生常常会影响到另外一种现象的发生，因此两个随机变量之间也应该存在一定的关系。本书所讨论的两个随机变量之间的关系主要包括相互独立、不相关和正交。

下面讨论它们满足的条件及关系。

(1) 随机变量 X 与 Y 统计独立的充分必要条件为

$$f_{XY}(x, y) = f_X(x) \times f_Y(y) \tag{1-61}$$

(2) 随机变量 X 与 Y 不相关的充分必要条件为

$$\rho_{XY} = 0 \tag{1-62}$$

由公式(1-60)可以看出，若随机变量 X 与 Y 不相关，则

$$C_{XY} = 0 \tag{1-63}$$

由公式(1-58)可以看出，若随机变量 X 与 Y 不相关，则

$$R_{XY} = m_X m_Y \tag{1-64}$$

当两个随机变量 X 与 Y 不相关时，式(1-62)～式(1-64)是等价的。

(3) 随机变量 X 与 Y 统计独立，它们必定是互不相关的。

证明 由于 X 与 Y 互相独立，根据独立的充分必要条件有

$$f_{XY}(x, y) = f_X(x) \times f_Y(y)$$

又根据互不相关的等价条件可得

$$\begin{aligned} C_{XY} &= E\{(X - E[X])(Y - E[Y])\} \\ &= \int_{-\infty}^{+\infty}\int_{-\infty}^{+\infty}(x - m_X)(y - m_Y) \times f_{XY}(x, y)\mathrm{d}x\mathrm{d}y \\ &= \int_{-\infty}^{+\infty}(x - m_X) \cdot f_X(x)\mathrm{d}x \int_{-\infty}^{+\infty}(y - m_Y) \cdot f_Y(y)\mathrm{d}y \\ &= E[X - m_X] \times E[Y - m_Y] = 0 \end{aligned}$$

所以随机变量 X 与 Y 互不相关。

(4) 随机变量 X 与 Y 不相关，它们不一定统计独立。

例 1.11 设 X 是一个均匀分布的随机变量，$f_X(x)=\begin{cases}\frac{1}{2}, & -1\leqslant x\leqslant 1 \\ 0, & \text{其他}\end{cases}$，另一随机变量为 $Y=X^2$，证明(4)中的结论。

证明 显然，Y 与 X 不是统计独立的，但容易得出

$$E[X] = \int_{-1}^{+1} x f_X(x)\mathrm{d}x = 0$$

$$E[Y] = E[X^2] = \int_{-1}^{+1} x^2 f_X(x)\mathrm{d}x = \frac{1}{3}$$

$$E[XY] = E[X^3] = \int_{-1}^{+1} x^3 f_X(x)\mathrm{d}x = 0$$

因此，$E\{XY\}=0$ 成立，二者互不相关，也不统计独立。

(5) 若随机变量 X 与 Y 的相关矩为零，即

$$R_{XY} = E[XY] = 0 \tag{1-65}$$

则称 X 与 Y 互相正交。

对于正交的两个随机变量，若其中一个随机变量的数学期望为零，则二者一定互不相关，这是因为公式(1-58)中，若有 $m_X=0$ 或 $m_Y=0$，必有 $C_{XY}=0$。

上面讨论的独立、不相关和正交是三个不同的概念，要认真加以区分，不可混淆。图 1-23 给出了三者之间的关系。

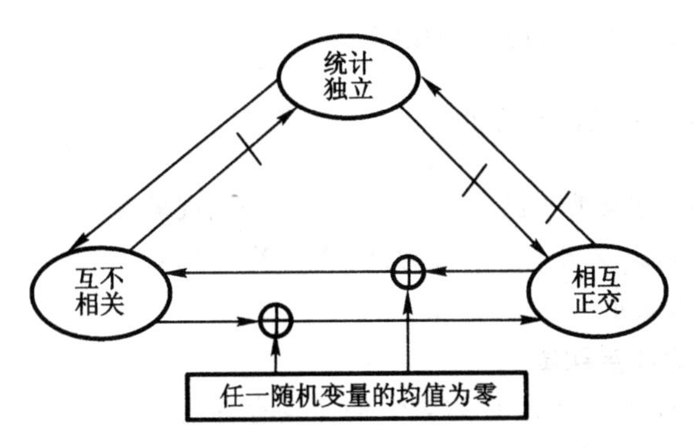

图 1-23　随机变量独立、不相关和正交之间的关系

1.4.3　随机变量的矩

直观上说，矩是数学期望、方差等数字特征的一般形式。随机变量的矩可分为原点矩和中心矩。

1. 一维随机变量的矩

设随机变量 X 的概率密度为 $f_X(x)$，称矩

$$E[X^k]=\int_{-\infty}^{+\infty}x^k f_X(x)\mathrm{d}x \tag{1-66}$$

为随机变量 X 的 k 阶原点矩，同时称矩

$$E\{X-E[X]\}^k=\int_{-\infty}^{+\infty}(x-m_X)^k f_X(x)\mathrm{d}x \tag{1-67}$$

为随机变量 X 的 k 阶中心矩。

容易看出，数学期望是一阶原点矩，方差是二阶中心矩，而均方值为二阶原点矩。

2. 二维随机变量的矩

设(X, Y)为二维随机变量，其联合概率密度为 $f_{XY}(x, y)$，称

$$E[X^kY^l]=\int_{-\infty}^{+\infty}\int_{-\infty}^{+\infty}x^k y^l\cdot f_{XY}(x, y)\mathrm{d}x\mathrm{d}y \tag{1-68}$$

为随机变量 X 与 Y 的 $k+l$ 联合原点矩，而称

$$E\{(X-E[X])^k(Y-E[Y])^l\}=\int_{-\infty}^{+\infty}\int_{-\infty}^{+\infty}(x-m_X)^k(y-m_Y)^l\cdot f_{XY}(x, y)\mathrm{d}x\mathrm{d}y \tag{1-69}$$

为随机变量 X 与 Y 的 $k+l$ 联合中心矩。

显然，相关值为二阶联合原点矩，协方差为二阶联合中心矩。

由上述概念可知，二维随机变量(X_1, X_2)有四个二阶中心矩，分别记为

$$\begin{cases}C_{11}=E\{(X_1-E[X_1])^2\}\\C_{12}=E\{(X_1-E[X_1])(X_2-E[X_2])\}\\C_{21}=E\{(X_2-E[X_2])(X_1-E[X_1])\}\\C_{22}=E\{(X_2-E[X_2])^2\}\end{cases} \tag{1-70}$$

将它们排列成矩阵形式

$$\begin{bmatrix}C_{11} & C_{12}\\C_{21} & C_{22}\end{bmatrix} \tag{1-71}$$

此矩阵称为随机变量(X_1,X_2)的协方差矩阵。

1.4.4 n维随机变量的数字特征

随机变量所描述的对象是随机现象，将若干个随机现象综合起来进行观察和建模就得到了随机向量的概念。这里n维随机变量$(X_1, X_2, \cdots, X_n)$可用随机向量$\boldsymbol{X}=[X_1, X_2, \cdots, X_n]^{\mathrm{T}}$来表示。

1. n维随机变量的数学期望

若随机向量$\boldsymbol{X}$中的每个分量X_i的数学期望均存在且$E[X_i]=m_{X_i}$，则随机向量$\boldsymbol{X}$的数学期望为

$$\boldsymbol{X}=E[\boldsymbol{X}]=\begin{bmatrix}E[X_1]\\E[X_2]\\\vdots\\E[X_n]\end{bmatrix}=\begin{bmatrix}m_{X_1}\\m_{X_2}\\\vdots\\m_{X_n}\end{bmatrix}=\boldsymbol{M_X} \tag{1-72}$$

可见，随机向量$\boldsymbol{X}$的数学期望是一个常数矢量，常用$\boldsymbol{M_X}$表示。

2. n维随机变量的协方差矩阵

仿照二维随机变量协方差矩阵，可以得到n维随机变量的协方差矩阵。如果随机向量$\boldsymbol{X}=[X_1, X_2, \cdots, X_n]^{\mathrm{T}}$的二阶联合中心矩

$$C_{ij}=E\{(X_i-E[X_i])(X_j-E[X_j])\},\quad i, j=1, 2, \cdots, n \tag{1-73}$$

都存在，则称矩阵

$$\boldsymbol{C_X}=\begin{bmatrix}C_{11}&C_{12}&\cdots&C_{1n}\\C_{21}&C_{22}&\cdots&C_{2n}\\\vdots&\vdots&&\vdots\\C_{n1}&C_{n2}&\cdots&C_{nn}\end{bmatrix} \tag{1-74}$$

为n维随机变量$(X_1, X_2, \cdots, X_n)$的协方差矩阵。

例 1.12 设二维随机变量(X_1, X_2)的均值向量为(0, 1)，协方差矩阵为

$$\boldsymbol{C_X}=\begin{bmatrix}1&0.5\\0.5&1\end{bmatrix}$$

试计算：

(1) $D(2X_1-X_2)$；

(2) $E[X_1^2-X_1X_2+X_2^2]$。

解 由均值向量的定义可知

$$E[X_1]=0,\quad E[X_2]=1$$

由协方差矩阵的定义知

$$D[X_1]=D[X_2]=1$$
$$\mathrm{cov}(X_1, X_2)=\mathrm{cov}(X_2, X_1)=0.5$$

则有

(1) $$\begin{aligned}D[2X_1-X_2]&=D[2X_1]+D[X_2]-2\mathrm{cov}(2X_1,X_2)\\&=4D[X_1]+D[X_2]-4\mathrm{cov}(X_1,X_2)=3\end{aligned}$$

(2) 由 $E[X_1^2]=D[X_1]+E^2[X_1]=1$，$E[X_2^2]=D[X_2]+E^2[X_2]=2$ 可得

$$E[X_1X_2]=\text{cov}(X_1,X_2)+E[X_1]E[X_2]=0.5$$

故有

$$E[X_1^2-X_1X_2+X_2^2]=2.5$$

1.4.5 统计平均算子

前面讲述的随机变量的数字特征，其实质都是对随机变量及其函数的统计平均。统计平均是建立在无穷多次试验得到的概率密度函数基础上的一种算法。本书称这种算法为统计平均算子。

若 $\phi(X_1, X_2, \cdots, X_n)$是 n 维随机向量 $\boldsymbol{X}=(X_1, X_2, \cdots, X_n)^{\mathrm{T}}$ 的一个函数，则定义统计平均算子为

$$E[\phi(X_1, X_2, \cdots, X_n)]=\int_{R^n}\phi(X_1, X_2, \cdots, X_n)\cdot f_{\boldsymbol{X}}(x_1, x_2, \cdots x_n)\mathrm{d}x_1\mathrm{d}x_2\cdots\mathrm{d}x_n \tag{1-75}$$

1.5 高斯随机变量

高斯(正态)分布及对应的高斯(正态)随机变量在通信等相关工程实际应用中占有极其重要的地位，其重要性主要表现在：

(1) 按照中心极限定理：N 个统计独立的随机变量之和的分布，无论其个体分布如何，在 $N\to\infty$时都趋于高斯分布，可以看出，通信中的系统噪声均属于高斯过程，通信中遇到的随机过程绝大多数也为高斯过程或其派生过程。

(2) 高斯分布易于数学处理，可以唯一地被均值和方差决定。

1.5.1 高斯随机变量的概率密度函数

1. 一维概率密度函数

高斯分布在概率论课程中讲过，这里作进一步讨论。一维高斯随机变量 X 的概率密度函数为

$$f_X(x)=\frac{1}{\sqrt{2\pi}\sigma_X}\exp\left[-\frac{(x-m_X)^2}{2\sigma_X^2}\right] \tag{1-76}$$

简记为 $X\sim N(m_X, \sigma_X^2)$。

当 $m_X=0$，$\sigma_X^2=1$ 时，称其为标准化的正态分布，记为 $X\sim N(0, 1)$。

标准正态分布的特点是：$f_X(x)$可由方差σ_X^2和均值m_X完全确定；$f_X(x)$对称于m_X，最大值点在 $x=m_X$位置处；m_X不同，曲线会发生平移；σ_X不同，曲线的宽窄随之也会发生变化。从图 1-24 中可以看出，均值决定了高斯分布曲线的位置，方差描述了分布曲线本身的形状，即它们共同描述了曲线的扩散特征。

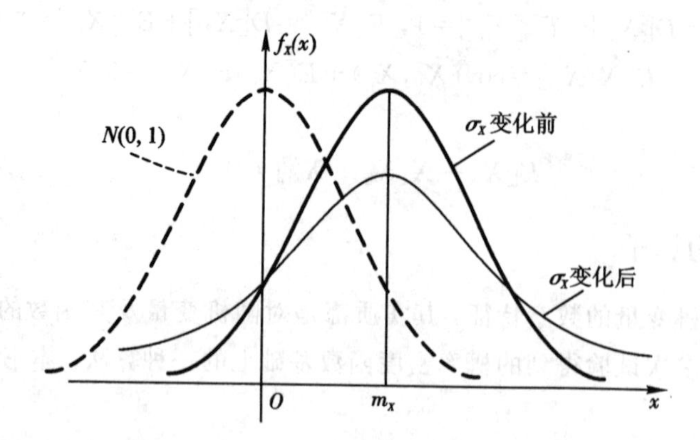

图 1-24 一维高斯分布的概率密度函数

2. 二维联合概率密度函数

设两个随机变量 X_1、X_2，若它们的联合概率密度函数为

$$f_{X_1X_2}(x_1,x_2)=\frac{1}{2\pi\sigma_{X_1}\sigma_{X_2}\sqrt{1-\rho^2}}\cdot$$

$$\exp\left\{\frac{-1}{2(1-\rho^2)}\left[\frac{(x_1-m_{X_1})^2}{\sigma_{X_1}^2}-2\rho\frac{(x_1-m_{X_1})(x_2-m_{X_2})}{\sigma_{X_1}\sigma_{X_2}}+\frac{(x_2-m_{X_2})^2}{\sigma_{X_2}^2}\right]\right\}$$

(1-77)

其中 m_{X_1}、m_{X_2} 为 X_1、X_2 各自的期望，$\sigma_{X_1}^2$、$\sigma_{X_2}^2$ 为 X_1、X_2 各自的方差，ρ 是两个随机变量的互相关系数，则称 X_1、X_2 是联合高斯的，简记为 $(X_1, X_2)\sim N(m_{X1}, \sigma_{X1}^2; m_{X2}, \sigma_{X2}^2; \rho)$。可见，其二维高斯联合概率密度由参数 m_{X_1}、m_{X_2}、$\sigma_{X_1}^2$、$\sigma_{X_2}^2$、ρ 确定，其二维高斯概率密度函数图形如图 1-25 所示。

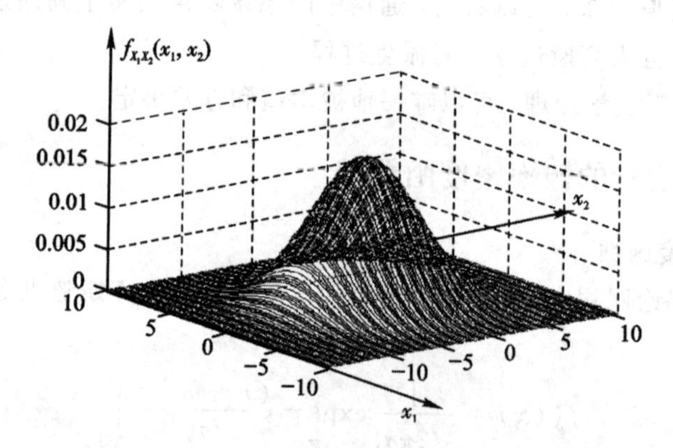

图 1-25 二维高斯概率密度函数图形

前面已经证明，若 X_1、X_2 是联合高斯的，则 X_1、X_2 的边缘密度也是高斯的，且

$$f_{X_1}(x_1)=\frac{1}{\sqrt{2\pi}\sigma_{X_1}}\exp\left[-\frac{(x_1-m_{X_1})^2}{2\sigma_{X_1}^2}\right] \tag{1-78}$$

$$f_{X_2}(x_2)=\frac{1}{\sqrt{2\pi}\sigma_{X_2}}\exp\left[-\frac{(x_2-m_{X_2})^2}{2\sigma_{X_2}^2}\right] \tag{1-79}$$

其中 ρ 为随机变量 X_1、X_2 的相关系数。

若 $\rho=0$，即 X_1、X_2是不相关的，则 $f_{X_1X_2}(x_1,x_2)=f_{X_1}(x_1)f_{X_2}(x_2)$，可以看出，$X_1$、$X_2$是相互独立的。

运用矩阵形式，不仅可以使二维联合概率密度函数的表示形式变得简洁，而且容易推广到多维情况。式(1-77)的二维高斯概率密度函数可表示为

$$f_{\boldsymbol{X}}(\boldsymbol{x})=\frac{1}{2\pi|\boldsymbol{C}_X|^{1/2}}\exp\left[-\frac{1}{2}(\boldsymbol{x}-\boldsymbol{M}_X)^{\mathrm{T}}\boldsymbol{C}_X^{-1}(\boldsymbol{x}-\boldsymbol{M}_X)\right] \tag{1-80}$$

其中 $\boldsymbol{X}=[X_1\quad X_2]^{\mathrm{T}}$，$\boldsymbol{x}=[x_1\quad x_2]^{\mathrm{T}}$，$\boldsymbol{M}_X=[m_{X_1}\quad m_{X_2}]^{\mathrm{T}}$，$\boldsymbol{C}_X$ 表示随机变量 X_1和 X_2的协方差矩阵，其表达式为

$$\boldsymbol{C}_X=\begin{bmatrix} E[(X_1-m_{X_1})^2] & E[(X_1-m_{X_1})(X_2-m_{X_2})] \\ E[(X_2-m_{X_2})(X_1-m_{X_1})] & E[(X_2-m_{X_2})^2] \end{bmatrix}$$

$$=\begin{bmatrix} \sigma_{X_1}^2 & \rho\sigma_{X_1}\sigma_{X_2} \\ \rho\sigma_{X_1}\sigma_{X_2} & \sigma_{X_2}^2 \end{bmatrix}$$

式(1-80)中$|\boldsymbol{C}_X|=(1-\rho^2)\sigma_{X_1}^2\sigma_{X_2}^2$为协方差矩阵的行列式。

3. 多维联合概率密度函数

从二维联合概率密度函数的表达式很容易推广到多维正态随机变量的情况。引入列矩阵

$$\boldsymbol{X}=\begin{bmatrix} X_1 \\ X_2 \\ \vdots \\ X_n \end{bmatrix},\qquad \boldsymbol{x}=\begin{bmatrix} x_1 \\ x_2 \\ \vdots \\ x_n \end{bmatrix},\qquad \boldsymbol{M}_X=\begin{bmatrix} m_{X_1} \\ m_{X_2} \\ \vdots \\ m_{X_n} \end{bmatrix}$$

则 n 维高斯随机变量(X_1，X_2，…，X_n)的概率密度函数为

$$f_{\boldsymbol{X}}(\boldsymbol{x})=\frac{1}{2\pi|\boldsymbol{C}_X|^{1/2}}\exp\left[-\frac{1}{2}(\boldsymbol{x}-\boldsymbol{M}_X)^{\mathrm{T}}\boldsymbol{C}_X^{-1}(\boldsymbol{x}-\boldsymbol{M}_X)\right] \tag{1-81}$$

式中，$\boldsymbol{C}_X$ 是 n 个随机变量的协方差矩阵。

1.5.2　一维高斯分布函数的求解

在通信系统性能分析中，我们常需要计算高斯随机变量 X 小于或等于某一取值 x 的概率 $P(X\leqslant x)$，它等于概率密度函数 $f_X(x)$的积分。定义此积分为高斯分布函数，表示为

$$F_X(x)=P(X\leqslant x)=\int_{-\infty}^{x}\frac{1}{\sqrt{2\pi}\sigma_X}\exp\left[-\frac{(t-m_X)^2}{2\sigma_X^2}\right]\mathrm{d}t \tag{1-82}$$

一维高斯分布函数 $F_X(x)$无法用闭合形式计算。为了方便计算，人们编制了一些特殊函数的函数表，包含了各种函数与 $F_X(x)$的对应关系，可通过查表来求得函数对应分布函数 $F_X(x)$的值。常用的分布函数主要有概率积分函数 $\Phi(x)$、误差函数 $\mathrm{erf}(x)$、补误差函数 $\mathrm{erfc}(x)$和 $Q(x)$函数。

1. 概率积分函数(标准高斯分布函数)

标准高斯密度函数为 $f_X(x)=\dfrac{1}{\sqrt{2\pi}}\exp\left(-\dfrac{x^2}{2}\right)$，标准高斯分布函数的定义为

$$\Phi(x)=\int_{-\infty}^{x}\frac{1}{\sqrt{2\pi}}\exp\left(-\frac{t^2}{2}\right)\mathrm{d}t \tag{1-83}$$

容易得 $\Phi(-x)=1-\Phi(x)$。对公式(1-82)进行变量替换，令 $z=\frac{t-m_X}{\sigma_X}$，得

$$F_X(x)=\int_{-\infty}^{\frac{x-m_X}{\sigma_X}}\frac{1}{\sqrt{2\pi}}\exp\left(-\frac{z^2}{2}\right)\mathrm{d}z=\Phi\left(\frac{x-m_X}{\sigma_X}\right) \tag{1-84}$$

2. 误差函数

误差函数 $\mathrm{erf}(x)$ 的定义为

$$\mathrm{erf}(x)=\frac{2}{\sqrt{\pi}}\int_0^x \mathrm{e}^{-t^2}\mathrm{d}t,\quad x\geqslant 0 \tag{1-85}$$

误差函数是递增函数，且有 $\mathrm{erf}(0)=0$，$\mathrm{erf}(\infty)=1$，$\mathrm{erf}(-x)=-\mathrm{erf}(x)$。

同样对高斯分布函数 $F_X(x)$(公式(1-82))进行变量替换，令 $z=\frac{t-m_X}{\sqrt{2}\sigma_X}$，得

$$F_X(x)=\begin{cases}\frac{1}{2}+\frac{1}{2}\mathrm{erf}\left(\frac{x-m_X}{\sqrt{2}\sigma_X}\right), & x\geqslant m_X\\ 1-\frac{1}{2}\mathrm{erf}\left(\frac{x-m_X}{\sqrt{2}\sigma_X}\right), & x<m_X\end{cases} \tag{1-86}$$

3. 补误差函数

补误差函数 $\mathrm{erfc}(x)$ 的定义为

$$\mathrm{erfc}(x)=1-\mathrm{erf}(x)=\frac{2}{\sqrt{\pi}}\int_x^{+\infty}\mathrm{e}^{-t^2}\mathrm{d}t \tag{1-87}$$

补误差函数是递减函数，且有 $\mathrm{erfc}(0)=1$，$\mathrm{erfc}(\infty)=0$，$\mathrm{erfc}(-x)=2-\mathrm{erfc}(x)$。

同样对高斯分布函数 $F_X(x)$(式(1-82))进行变量替换，令 $z=\frac{t-m_X}{\sqrt{2}\sigma_X}$，得

$$F_X(x)=1-\frac{1}{2}\mathrm{erfc}\left(\frac{x-m_X}{\sqrt{2}\sigma_X}\right) \tag{1-88}$$

4. $Q(x)$ 函数

$Q(x)$ 函数的定义为

$$Q(x)=\frac{1}{\sqrt{2\pi}}\int_x^{+\infty}\exp\left(-\frac{t^2}{2}\right)\mathrm{d}t \tag{1-89}$$

同理可得

$$F_X(x)=1-Q\left(\frac{x-m_X}{\sigma_X}\right) \tag{1-90}$$

容易证明，上述几个函数满足如下关系：

$$\mathrm{erf}(x)=2\Phi(\sqrt{2}x)-1 \tag{1-91}$$

$$\mathrm{erfc}(x)=2-2\Phi(\sqrt{2}x) \tag{1-92}$$

$$Q(x)=\frac{1}{2}\mathrm{erfc}\left(\frac{x}{\sqrt{2}}\right)=\frac{1}{2}-\frac{1}{2}\mathrm{erf}\left(\frac{x}{\sqrt{2}}\right) \tag{1-93}$$

$$\begin{cases}\mathrm{erf}(x)+\mathrm{erfc}(x)=1\\ \Phi(x)+Q(x)=1\end{cases} \tag{1-94}$$

图 1-26 给出了上述几种函数的关系。

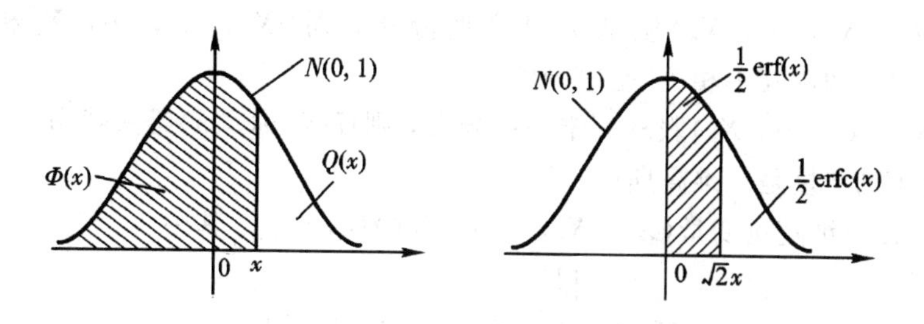

图 1-26 误差、补误差与 $Q(x)$ 函数的关系

1.5.3 高斯随机变量的性质

高斯分布在通信与信息处理领域中应用很广泛，它有很多独特的性质，本小节集中讨论它的一些主要性质。

1. 高斯随机变量的矩

标准高斯随机变量 $X\sim N(0,1)$ 的 $n(n\geqslant 2)$ 阶矩为

$$E[X^n]=\begin{cases}1\times 3\times 5\cdots(n-1)=(n-1)!!, & n\text{ 为偶数}\\ 0, & n\text{ 为奇数}\end{cases},\quad n\geqslant 2 \tag{1-95}$$

一般高斯随机变量 $X\sim N(m_X,\sigma_X^2)$ 的 $n(n\geqslant 2)$ 阶中心矩为

$$E[(X-m_X)^n]=\begin{cases}0, & n\text{ 为奇数}\\ (n-1)!!\cdot\sigma_X^n, & n\text{ 为偶数}\end{cases},\quad n\geqslant 2 \tag{1-96}$$

2. 高斯随机变量的和

(1) 相互独立的高斯变量之和服从高斯分布。

设有 n 个相互独立的高斯变量 $X_k\sim N(m_{X_k},\sigma_{X_k}^2)$，$k=1,2,\cdots,n$，那么其和也服从高斯分布，即 $Y=\sum_{k=1}^{n}X_k\sim N(m_Y,\sigma_Y^2)$，均值 $m_Y=\sum_{k=1}^{n}m_{X_k}$，方差 $\sigma_Y^2=\sum_{k=1}^{n}\sigma_{X_k}^2$。

(2) 相关的高斯变量之和服从高斯分布。

设有 n 个相关的高斯变量 $X_k\sim N(m_{X_k},\sigma_{X_k}^2)$，$k=1,2,\cdots,n$，$X_i$ 与 $X_j(i,j=1,2,\cdots,k)$ 的相关系数为 $\rho_{X_iX_j}$，那么其和也服从高斯分布，即 $Y=\sum_{k=1}^{n}X_k\sim N(m_Y,\sigma_Y^2)$，均值 $m_Y=\sum_{k=1}^{n}m_{X_k}$，方差 $\sigma_Y^2=\sum_{k=1}^{n}\sigma_{X_k}^2+2\sum_{j<i}\rho_{X_iX_j}\sigma_{X_i}\sigma_{X_j}$。

3. n 维高斯随机变量的性质

(1) n 维高斯随机变量 $(X_1,X_2,\cdots,X_n)$ 的每一个分量 $X_i(i=1,2,\cdots,n)$ 都是高斯随机变量；反之，若 $X_1,X_2,\cdots,X_n$ 都是高斯变量，且相互独立，则 $(X_1,X_2,\cdots,X_n)$ 为 n 维高斯随机变量。

(2) n 维高斯随机变量 $(X_1,X_2,\cdots,X_n)$ 服从 n 维高斯分布的充分必要条件是 $X_1,X_2,\cdots,X_n$ 的任意线性组合 $l_1X_1+l_2X_2+\cdots+l_nX_n$ 服从一维高斯分布（其中 $l_1,l_2,\cdots,l_n$ 不全为零）。

(3) 若 $(X_1,X_2,\cdots,X_n)$ 服从 n 维高斯分布，设 $Y_1,Y_2,\cdots,Y_k$ 是 $X_i(i=1,2,\cdots,n)$ 的线性函数，则 $(Y_1,Y_2,\cdots,Y_k)$ 也服从多维高斯分布，称这一性质为高斯变量的线性变换不变性。

(4) 设$(X_1, X_2, \cdots, X_n)$服从 n 维高斯分布，则“$X_1, X_2, \cdots, X_n$ 相互独立”与“$X_1, X_2, \cdots, X_n$ 两两互不相关”是等价的。

(5) 若$(X_1, X_2, \cdots, X_n)$服从 n 维高斯分布，则任意 $m(<n)$维边缘分布也是高斯的，同时，各分量随机变量是一维高斯的。

例 1.13 设三维随机变量$(X_1, X_2, X_3)\sim N(\boldsymbol{M}_X, \boldsymbol{C}_X)$，其中

$$\boldsymbol{M}_X = \begin{bmatrix}1\\2\\2\end{bmatrix},\ \boldsymbol{C}_X = \begin{bmatrix}4 & 2 & 0\\2 & 4 & 2\\0 & 2 & 3\end{bmatrix}$$

求：

(1) X_1的概率密度函数 $f_{X_1}(x_1)$；

(2) (X_1, X_2)的联合概率密度函数 $f_{X_1X_2}(x_1, x_2)$；

(3) X_1+X_2的概率密度函数。

解 (1) X_1是(X_1, X_2, X_3)的一个分量，因而它是一维高斯的，其期望 $E[X_1]=m_{X_1}=1$，方差 $\sigma_{X_1}^2=C_{X_1X_1}=4$，因此 $X_1\sim N(1, 4)$，于是有

$$f_X(x) = \frac{1}{2\sqrt{2\pi}}\exp\left[-\frac{(x-1)^2}{8}\right]$$

(2) 对于(X_1, X_2)，它是原三维高斯变量的边缘分布，因此也是高斯的。其均值矢量与协方差矩阵为

$$\boldsymbol{M}_X = \begin{bmatrix}1\\2\end{bmatrix}$$

$$\boldsymbol{C}_X = \begin{bmatrix}4 & 2\\2 & 4\end{bmatrix}$$

因此，$m_{X_1}=E[X_1]=1$，$m_{X_2}=E[X_2]=2$，$\sigma_{X_1}^2=\sigma_{X_2}^2=4$，相关系数为

$$\rho = \frac{\mathrm{cov}(X_1, X_2)}{\sigma_{X_1}\sigma_{X_2}} - \frac{2}{\sqrt{4}\times\sqrt{4}} = \frac{1}{2}$$

于是有$(X_1, X_2)\sim N\left(1, 4; 2, 4; \dfrac{1}{2}\right)$。

由公式(1-77)得

$$f_{X_1X_2}(x_1, x_2) = \frac{1}{4\sqrt{3}\pi}\exp\left\{-\frac{1}{6}[(x_1-1)^2-(x_1-1)(x_2-2)+(x_2-2)^2]\right\}$$

(3) 令 $Y=X_1+X_3=1\times X_1+0\times X_2+1\times X_2$，由于 Y 是 X_1、X_2、X_3的线性组合，则 Y 也是高斯随机变量。其均值为

$$m_Y = E[Y] = 1+2 = 3$$

方差为

$$\begin{aligned}\sigma_Y^2 &= D[Y] = D[X_1]+D[X_3]+2\mathrm{cov}(X_1, X_3)\\&= 4+3+2\times 0\\&= 7\end{aligned}$$

所以，$Y\sim N(3, 7)$，其概率密度函数为

$$f_Y(y) = \frac{1}{\sqrt{14\pi}}\exp\left[-\frac{(y-3)^2}{14}\right]$$

习　题　一

1. 有朋自远方来，她乘火车、轮船、汽车或飞机的概率分别是 0.3、0.2、0.1 和 0.4。如果她乘火车、轮船或汽车来，迟到的概率分别是 0.25、0.4 和 0.1，但她乘飞机来则不会迟到。如果她迟到了，问她最可能搭乘的是哪种交通工具？

2. 设随机变量 X 的概率密度函数为

$$f_X(x)=\begin{cases}kx, & 0\leqslant x<3\\ 2-\dfrac{x}{2}, & 3\leqslant x\leqslant 4\\ 0, & \text{其他}\end{cases}$$

(1) 确定常数 k；

(2) 求 X 的分布函数 $F_X(x)$；

(3) 求 $P\left\{1<X\leqslant\dfrac{7}{2}\right\}$。

3. 设随机变量 X 服从瑞利分布，其概率密度函数为

$$f_X(x)=\begin{cases}\dfrac{x}{\sigma_X^2}e^{-\frac{x^2}{2\sigma_X^2}}, & x\geqslant 0\\ 0, & x<0\end{cases}$$

式中，常数 $\sigma_X>0$，求期望 $E[X]$和方差 $D[X]$。

4. 设随机变量 Y 与 X 满足如下函数关系：

$$Y=g(X)=\sin(X+\theta)$$

其中 θ 是常数，假定 X 的概率密度为 $f_X(x)$，求 Y 的概率密度 $f_Y(y)$。

5. 设随机变量 $X\sim N(0,1)$，$Y\sim N(0,1)$，且它们相互独立，令$\begin{cases}U=X+Y\\ V=X-Y\end{cases}$。

(1) 求随机变量(U, V)的联合概率密度 $f_{UV}(u, v)$；

(2) 随机变量 U 与 V 是否相互独立？

6. 已知随机变量 X 与 Y，有 $E[X]=1$，$E[Y]=3$，$D[X]=4$，$D[Y]=16$，$\rho_{XY}=0.5$，令$U=3X+Y$，$V=X-2Y$，试求 $E[U]$、$E[V]$、$D[U]$、$D[V]$和 $\mathrm{cov}(U, V)$。

7. 已知随机变量 X_1和 X_2相互独立，概率密度分别为

$$f_{X_1}(x_1)=\begin{cases}\dfrac{1}{2}e^{-\frac{1}{2}x_1}, & x_1\geqslant 0\\ 0, & x_1<0\end{cases}$$

$$f_{X_2}(x_2)=\begin{cases}\dfrac{1}{3}e^{-\frac{1}{3}x_2}, & x_2\geqslant 0\\ 0, & x_2<0\end{cases}$$

求随机变量 $Y=X_1+X_2$的概率密度。

8. 已知随机变量 X、Y 满足 $Y=aX+b$，a、b 皆为常数。证明：

(1) $C_{XY}=a\sigma_X^2$；

(2) $\rho_{XY}=\begin{cases}1, & a>0\\ -1, & a<0\end{cases}$；

(3) 当 $m_X \neq 0$ 且 $b = -\dfrac{aE[X^2]}{E[X]}$ 时，随机变量 X、Y 正交。

9. 已知二维高斯变量 (X_1, X_2) 的两个分量相互独立，期望都为 0，方差都为 σ^2。令

$$\begin{cases} Y_1 = \alpha X_1 + \beta X_2 \\ Y_2 = \alpha X_1 - \beta X_2 \end{cases}$$

其中 $\alpha \neq 0$、$\beta \neq 0$ 且为常数。

(1) 证明：(Y_1, Y_2) 服从二维高斯分布；

(2) 求 (Y_1, Y_2) 的均值和协方差矩阵；

(3) 证明：Y_1 和 Y_2 相互独立的条件为 $\alpha = \pm\beta$。

10. 已知三维高斯随机矢量 $\boldsymbol{X} = \begin{bmatrix} X_1 \\ X_2 \\ X_3 \end{bmatrix}$ 的均值为常矢量 $\boldsymbol{M}_X$，方差阵为 $\boldsymbol{C}_X = \begin{bmatrix} 2 & 2 & -2 \\ 2 & 5 & -4 \\ -2 & -4 & 4 \end{bmatrix}$，证明：$X_1$，$X_2 - X_1$，$\dfrac{X_1}{3} + \dfrac{2X_2}{3} + X_3$ 相互独立。

11. 设随机变量 X 的均值为 3，方差为 2。令新的随机变量 $Y = -6X + 22$，问：随机变量 X 与 Y 是否正交、不相关？为什么？

第二章　随机信号的基本概念

在通信和信息系统中，通常将承载信息随时间、空间或其他几个参量变化的物理量(如声、光、电)抽象为信号，用确定时间函数来表示确定信号。“信号与系统”等课程分析的是确定信号。而实际通信信号是不确定的，具有随机性，是随机信号。随机信号在信号与信息处理统计模型的建立、仿真与处理等方面有着广泛的应用。但正如第一章所述，随机并不意味着无规律，随机信号与随机变量一样，其特性具有某种统计规律，这就是本课程的研究重点。在数学上，人们用统计学的方法建立了随机信号的数学模型——随机过程。它的研究思路是先找出统计规律再用统计方法对其进行处理。因此可以借鉴随机变量的处理方法，但还需要考虑随机信号的时间函数特性。

本章先讲述随机信号的基本定义及其分类和统计描述方式，再讨论通信系统中常见的几类重要的随机信号及其分析方法，重点介绍高斯随机信号。本章所讲述的是随机信号分析中最基本的内容，也是后续各章节的理论基础。

2.1　随机信号的定义及其分类

2.1.1　随机信号的定义

1. 接收机的噪声分析

用示波器来观察记录某个接收机输出的噪声电压波形，假定接收机没有输入信号，由于接收机内部元件(如电阻、晶体管等)会发热产生热噪声，经过放大后，输出端会有电压输出，假定在第一次观测中示波器观测记录到的波形为 $x_1(t)$，而在第二次观测中记录到的波形为 $x_2(t)$，…，每次观测记录到的波形都是不同的，而且事先无法确定观测会得到什么样的波形，所有示波器上观测可能得到的结果 $x_1(t)$，$x_2(t)$，$x_3(t)$，…构成随机信号 $X(t)$，如图 2-1 所示。

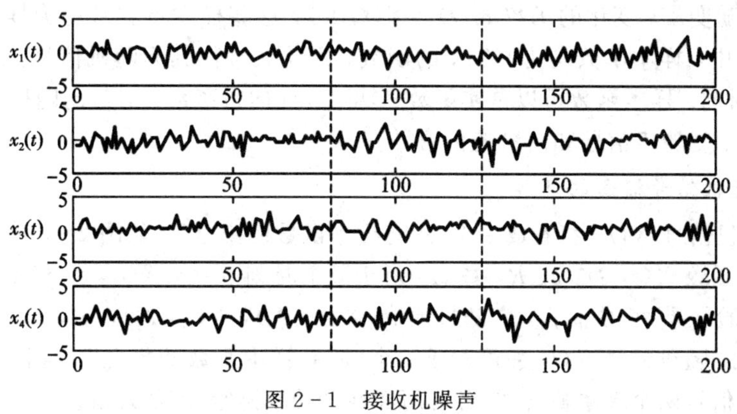

图 2-1　接收机噪声

在上述分析中，对应于某个时刻 t_1，$x_1(t_1)$，$x_2(t_1)$，…取值各不相同，也就是说，$X(t_1)$的可能取值是 $x_1(t_1)$，$x_2(t_1)$，…，在 t_1时刻究竟取哪个值是不确定的，所以 $X(t_1)$是一个随机变量。同理，在任何时刻 t_k，$X(t_k)$也是随机变量，可见 $X(t)$是由许多随机变量构成的。

对接收机噪声电压每做一次观测记录相当于做一次试验，每次试验所得到的记录结果 $x_i(t)$是一个确定的函数，称为样本函数，所有这些样本函数的集合构成了随机信号 $X(t)$。在每次试验之前，虽然不能预知 $X(t)$究竟取哪一个样本函数，但经过大量重复的观测，可以确定它的统计规律，这点与随机变量相同。上面是对随机信号的直观解释，下面给出其严格的定义。

2. 随机信号的定义

随机试验的概率空间为$\{\Omega, F, P\}$，若对于样本空间 Ω 中的任何一个样本点 $\xi_i \in \Omega$，总有一个确知函数 $x_i(t)=X(t, \xi_i)(t\in T)$与之对应，这样对于所有的 $\xi \in \Omega$，就可得到一簇关于时间 t 的函数 $X(t, \xi)$，称为随机信号。簇中的每一个函数称为该随机信号的样本函数。随机信号 $X(t, \xi)$常简记为 $X(t)$，对应的样本函数简记为 $x(t)$。参数 t 为实数集或其子集。随机信号的定义示意图如图 2-2 所示。

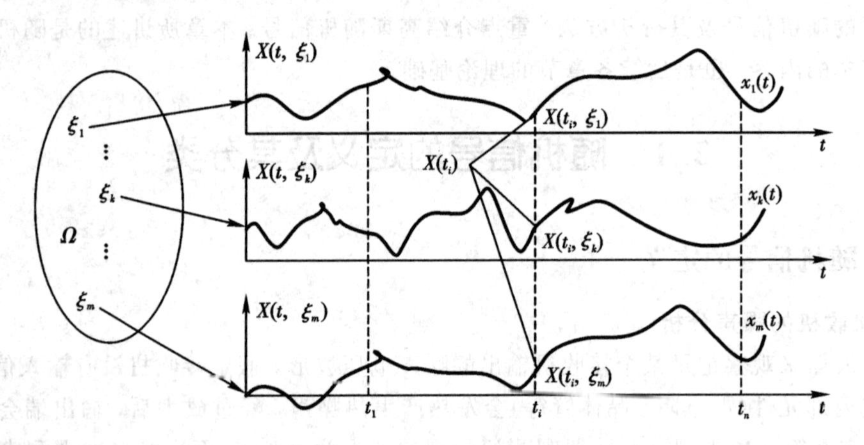

图 2-2 随机信号的定义

1) 样本函数

所有随机试验均可用概率空间$\{\Omega, F, P\}$来描述。若每个样本点 $\xi_i \in \Omega$ 不是一个数值，而是一个随变量 t 变化的函数 $x_i(t)=X(t, \xi_i)$，这些样本点就被称为样本函数。在信息与通信工程中，样本函数均为时间 t 的函数，因此又常称其为随机信号。以后若无特别说明，t 均指时间。样本函数可以是实函数、复函数或向量函数，对应的随机信号也分别称为实随机信号、复随机信号和向量随机信号。

2) 关于随机信号概念的理解

(1) 将随机信号 $X(t, \xi)$看成一个“所有样本函数的集合”。如图 2-3 所示，随机信号是两个变量的函数 $X(t, \xi)$，$t\in R$，$\xi\in\Omega$。对于某个时刻 $t=t_i$，$X(t_i, \xi)$ 仅是参变量 ξ 的函数，对所有实验结果 $\xi\in\Omega$ 而言，它随机地取$\{X(t_i, \xi_1), X(t_i, \xi_2), \cdots, X(t_i, \xi_n)\}$中的任一“值”，因此，随机信号 $X(t, \xi)$可看成一个“所有样本函数的集合”。这种定义方式有助于后面对随机信号两个基本概念如“各态历经性”“功率谱密度”的理解。

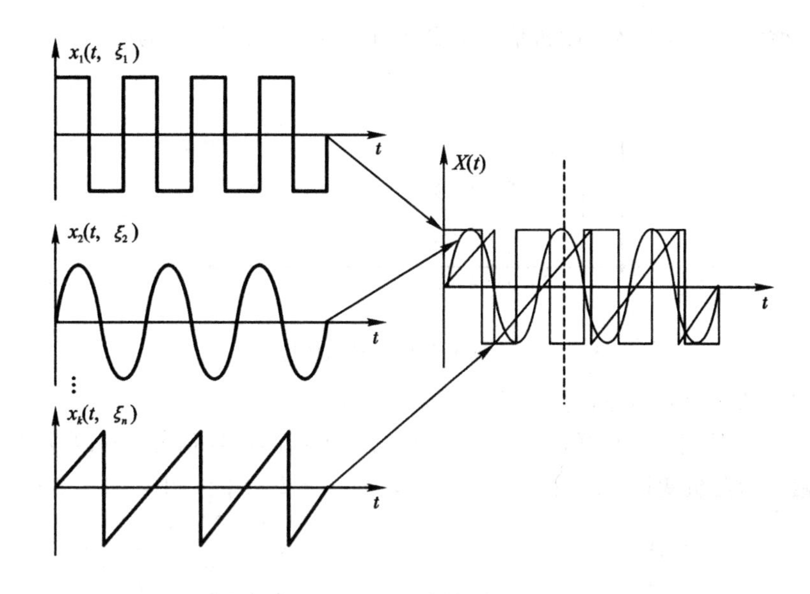

图 2-3　随机信号与样本函数的关系

(2) 将随机过程 $X(t, \xi)$ 看成一组"随时间变化的随机变量"。随机信号 $X(t, \xi)$ 在 $t=t_i$ 时刻的取值 $X(t_i, \xi)$ 是定义在 Ω 上的一个"随机变量"X_i，而随机信号 $X(t, \xi)$ 在 $t=t_j$ 时刻 $X(t_j, \xi)$ 是定义在 Ω 上的另一个"随机变量"X_j。随着选取时刻 t_k 的变化，得到的 $X(t_1, \xi)$，$X(t_2, \xi)$，…，$X(t_n, \xi)$ 是一组不同的随机变量 X_1，X_2，…，X_n。所以又可以将随机过程 $X(t, \xi)$ 看成一组"随时间变化的随机变量"。可见，前一章对随机变量的统计分析方法可直接应用于随机信号。

对随机信号的两种理解本质上是一致的，相互能起到补充作用。在实际观测时，通常注重随机信号和样本函数之间关系的理解，用实验方法观测各样本函数时，观测次数越多，所得到的样本函数也越多，也就越容易掌握随机信号的统计规律。在进行理论分析时，通常把随机信号看作多维随机变量的推广，时间分割越细，维数越大，对信号的统计描述就越全面，并且可以以第一章多维随机变量的理论作为随机信号分析的理论基础。

(3) 关于随机信号概念的含义。根据以上讨论可列出 $X(t, \xi)$ 在四种不同情况下的含义：

① t、ξ 均为变量 ⇒ 一个时间函数簇即是随机信号；

② t 为变量，ξ 固定 ⇒ 一个确知的时间函数即一个样本函数；

③ t 固定，ξ 为变量 ⇒ 一个随机变量；

④ t 固定，ξ 固定 ⇒ 一个确定的数值，称为随机信号的状态。

(4) 将一般随机变量写成：X，Y，Z，…，将一般随机信号写成：$X(t)$，$Y(t)$，$Z(t)$，…

2.1.2　随机信号的分类

随机信号 $X(t)$ 可以按其状态不同分成连续型和离散型，也可以按其时间参量 t 的不同，分成连续参量随机信号(简称随机信号)和离散参量随机信号(简称随机序列)。因此，总共可以将其分成下述四类。

(1) 离散随机序列(时间离散、状态离散)。

例如在贝努利试验中建立起来的贝努利随机信号。每次试验可能有两个结果，如果用

(0，1)描述，称为(0，1)贝努利随机信号；如果用(－1，1)描述，称为(－1，1)贝努利随机信号。图 2-4 示出了其典型波形。

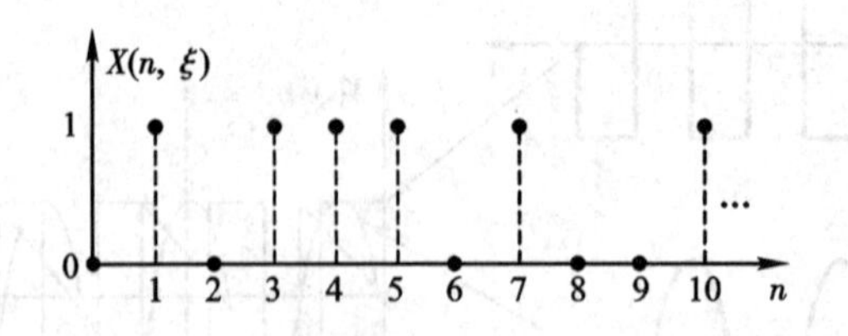

图 2-4 贝努利随机信号的典型波形

(2) 离散型随机信号(时间连续、状态离散)。

例如某脉冲信号发生器传送的信号是脉冲宽度为 T_0 的脉冲信号，每隔 T_0 送出一个脉冲，脉冲的幅度为随机变量，只能取{－2，－1，＋1，＋2}中的一个，如图 2-5 所示。

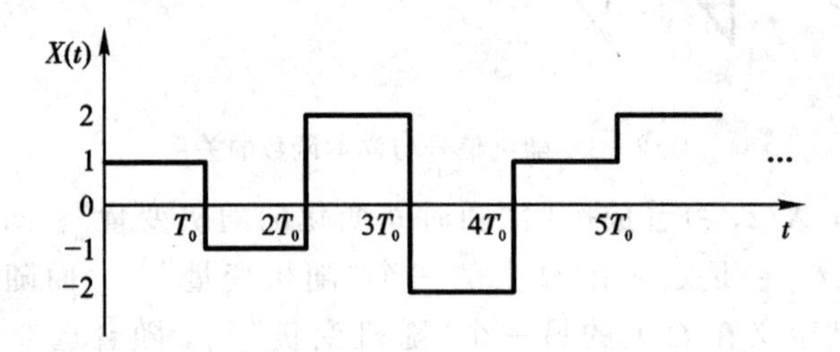

图 2-5 脉冲信号发生器的典型波形

(3) 连续型随机信号(时间连续、状态连续)。

例如随机正弦信号 $X(t)=a\cos(\omega t+\theta)$，式中 a、ω、θ 部分或全部是随机变量。图 2-6 示出了它在某个变量是随机变量、其他两个为常数时的典型波形。

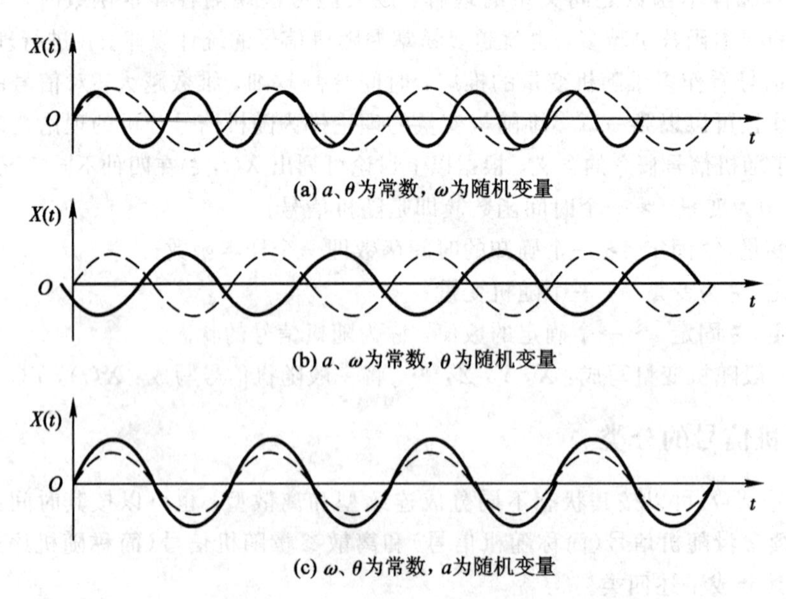

图 2-6 随机正弦信号的典型波形

(4) 连续随机序列(时间离散、取值连续)。

例如每隔单位时间对晶体管噪声电压进行抽样，噪声电压在[0，12]上取值连续。图 2-7 示出了抽样信号的典型波形。

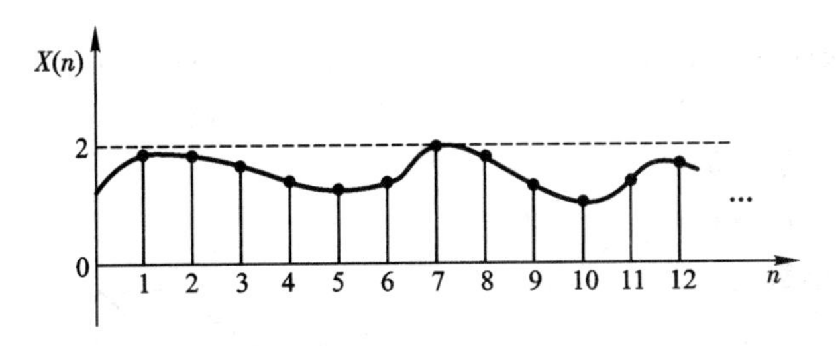

图 2-7　抽样信号的典型波形

上述四种分类中，最基本的是连续型随机信号，因此本书重点介绍连续型随机信号。另外，根据随机信号的概率分布、功率特性和平稳性分类，高斯随机信号、平稳随机信号、白噪声、窄带随机信号也是本书研究的主要内容。

2.2　随机信号的统计描述

尽管随机信号的变化过程是不确定的，但这种不确定的变化过程中仍包含规律性的因素，这种规律性可以通过大量的样本函数经统计后呈现出来，即随机信号和随机变量一样存在统计规律，这些统计规律的数学描述有概率分布(密度)、数字特征等。

2.2.1　随机信号的概率分布

随机信号类似于随机变量，可用概率分布函数与概率密度函数来描述。因此，首先分析随机信号与随机变量的联系，然后再套用分析随机变量概率分布的方法。

由上节内容可知：随机信号 $X(t)$ 可以看成随时间 t 变化的一簇随机变量，在确定时刻，随机信号变成通常的随机变量。因此，当 $n\to\infty$ 时，不同时刻所构成的随机变量 $X(t_1)$，$X(t_2)$，…，$X(t_n)$ 可以足够精确地描述随机信号。因此，随机信号也存在一维和多维概率分布函数和概率密度函数。随机信号与随机变量的关系如图 2-8 所示。

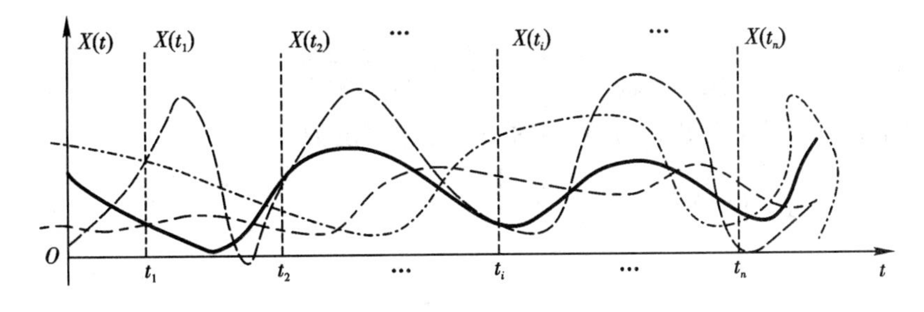

图 2-8　随机信号的多维表示

1. 一维概率分布

对于随机信号 $X(t)$，在 $t=t_i(i=1, 2, \cdots)$ 时刻，$X(t_i)$ 为在 t_i 时刻所对应的一维随机变量。类似随机变量概率分布的定义，随机信号 $X(t)$ 在 t_i 时刻的一维概率分布函数定义为

$$F_X(x_i;\ t_i)=P[X(t_i)\leqslant x_i] \tag{2-1}$$

同理，随机信号 $X(t)$在 t_i时刻的一维概率密度函数定义为

$$f_X(x_i;\ t_i)=\frac{\partial F_X(x_i;\ t_i)}{\partial x_i} \tag{2-2}$$

t_i的任意性，说明随机信号 $X(t)$在任何不同时刻都有对应的概率分布和概率密度函数，一般地，定义随机信号 $X(t)$的概率分布和概率密度函数如下：

一维概率分布函数为

$$F_X(x;\ t)=P[X(t)\leqslant x] \tag{2-3}$$

一维概率密度函数为

$$f_X(x;\ t)=\frac{\partial F_X(x;\ t)}{\partial x} \tag{2-4}$$

与随机变量不同的是，随机信号的一维概率分布或概率密度函数不仅是状态 x 的函数，也是时间 t 的函数。图 2-9 给出了随机信号的一维概率密度函数示意图。

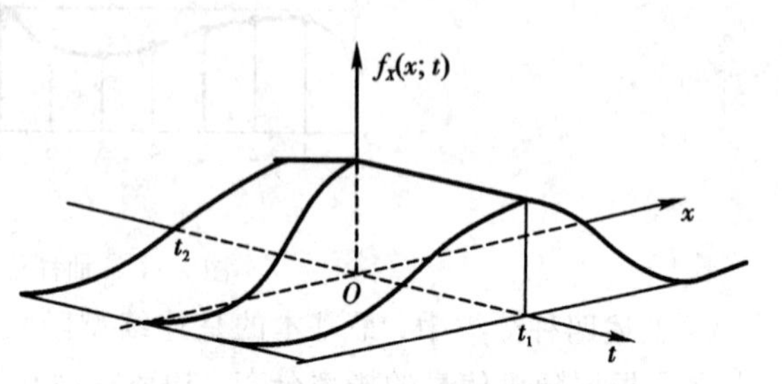

图 2-9　随机信号的一维概率密度示意图

例 2.1　随机信号 $X(t)=Y\cos\omega_0 t$，Y 为高斯随机变量，即 $Y\sim N(m_Y,\ \sigma_Y^2)$，$\omega_0$是常数。求 $X(t)$的一维概率密度 $f_X(x;\ t)$。

解　由已知得 Y 的概率密度为

$$f_Y(y)=\frac{1}{\sqrt{2\pi}\sigma_Y}\exp\left[-\frac{(y-m_Y)^2}{2\sigma_Y^2}\right]$$

在 $t=t_1$时刻，$X(t_1)$是一个随机变量，令 $X_1=X(t_1)=Y\cos\omega_0 t_1$，根据一维随机变量函数的变换，需求出反函数及其导数：

$$Y=\frac{X_1}{\cos\omega_0 t_1}$$

$$\frac{\mathrm{d}y}{\mathrm{d}x_1}=\frac{1}{\cos\omega_0 t_1}$$

于是，得到 $X(t_1)$的概率密度为

$$\begin{aligned}f_X(x_1;\ t_1)&=f_Y(x)\left|\frac{\mathrm{d}y}{\mathrm{d}x_1}\right|=\frac{1}{\sqrt{2\pi}\sigma_Y}\exp\left[-\frac{1}{2\sigma_Y^2}\left(\frac{x_1}{\cos\omega_0 t_1}-m_Y\right)^2\right]\cdot\left|\frac{1}{\cos\omega_0 t_1}\right|\\&=\frac{1}{\sqrt{2\pi}\sigma_Y|\cos\omega_0 t_1|}\exp\left[-\frac{(x_1-m_Y\cos\omega_0 t_1)^2}{2(\sigma_Y\cos\omega_0 t_1)^2}\right]\end{aligned}$$

考虑到 t_1的任意性，随机信号 $X(t)$的一维概率密度为

$$\begin{aligned}f_X(x;\ t)&=f_Y(x)\left|\frac{\mathrm{d}y}{\mathrm{d}x}\right|\\&=\frac{1}{\sqrt{2\pi}\sigma_Y}\exp\left[-\frac{1}{2\sigma_Y^2}\left(\frac{x}{\cos\omega_0 t}-m_Y\right)^2\right]\cdot\left|\frac{1}{\cos\omega_0 t}\right|\\&=\frac{1}{\sqrt{2\pi}\sigma_Y|\cos\omega_0 t|}\exp\left[-\frac{(x-m_Y\cos\omega_0 t)^2}{2(\sigma_Y\cos\omega_0 t)^2}\right]\end{aligned}$$

随机信号的一维分布是随机信号最简单的统计特性，它只能反映随机信号在各个孤立

时刻的统计规律，不能反映随机信号在不同时刻所对应随机变量之间的联系，因此要全面描述随机信号需要引入多维概率分布。

2. 二维概率分布

随机信号 $X(t)$在任意两个不同时刻 t_1、t_2 的取值 $X(t_1)$、$X(t_2)$构成二维随机变量 $[X(t_1), X(t_2)]^T$，$X(t_1)$、$X(t_2)$所对应的状态为 x_1、x_2。定义

$$F_X(x_1, x_2; t_1, t_2) = P[X(t_1) \leqslant x_1, X(t_2) \leqslant x_2] \tag{2-5}$$

为随机信号 $X(t)$ 的二维概率分布函数。

若 $F_X(x_1, x_2; t_1, t_2)$对 x_1和 x_2的二阶混合偏导数存在，则定义

$$f_X(x_1, x_2; t_1, t_2) = \frac{\partial^2 F_X(x_1, x_2; t_1, t_2)}{\partial x_1 \partial x_2} \tag{2-6}$$

为随机信号 $X(t)$的二维概率密度函数。

随机信号的二维分布不仅表征了随机信号在任意两个不同时刻上的统计特性，还可以表征随机信号任意两个时刻之间的关联程度。通过计算边缘分布，由二维分布可以得出一维分布的结果。所以，二维分布比一维分布包含了更多的信息，对随机信号的描述更充分，但它还不能反映随机信号在两个以上时刻之间的关联性。

例 2.2　一种典型的随机信号为 $X(t)=A\cos(\omega_0 t+\Theta)$，其中 ω_0 为常数，A 与 Θ 为相互独立的随机变量，且 A 服从参数为 σ^2 的瑞利分布，$\Theta \sim (0, 2\pi)$。求随机信号 $X(t)$的二维概率密度函数。

解　令

$$\begin{cases} X_1 = X(t_1) = g_1(A, \Theta) = A\cos(\omega_0 t_1 + \Theta) \\ X_2 = X(t_2) = g_2(A, \Theta) = A\cos(\omega_0 t_2 + \Theta) \end{cases}$$

可见，X_1与 X_2的概率特性能够由 A 与 Θ 的概率特性得到。

由于 A 与 Θ 相互独立，其联合概率密度函数为

$$f_{A\Theta}(a, \theta) = \begin{cases} \dfrac{a}{2\pi\sigma^2}\exp\left(-\dfrac{a^2}{2\sigma^2}\right), & a \geqslant 0 \\ 0, & a < 0 \end{cases}$$

计算二元变换的雅可比行列式

$$J = \begin{vmatrix} \dfrac{\partial g_1}{\partial a} & \dfrac{\partial g_1}{\partial \theta} \\ \dfrac{\partial g_2}{\partial a} & \dfrac{\partial g_2}{\partial \theta} \end{vmatrix}^{-1} = \begin{vmatrix} \cos(\omega_0 t_1 + \theta) & -a\sin(\omega_0 t_1 + \theta) \\ \cos(\omega_0 t_2 + \theta) & -a\sin(\omega_0 t_2 + \theta) \end{vmatrix}^{-1} = \frac{1}{a\sin[\omega_0(t_1 - t_2)]}$$

利用二维变换的有关公式得

$$\begin{aligned} f_X(x_1, x_2; t_1, t_2) &= f_{A\Theta}(a, \theta) \cdot |J| \\ &= \begin{cases} \dfrac{1}{2\pi\sigma^2 |\sin[\omega_0(t_1 - t_2)]|}\exp\left[-\dfrac{a^2}{2\sigma^2}\right], & a \geqslant 0 \\ 0, & a < 0 \end{cases} \end{aligned}$$

将 a^2换为 x_1与 x_2，由 $x_1 = a\cos(\omega_0 t_1 + \theta)$，$x_2 = a\cos(\omega_0 t_2 + \theta)$解出 $a\cos\theta$、$a\sin\theta$，进而得

$$a^2 = (a\cos\theta)^2 + (a\sin\theta)^2 = \frac{x_1^2 + x_2^2 - 2x_1 x_2 \cos[\omega_0(t_1 - t_2)]}{\sin^2[\omega_0(t_1 - t_2)]}$$

最后求得二维概率密度函数为

$$f_X(x_1, x_2; t_1, t_2)=\frac{1}{2\pi\sigma^2\left|\sin[\omega_0(t_1-t_2)]\right|}\exp\left[-\frac{x_1^2+x_2^2-2x_1x_2\cos[\omega_0(t_1-t_2)]}{2\sigma^2\sin^2[\omega_0(t_1-t_2)]}\right]$$

3. n 维概率分布

随机信号 $X(t)$在任意 n 个时刻 t_1, t_2, …, t_n的取值 $X(t_1)$, $X(t_2)$, …, $X(t_n)$构成 n 维随机变量 $[X(t_1), X(t_2), \cdots, X(t_n)]^{\mathrm{T}}$，即 n 维随机向量 $\boldsymbol{X}$。同上可得随机信号$X(t)$的 n 维概率分布函数为

$$F_{\boldsymbol{X}}(x_1, x_2, \cdots, x_n; t_1, t_2, \cdots, t_n)=P[X(t_1)\leqslant x_1, X(t_2)\leqslant x_2, \cdots, X(t_n)\leqslant x_n] \tag{2-7}$$

随机信号 $X(t)$的 n 维概率密度函数为

$$f_{\boldsymbol{X}}(x_1, x_2, \cdots, x_n; t_1, t_2, \cdots, t_n)=\frac{\partial^n F_{\boldsymbol{X}}(x_1, x_2, \cdots, x_n; t_1, t_2, \cdots, t_n)}{\partial x_1\partial x_2\cdots\partial x_n} \tag{2-8}$$

n 维概率分布可以描述随机信号 $X(t)$任意 n 个时刻所对应随机变量之间的关联程度，它比低维概率分布含有更多的统计特性，对整个随机信号描述更充分些。从理论上讲，要完全描述一个随机信号的统计特性，需要维数 $n\to\infty$。但在实际中，要计算高维概率分布是很困难或者不可能的，因此通常只研究一、二维概率分布就可以满足实际应用要求了。

2.2.2 随机信号的数字特征

随机信号的分布能较全面地描述整个过程的统计特征，但很难确定其高维分布，随机信号的数字特征既能描述其统计特征，又便于实际测量和运算。由于随机信号是随机时间变化的随机变量，因此随机信号的数字特征可由随机变量的数字特征演变而来。在工程上，随机信号的主要数字特征有数学期望、方差和相关函数等，通常都具有特殊的物理意义。

1. 一维数字特征

1) 数学期望 $m_X(t)$

随机信号 $X(t)$在某一特定时刻 t_1的取值为一维随机变量$X(t_1)$，其数学期望是一个确定的值，如图 2-10 中的 $m_X(t_1)$。随机信号 $X(t)$在任一时刻 t 的取值仍为一维随机变量 $X(t)$(注意此处 t 固定)，将其任一取值记为 x，根据随机变量的数学期望定义，可得随机信号的数学期望，记为 $E[X(t)]$或者 $m_X(t)$。

$$m_X(t)=E[X(t)]=\int_{-\infty}^{+\infty}xf_X(x; t)\mathrm{d}x \tag{2-9}$$

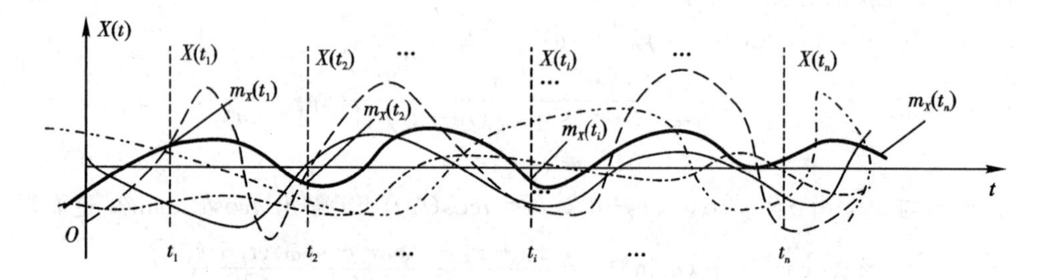

图 2-10 随机信号的数学期望

$m_X(t)$是随机信号 $X(t)$的所有样本函数在 t 时刻所取的样本$(x_1, x_2, \cdots, x_n)$的统计平均，它随 t 的取值而变化，是时间 t 的确定函数，如图 2-10 中粗实线所示。可以将 $m_X(t)$看成是随机过程 $X(t)$的所有样本函数在各个时刻摆动的中心，或是 $X(t)$在各个时刻的状态的概率质量分布的“中心位置”。若 $X(t)$是接收机输出端的电压(或电流)，则 $m_X(t)$是此电压(或电流)的瞬时统计平均值，即直流分量。

2) 均方值与方差

随机信号 $X(t)$在固定时刻 t 仍是一维随机变量，仿照随机变量均方值定义，得到随机信号 $X(t)$的均方值，记为 $E\{[X(t)]^2\}$或者 $\Psi_X^2(t)$，有

$$\Psi_X^2(t) = E\{[X(t)]^2\} = \int_{-\infty}^{+\infty} x^2 f_X(x; t)\mathrm{d}x \tag{2-10}$$

方差的定义与数学期望类似，它也是时间的函数，记为 $\sigma_X^2(t)$或者 $D[X(t)]$，有

$$\sigma_X^2(t) = D[X(t)] = E\{[X(t) - m_X(t)]^2\} = \int_{-\infty}^{+\infty} [x - m_X(t)]^2 f_X(x; t)\mathrm{d}x \tag{2-11}$$

$\sigma_X^2(t)$能反映随机过程在各个时刻随机变量取值相对于中心(均值)的偏离程度。$\sigma_X(t)$称为标准差，具体见图 2-11。

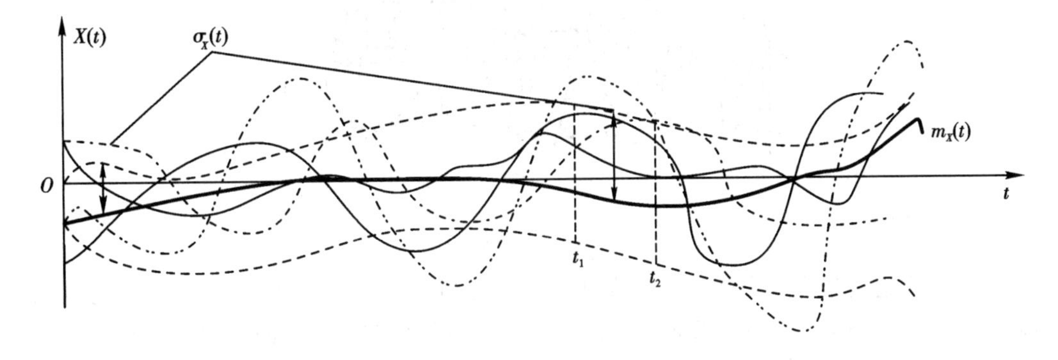

图 2-11　随机信号的数学期望与方差

方差还可以表示为

$$\begin{aligned} D[X(t)] &= \sigma_X^2(t) \\ &= E\{[X(t) - m_X(t)]^2\} \\ &= E\{X^2(t) + m_X^2(t) - 2X(t)m_X(t)\} \\ &= E\{X^2(t)\} - m_X^2(t) \\ &= \Psi_X^2(t) - m_X^2(t) \end{aligned} \tag{2-12}$$

假定 $X(t)$表示单位电阻$(R=1)$两端的噪声电压或电流，且假定噪声电压的均值为 $m_X(t)$，则 $X(t)-m_X(t)$代表噪声电压的交流分量，$[X(t)-m_X(t)]^2/1$ 代表消耗在单位电阻上的瞬时交流功率，而方差 $D[X(t)]$表示消耗在单位电阻上瞬时交流功率的统计平均值，$[m_X(t)]^2/1$ 表示消耗在单位电阻上的直流功率。所以，均方值 $\Psi_X^2(t)$表示消耗在单位电阻上的总平均功率。

2. 二维数字特征

一个随机信号 $X(t)$的任意两个不同时刻$(t_1、t_2)$的随机变量 $X(t_1)$、$X(t_2)$，或者两个

随机信号任意两个时刻(t_1、t_2)的随机变量 $X(t_1)$、$Y(t_2)$或 $X(t_2)$、$Y(t_1)$取值之间的关联或依赖程度可用“相关”来衡量，包括自相关函数和互相关。这种统计相关也可看成是一个随机变量变化依赖于另一个随机变量的程度。

图 2-12 示出了两个具有相同数学期望和方差的随机信号，从图中可以看出，在任意时刻它们的数学期望和方差都大致相同，但两个随机信号样本函数的内部结构却截然不同。$X(t)$变化慢，而 $Y(t)$变化快，这种变化差异是由它们的相关性造成的。

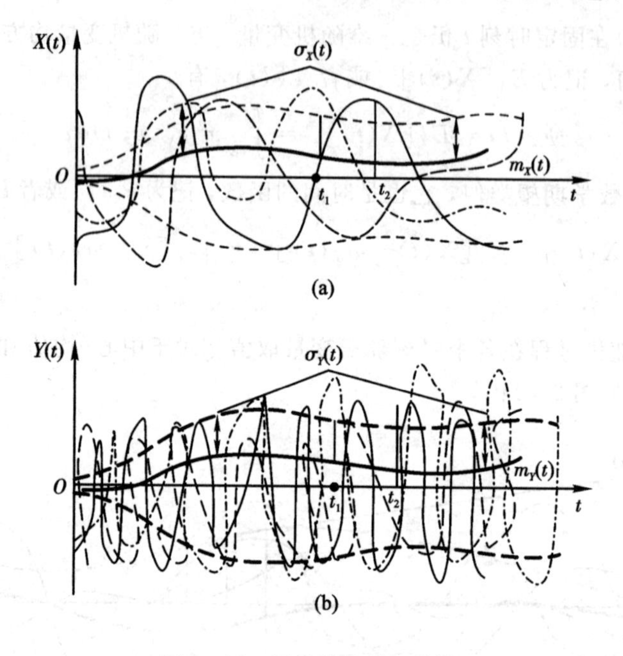

图 2-12　随机信号的相关性

本小节讲述衡量同一个随机信号在两个不同时刻之间关联性的工具，主要讨论自相关函数和自协方差函数。下一小节再讨论两个不同随机信号在两个不同时刻之间的关联性。

1) 自相关函数

随机信号 $X(t)$在任意两个不同时刻 t_1、t_2的自相关函数定义为

$$R_X(t_1, t_2) = E[X(t_1)X(t_2)] = \int_{-\infty}^{+\infty}\int_{-\infty}^{+\infty} x_1 x_2 f_X(x_1, x_2; t_1, t_2)\mathrm{d}x_1\mathrm{d}x_2 \tag{2-13}$$

$R_X(t_1, t_2)$表示 $X(t_1)$、$X(t_2)$取值之间的关联或依赖程度，t_1和 t_2为任意两个时刻。若 $t_1=t_2=t$，此时自相关函数即为均方值，有

$$R_X(t, t) = E[X(t)X(t)] = E[X^2(t)] = \Psi_X^2(t) \tag{2-14}$$

2) 自协方差函数

相关性的描述除了用相关函数外，有时也用协方差函数，定义协方差函数为

$$\begin{aligned} C_X(t_1, t_2) &= E\{[X(t_1) - m_X(t_1)][X(t_2) - m_X(t_2)]\} \\ &= \int_{-\infty}^{+\infty}\int_{-\infty}^{+\infty}[x_1 - m_X(t_1)][x_2 - m_X(t_2)]f_X(x_1, x_2; t_1, t_2)\mathrm{d}x_1\mathrm{d}x_2 \end{aligned} \tag{2-15}$$

类似于随机变量，定义自相关系数为

$$\rho_X(t_1, t_2) = \frac{C_X(t_1, t_2)}{\sigma_X(t_1)\sigma_X(t_2)} \tag{2-16}$$

自协方差 $C_X(t_1, t_2)$ 和自相关函数 $R_X(t_1, t_2)$ 存在如下确定关系：

$$\begin{aligned} C_X(t_1, t_2) &= E\{[X(t_1) - m_X(t_1)][X(t_2) - m_X(t_2)]\} \\ &= E\{X(t_1)X(t_2) + m_X(t_1)m_X(t_2) - m_X(t_1)X(t_2) - m_X(t_2)X(t_1)\} \\ &= E\{X(t_1)X(t_2)\} + m_X(t_1)m_X(t_2) - m_X(t_1)E\{X(t_2)\} - m_X(t_2)E\{X(t_1)\} \\ &= R_X(t_1, t_2) - E\{X(t_1)\}E\{X(t_2)\} \\ &= R_X(t_1, t_2) - m_X(t_1)m_X(t_2) \end{aligned}$$

即

$$C_X(t_1, t_2) = R_X(t_1, t_2) - m_X(t_1)m_X(t_2) \tag{2-17}$$

若 $t_1 = t_2 = t$，则

$$C_X(t, t) = \sigma_X^2(t) \tag{2-18}$$

此时，公式(2-17)就退化成公式(2-12)。

上述自相关函数、自协方差函数和自相关系数衡量的是随机过程的相关程度，协方差与相关函数之间仅差一个常数，相关系数则是相关函数的归一化。三者本质上是一致的。

例 2.3　已知随机信号 $X(t) = V\cos 4t$，$-\infty < t < \infty$，式中 V 是随机变量，其数学期望为 5，方差为 6。求随机信号 $X(t)$ 的均值、方差、自相关函数和自协方差函数。

解　由题意知 $E[V] = 5$，$D[V] = 6$，从而可得 V 的均方值为

$$E[V^2] = D[V] + \{E[V]\}^2 = 31$$

根据随机信号数字特征的定义和性质，可求得均值为

$$m_X(t) = E[X(t)] = E[V\cos 4t] = \cos 4t \cdot E[V] = 5\cos 4t$$

方差为

$$\sigma_X^2(t) = D[X(t)] = D[V\cos 4t] = \cos^2 4t \cdot D[V] = 6\cos^2 4t$$

自相关函数为

$$\begin{aligned} R_X(t_1, t_2) &= E[X(t_1)X(t_2)] = E[V\cos 4t_1 V\cos 4t_2] \\ &= \cos 4t_1 \cdot \cos 4t_2 \cdot E[V^2] \\ &= 31\cos 4t_1 \cdot \cos 4t_2 \end{aligned}$$

自协方差函数为

$$\begin{aligned} C_X(t_1, t_2) &= E\{[X(t_1) - m_X(t_1)][X(t_2) - m_X(t_2)]\} \\ &= R_X(t_1, t_2) - m_X(t_1)m_X(t_2) \\ &= 31\cos 4t_1 \cdot \cos 4t_2 - 5\cos 4t_1 \cdot 5\cos 4t_2 \\ &= 6\cos 4t_1 \cdot \cos 4t_2 \end{aligned}$$

例 2.4　假定正弦随机信号 $X(t) = A\cos(\omega_0 t + \Theta)$，$-\infty < t < \infty$，振幅 A 为随机变量且服从 0～1 之间的均匀分布，相位随机变量 Θ 服从 0～2π 的均匀分布，且 A 与 Θ 相互统计独立。求该信号的均值和自相关函数。

解

$$\begin{aligned} E[X(t)] &= E[A\cos(\omega_0 t + \Theta)] \\ &= E[A] \times E[\cos(\omega_0 t + \Theta] \\ &= \int_0^1 a\mathrm{d}a \times \int_0^{2\pi} \cos(\omega_0 t + \theta) \cdot \frac{1}{2\pi}\mathrm{d}\theta = 0 \end{aligned}$$

$$\begin{aligned} R_X(t_1, t_2) &= E[X(t_1)X(t_2)] \\ &= E[A^2]\times E[\cos(\omega_0 t_1+\Theta)\cos(\omega_0 t_2+\Theta)] \\ &= \frac{1}{3}\times\frac{1}{2}\left\{\cos(\omega_0 t_1-\omega_0 t_2)+\left[\int_0^{2\pi}\cos(\omega_0 t_1+\omega_0 t_2+2\theta)\cdot\frac{1}{2\pi}\mathrm{d}\theta\right]\right\} \\ &= \frac{1}{6}\cos(\omega_0 t_1-\omega_0 t_2) \end{aligned}$$

2.2.3　典型信号举例

下面讨论电子通信系统中常见的极为重要的几类随机信号，主要包括噪声电压信号、随机脉冲信号、随机正弦信号等。这些信号有随机的参量，也有非随机的参量。

1. 噪声电压信号

通信系统中，接收机的噪声电压信号是典型的随机信号，其幅度和相位都是随机的。任意一个样本都无法用确定的解析式表示。图 2-13 示出了噪声电压的几个样本。

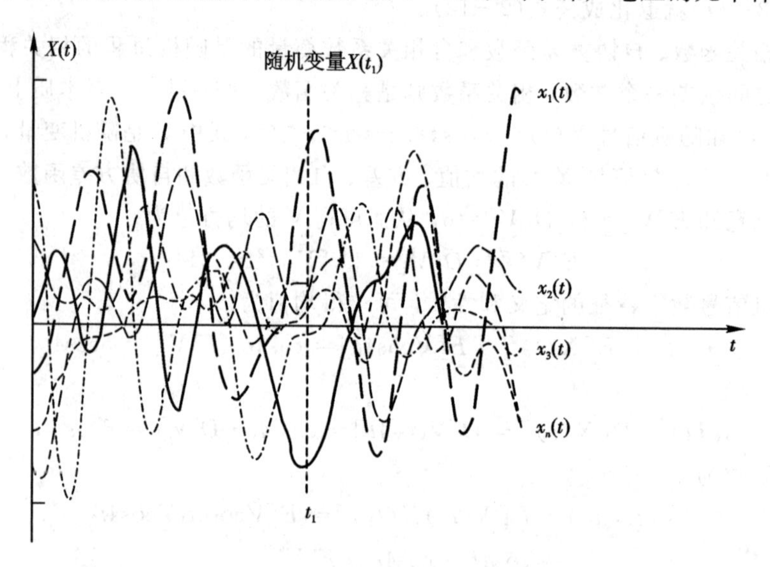

图 2-13　接收机噪声电压信号

2. 随机脉冲信号

在数字通信系统中，发送和接收的信号通常是一系列的矩形脉冲信号。矩形脉冲信号有三个独立的参量，即幅度 a、周期 T 和脉宽 τ。根据幅度的正负，脉冲信号有单极性脉冲和双极性脉冲；根据脉冲宽度，脉冲信号分为归零脉冲和非归零脉冲，如图 2-14 所示。

每个脉冲的幅度 a_n 可以是随机的，脉冲的宽度和出现的时间也可以是随机的，因此随机脉冲是典型的随机信号。

随机幅度矩形脉冲信号表示为

$$X(t)=\sum_{n=-\infty}^{+\infty}a_n[u(t-nT)-u(t-nT-\tau)] \tag{2-19}$$

式中，矩形脉冲幅度 a_n 是随机变量。单极性脉冲 a_n 取值为 0 和 1，双极性脉冲 a_n 取值为 -1 和 $+1$。当脉宽 $\tau=T$ 时，为非归零脉冲；当 $\tau<T$ 时，为归零脉冲。脉冲宽度与应用环境有关，通信系统中常用的脉宽为 $\tau=T/2$。

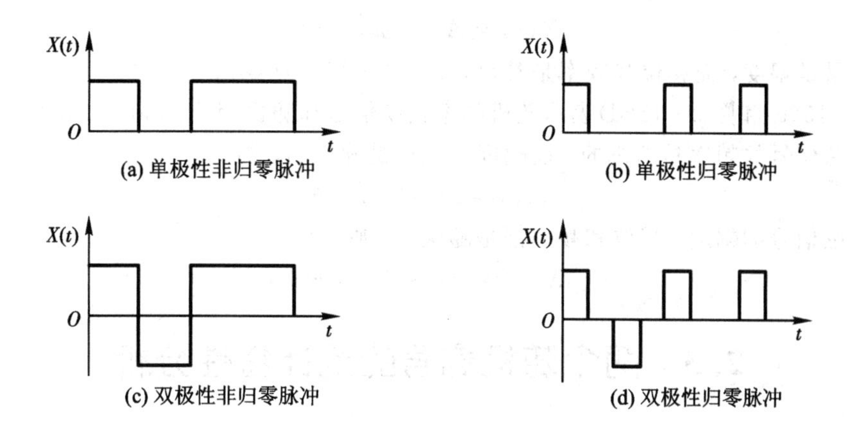

图 2-14　随机脉冲信号

3. 随机正弦信号

正弦信号有三个独立的参量，即幅度、相位和频率。由于正弦信号和余弦信号只差一个相位，因此通常表示为余弦的形式。正弦信号通常是在电子信息系统中作为高频载波携带原始信息进行传输的，在传输过程中受到传输介质不确定性的影响，因此，正弦高频信号的三个参量中可能有单一参量是随机的，也可能全部参量都是随机的。最常见的随机相位正弦信号为

$$X(t)=a\cos(\omega_0 t+\Theta) \tag{2-20}$$

图 2-15(a)示出了这个随机信号，从图可以看出，该信号每条样本函数的幅度和频率相同，但初始相位不同。可以看出，随机信号的随机性可表现在信号的一个或几个特征上。

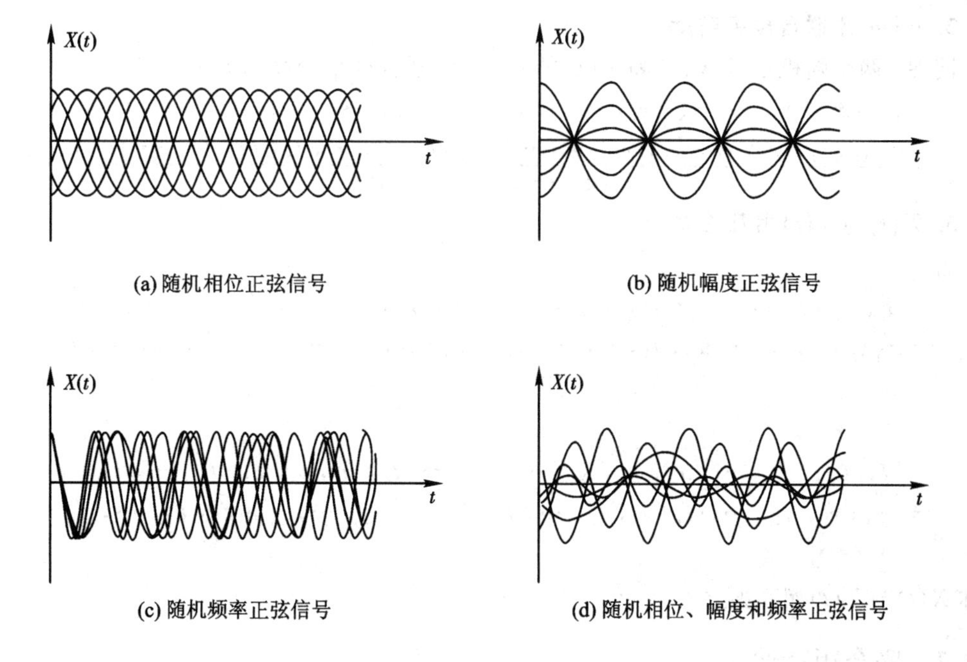

图 2-15　随机正弦信号

另一种正弦随机信号是随机幅度正弦信号：

$$X(t)=A\cos(\omega_0 t+\theta) \tag{2-21}$$

它的随机量是幅度，而相位和频率是常数，如图 2-15(b)所示。

图 2-15(c)和图 2-15(d)表示随机频率正弦信号和随机相位、幅度及频率正弦信号。

若正弦信号的频率是随机的，而幅度和相位是确定的，则

$$X(t)=a\cos(\Omega_0 t+\theta) \tag{2-22}$$

若正弦信号的幅度、相位和频率都是随机的，则

$$X(t)=A\cos(\Omega_0 t+\Theta) \tag{2-23}$$

2.3 两个随机信号的统计特性分析

前面只讨论了单个随机信号的统计特性，而实际工程中往往需要同时考虑两个或多个随机信号的统计特性。例如在信息处理中，从噪声背景中检测有用信号时，要同时考虑有用信号和噪声这两种不同随机信号各自的统计特性及联合统计特性。本节介绍两个随机信号的联合概率分布以及互相关等概念。

2.3.1 联合概率分布

设有两个随机信号 $X(t)$和 $Y(t)$，它们的概率密度函数分别为$f_X(x_1, x_2, \cdots, x_n; t_1, t_2, \cdots, t_n)$和 $f_Y(y_1, y_2, \cdots, y_m; t'_1, t'_2, \cdots, t'_m)$。

1. $n+m$ 维联合分布函数

定义两个随机信号 $X(t)$和 $Y(t)$的 $n+m$ 维联合概率分布函数为

$$\begin{aligned}&F_{XY}(x_1, x_2, \cdots, x_n, y_1, y_2, \cdots, y_m; t_1, t_2, \cdots, t_n, t'_1, t'_2, \cdots, t'_m)\\&=P\{X(t_1)\leqslant x_1, \cdots, X(t_n)\leqslant x_n, Y(t'_1)\leqslant y_1, \cdots, Y(t'_m)\leqslant y_m\}\end{aligned} \tag{2-24}$$

2. $n+m$ 维联合概率密度

同理，两个随机信号 $X(t)$和 $Y(t)$的 $n+m$ 维联合概率密度函数为

$$\begin{aligned}&f_{XY}(x_1, x_2, \cdots, x_n, y_1, y_2, \cdots, y_m; t_1, t_2, \cdots, t_n, t'_1, t'_2, \cdots, t'_m)\\&=\frac{\partial F_{XY}(x_1, x_2, \cdots, x_n, y_1, y_2, \cdots, y_m; t_1, t_2, \cdots, t_n, t'_1, t'_2, \cdots, t'_m)}{\partial x_1\partial x_2\cdots\partial x_n\partial y_1\partial y_2\cdots\partial y_m}\end{aligned} \tag{2-25}$$

3. $X(t)$与 $Y(t)$相互独立

若

$$\begin{aligned}&F_{XY}(x_1, x_2, \cdots, x_n, y_1, y_2, \cdots, y_m; t_1, t_2, \cdots, t_n, t'_1, t'_2, \cdots, t'_m)\\&=F_X(x_1, x_2, \cdots, x_n; t_1, t_2, \cdots, t_n)\cdot F_Y(y_1, y_2, \cdots, y_m; t'_1, t'_2, \cdots, t'_m)\end{aligned} \tag{2-26}$$

或

$$\begin{aligned}&f_{XY}(x_1, x_2, \cdots, x_n, y_1, y_2, \cdots, y_m; t_1, t_2, \cdots, t_n, t'_1, t'_2, \cdots, t'_m)\\&=f_X(x_1, x_2, \cdots, x_n; t_1, t_2, \cdots, t_n)f_Y(y_1, y_2, \cdots, y_m; t'_1, t'_2, \cdots, t'_m)\end{aligned} \tag{2-27}$$

则称 $X(t)$与 $Y(t)$相互独立。

2.3.2 联合矩特性

在描述两个随机信号之间的内在联系时，除了用联合概率分布特性外，还经常用到联

合矩特性，主要包括互相关函数、互协方差函数和互相关系数。

1. 互相关函数

在任意两个不同时刻 t_1、t_2，互相关函数是两个随机信号 $X(t)$ 和 $Y(t)$ 在 t_1、t_2 时刻所对应随机变量 $X(t_1)$、$Y(t_2)$ 之间相关联程度的衡量函数，定义为

$$R_{XY}(t_1, t_2)=E[X(t_1)Y(t_2)]=\int_{-\infty}^{+\infty}\int_{-\infty}^{+\infty}x_1y_2f_{XY}(x_1, y_2; t_1, t_2)\mathrm{d}x_1\mathrm{d}y_2 \tag{2-28}$$

式中 $f_{XY}(x_1, y_2; t_1, t_2)$ 是随机信号 $X(t)$ 和 $Y(t)$ 在 t_1、t_2 时刻的二维联合概率密度函数。

2. 互协方差函数

同理，互协方差函数定义为

$$\begin{aligned}C_{XY}(t_1, t_2)&=E\{[X(t_1)-m_X(t_1)][Y(t_2)-m_Y(t_2)]\}\\&=\int_{-\infty}^{+\infty}\int_{-\infty}^{\infty}[x_1-m_X(t_1)][y_2-m_Y(t_2)]f_{XY}(x_1, y_2; t_1, t_2)\mathrm{d}x_1\mathrm{d}y_2\end{aligned} \tag{2-29}$$

式中 $m_X(t_1)$、$m_Y(t_2)$ 是随机信号 $X(t)$ 和 $Y(t)$ 在 t_1、t_2 时刻各自对应的数学期望。

由式(2-29)可以推出协方差函数与互相关函数的关系：

$$C_{XY}(t_1, t_2)=R_{XY}(t_1, t_2)-m_X(t_1)m_Y(t_2) \tag{2-30}$$

当 $X(t)=Y(t)$ 时，式(2-30)就退化成了式(2-17)。

3. 互相关系数

在任意两个不同时刻 t_1、t_2，两个随机信号在 t_1、t_2 时刻所对应随机变量 $X(t_1)$、$Y(t_2)$ 之间的互相关系数定义为

$$\rho_{XY}(t_1, t_2)=\frac{C_{XY}(t_1, t_2)}{\sigma_X(t_1)\sigma_Y(t_2)} \tag{2-31}$$

例 2.5　若随机信号 $X(t)$ 和 $Y(t)$ 统计独立，求它们的互相关函数与互协方差函数。

解　因为 $X(t)$ 和 $Y(t)$ 统计独立，根据式(2-27)可得

$$f_{XY}(x_1, y_2; t_1, t_2)=f_X(x_1; t_1)f_Y(y_2; t_2)$$

因而互相关函数

$$\begin{aligned}R_{XY}(t_1, t_2)&=E[X(t_1)Y(t_2)]=\int_{-\infty}^{+\infty}\int_{-\infty}^{+\infty}x_1y_2f_{XY}(x, y; t_1, t_2)\mathrm{d}x_1\mathrm{d}y_2\\&=\int_{-\infty}^{+\infty}x_1f_X(x_1; t_1)\mathrm{d}x_1\times\int_{-\infty}^{+\infty}y_2f_Y(y_2; t_2)\mathrm{d}y_2\\&=m_X(t_1)m_Y(t_2)\end{aligned}$$

由式(2-30)可得

$$C_{XY}(t_1, t_2)=0$$

例 2.6　讨论随机信号 $Z(t)=aX(t)+bY(t)$ 的均值、相关函数与协方差函数。其中，a 与 b 是确定量，$X(t)$ 和 $Y(t)$ 的统计特性已知。

解　均值

$$E[Z(t)]=E[aX(t)+bY(t)]=am_X(t)+bm_Y(t)$$

相关函数

$$\begin{aligned}R_Z(t_1, t_2) &= E[Z(t_1)Z(t_2)]\\&= E\{[aX(t_1)+bY(t_1)][aX(t_2)+bY(t_2)]\}\\&= a^2R_X(t_1, t_2)+b^2R_Y(t_1, t_2)+abR_{XY}(t_1, t_2)+baR_{YX}(t_1, t_2)\end{aligned}$$

协方差函数

$$\begin{aligned}C_Z(t_1, t_2) &= R_Z(t_1, t_2)-m_Z(t_1)m_Z(t_2)\\&= a^2R_X(t_1, t_2)+b^2R_Y(t_1, t_2)+abR_{XY}(t_1, t_2)+baR_{YX}(t_1, t_2)-\\&\quad [am_X(t_1)+bm_Y(t_1)][am_X(t_2)+bm_Y(t_2)]\\&= a^2C_X(t_1, t_2)+b^2C_Y(t_1, t_2)+abC_{XY}(t_1, t_2)+baC_{YX}(t_1, t_2)\end{aligned}$$

2.3.3 正交性、线性无关性与统计独立性

类似于第一章随机变量之间的正交性、线性无关性与统计独立性，随机信号之间也有相应的特性。对于随机信号 $X(t)$ 和 $Y(t)$，这些特性定义为

$$\begin{aligned}\begin{bmatrix}X(t)\text{与}Y(t)\\\text{正交}\end{bmatrix} &= \begin{bmatrix}\text{任意 } t_1 \text{ 与 } t_2 \text{ 的}\\X(t_1)\text{与}Y(t_2)\text{正交}\end{bmatrix}\\&= \begin{bmatrix}\text{任意 } t_1 \text{ 与 } t_2 \text{ 的}\\R_{XY}(t_1, t_2)=0\end{bmatrix}\\&= \begin{bmatrix}\text{任意 } t_1 \text{ 与 } t_2 \text{ 的}\\C_{XY}(t_1, t_2)=-m_X(t_1)m_Y(t_2)\end{bmatrix}\end{aligned} \tag{2-32}$$

$$\begin{aligned}\begin{bmatrix}X(t)\text{与}Y(t)\\\text{互不相关}\end{bmatrix} &= \begin{bmatrix}\text{任意 } t_1 \text{ 与 } t_2 \text{ 的}\\X(t_1)\text{与}Y(t_2)\text{互不相关}\end{bmatrix}\\&= \begin{bmatrix}\text{任意 } t_1 \text{ 与 } t_2 \text{ 的}\\C_{XY}(t_1, t_2)=0\end{bmatrix}\\&= \begin{bmatrix}\text{任意 } t_1 \text{ 与 } t_2 \text{ 的}\\R_{XY}(t_1, t_2)=m_X(t_1)m_Y(t_2)\end{bmatrix}\end{aligned} \tag{2-33}$$

$$\begin{bmatrix}X(t)\text{与}Y(t)\\\text{彼此统计独立}\end{bmatrix} = \begin{bmatrix}X(t)\text{的任意一组随机变量}\\\text{与}Y(t)\text{的任意一组随机变量}\\\text{彼此统计独立}\end{bmatrix} \tag{2-34}$$

两个随机信号的正交、线性无关与统计独立三者之间的关系和两个随机变量之间的关系完全相同：

(1) 两个随机信号统计独立，它们必然是线性无关的；

(2) 两个随机信号线性无关，它们不一定相互独立；

(3) 两个随机信号中任一均值为零时，线性无关与正交是等价的；

(4) 两个随机信号的互相关和互协方差同时不为零时，它们不是线性无关的，也不是相互正交的。

例 2.7　设随机信号 $X(t)=A\sin(\omega_0 t+\Theta)$，$Y(t)=B\cos(\omega_0 t+\Theta)$，其中 ω_0 为常数，A、B 是未知分布的随机变量，Θ 是 $[0, 2\pi]$ 的均匀分布随机变量，且 A、B 和 Θ 彼此之间统计独立。

(1) 求两个随机信号的均值和互相关函数 $R_{XY}(t_1, t_2)$；

(2) 讨论两个随机信号的正交性、线性无关性与统计独立性。

解　(1) 均值

$$
\begin{aligned}
E[X(t)] &= E[A\sin(\omega_0 t+\Theta)] \\
&= E[A]\times E[\sin(\omega_0 t+\Theta)] \\
&= E[A]\times\int_0^{2\pi}\sin(\omega_0 t+\theta)\cdot\frac{1}{2\pi}\mathrm{d}\theta = 0
\end{aligned}
$$

同理得

$$E[Y(t)]=0$$

互相关函数

$$
\begin{aligned}
R_{XY}(t_1,t_2) &= E[X(t_1)Y(t_2)] \\
&= E[A\sin(\omega_0 t_1+\Theta)B\cos(\omega_0 t_2+\Theta)] \\
&= \frac{1}{2}E[AB]\times E[\sin(\omega_0 t_1+\omega_0 t_2+2\Theta)+\sin(\omega_0 t_1-\omega_0 t_2)] \\
&= \frac{1}{2}E[A]\times E[B]\sin(\omega_0 t_1-\omega_0 t_2) \\
&= C_{XY}(t_1,t_2)
\end{aligned}
$$

(2) 若随机变量 A 或者 B 的均值为零，则 $R_{XY}(t_1,t_2)=C_{XY}(t_1,t_2)=0$，此时，$X(t)$ 与 $Y(t)$ 正交且互不相关；否则 $R_{XY}(t_1,t_2)$、$C_{XY}(t_1,t_2)$ 不为零，此时 $X(t)$ 与 $Y(t)$ 不正交但相关；由于 $X(t)$ 与 $Y(t)$ 都和 Θ 有关，故二者不统计独立。

例 2.8　设两个随机信号 $X(t)$、$Y(t)$ 之和 $Z(t)=X(t)+Y(t)$。式中，$X(t)$ 的均值为 -2 V，平均功率为 5 W；$Y(t)$ 的均值为 1 V，平均功率为 10 W。试求下列三种情况下 $Z(t)$ 的平均功率：

(1) $X(t)$ 与 $Y(t)$ 正交；

(2) $X(t)$ 与 $Y(t)$ 不相关；

(3) $X(t)$ 与 $Y(t)$ 统计独立。

解　$Z(t)$ 的平均功率为

$$
\begin{aligned}
P_Z &= E[Z^2(t)] = E[X^2(t)]+E[Y^2(t)]+2E[X(t)Y(t)] \\
&= 5+10+2E[X(t)Y(t)]
\end{aligned}
$$

(1) $X(t)$ 与 $Y(t)$ 正交，即

$$E[X(t)Y(t)]=0$$

因而

$$P_Z=15\ \mathrm{W}$$

(2) $X(t)$ 与 $Y(t)$ 不相关，即互协方差函数

$$C_{XY}(t,t)=0$$

又因为

$$C_{XY}(t,t)=E[X(t)Y(t)]-m_X(t)m_Y(t)$$

即

$$E[X(t)Y(t)]=m_X(t)m_Y(t)=-2\times1=-2$$

所以

$$P_Z=15+2\times(-2)=11\ \mathrm{W}$$

(3) $X(t)$ 与 $Y(t)$ 统计独立，因而 $X(t)$ 与 $Y(t)$ 必然不相关，因此 $P_Z=11$ W。

2.4 高斯随机信号

中心极限定理证明，大量独立、均匀、微小的随机变量之和近似服从高斯分布。高斯(正态)分布及对应的高斯(正态)随机信号在通信等工程应用中占有极其特殊的地位，通信中的系统噪声均属于高斯随机信号，并且通信中遇到的随机信号绝大多数为高斯过程或其派生；另外，高斯分布易于数学处理，可唯一地被均值和方差决定，高斯随机信号经线性变换后仍是高斯信号。这些特点使它成为一种便于作数学分析的随机信号，在通信系统中通常用它作为噪声的理论模型。

2.4.1 高斯随机信号的概念

第一章已经详细讨论过一维和多维高斯随机变量，现在将这些概念推广到随机信号中。

1. 定义

若随机信号 $X(t)$的任意 n 维联合概率分布都是高斯分布，则称 $X(t)$为高斯随机信号或正态随机信号。

2. 概率密度函数

(1) 一维高斯概率密度函数

$$f_X(x;t)=\frac{1}{\sqrt{2\pi}\sigma_X(t)}\exp\left\{-\frac{[x-m_X(t)]^2}{2\sigma_X^2(t)}\right\} \tag{2-35}$$

(2) 二维高斯概率密度函数

$$\begin{aligned}f_X(x_1,x_2;t_1,t_2)=&\frac{1}{2\pi\sigma_1\sigma_2\sqrt{1-\rho^2}}\times\\&\exp\left\{\frac{-1}{2[1-\rho^2]}\left[\frac{(x_1-m_X(t_1))^2}{\sigma_1^2}-\right.\right.\\&2\rho\frac{(x_1-m_X(t_1))(x_2-m_X(t_2))}{\sigma_1\sigma_2}+\\&\left.\left.\frac{(x_2-m_X(t_2))^2}{\sigma_2^2}\right]\right\}\end{aligned} \tag{2-36}$$

其中：

$$\sigma_1=\sigma_X(t_1),\ \sigma_2=\sigma_X(t_2),\ \rho=\rho_X(t_1,t_2)$$

(3) n 维高斯概率密度函数

$$\begin{aligned}&f_{\boldsymbol{X}}(x_1,x_2,\cdots,x_n;t_1,t_2,\cdots,t_n)\\&=\frac{1}{(2\pi)^{n/2}|\boldsymbol{C}|^{1/2}}\exp\left[-\frac{(\boldsymbol{x}-\boldsymbol{M}_X)^{\mathrm{T}}C^{-1}(\boldsymbol{x}-\boldsymbol{M}_X)}{2}\right]\end{aligned} \tag{2-37}$$

式中，$\boldsymbol{M}_X$ 是 n 维数学期望矢量；$\boldsymbol{C}$ 是协方差矩阵。

$$\boldsymbol{x}=\begin{bmatrix}x_1\\x_2\\\vdots\\x_n\end{bmatrix};\qquad \boldsymbol{M}_X=\begin{bmatrix}m_X(t_1)\\m_X(t_2)\\\vdots\\m_X(t_n)\end{bmatrix} \tag{2-38}$$

$$
\boldsymbol{C_X} = \begin{bmatrix} C_X(t_1, t_1) & C_X(t_1, t_2) & \cdots & C_X(t_1, t_n) \\ C_X(t_2, t_1) & C_X(t_2, t_2) & \cdots & C_X(t_2, t_n) \\ \vdots & \vdots & & \vdots \\ C_X(t_n, t_1) & C_X(t_n, t_2) & \cdots & C_X(t_n, t_n) \end{bmatrix} = \begin{bmatrix} C_{11} & C_{12} & \cdots & C_{1n} \\ C_{21} & C_{22} & \cdots & C_{2n} \\ \vdots & \vdots & & \vdots \\ C_{n1} & C_{n2} & \cdots & C_{nn} \end{bmatrix} \tag{2-39}
$$

$$
\begin{aligned} C_{ij} &= C_X(t_i, t_j) = E\{[X(t_i) - m_X(t_i)][X(t_j) - m_X(t_j)]\} \\ &= R_X(t_i, t_j) - m_X(t_i)m_X(t_j) \end{aligned}
$$

例 2.9 A 与 B 独立，且 A，$B \sim N(0, \sigma^2)$。$X(t) = A\cos\omega_0 t + B\sin\omega_0 t$ 是高斯信号，其中 ω_0 是常量。试写出该信号的一、二维概率密度函数。

解

$$E[X(t)] = E[A]\cos\omega_0 t + E[B]\sin\omega_0 t = 0$$

$$
\begin{aligned} C_X(t_1, t_2) = R_X(t_1, t_2) &= E[(A\cos\omega_0 t_1 + B\sin\omega_0 t_1)(A\cos\omega_0 t_2 + B\sin\omega_0 t_2)] \\ &= \frac{1}{2}E(A^2)\cos\omega_0(t_1 - t_2) + \frac{1}{2}E(B^2)\cos\omega_0(t_1 - t_2) \\ &= \sigma^2\cos\omega_0(t_1 - t_2) \end{aligned}
$$

因此，$m_X(t) = 0$，$\sigma_X^2(t) = \sigma^2$，而且

$$\rho_X(t_1 - t_2) = \cos\omega_0(t_1 - t_2)$$

于是有

$$f_X(x; t) = \frac{1}{\sqrt{2\pi}\sigma}\exp\left(-\frac{x^2}{2\sigma^2}\right)$$

所以$(X(t_1), X(t_2)) \sim N(0, \sigma^2; 0, \sigma^2; \cos\omega_0(t_1 - t_2))$，可得

$$f_X(x_1, x_2; t_1, t_2) = \frac{1}{2\pi\sigma^2 \,|\sin\omega_0(t_1 - t_2)|}\exp\left[-\frac{x_1^2 - 2x_1x_2\cos\omega_0(t_1 - t_2) + x_2^2}{2\sigma^2\sin^2\omega_0(t_1 - t_2)}\right]$$

2.4.2 高斯随机信号的性质

根据高斯随机信号的定义与前文所述高斯随机变量的性质，可得出高斯随机信号的性质：

(1) 所有分布完全由其均值函数 $m_X(t)$和协方差函数 $C_X(t_i, t_j)$决定；

(2) 高斯信号不同时刻随机变量之间的互不相关与独立等价；

(3) 高斯信号经过任意线性变换(或线性系统处理)后仍是高斯信号；

(4) 高斯信号与确知信号之和仍是高斯随机信号。

习 题 二

1. 已知随机信号 $X(t) = A\cos\omega_0 t$，其中 ω_0 为常数，随机变量 A 服从标准高斯分布，求 $t = 0$、$\frac{\pi}{3\omega_0}$、$\frac{2\pi}{3\omega_0}$三个时刻 $X(t)$的一维概率密度函数。

2. 若随机相位正弦信号 $X(t) = a\cos(\omega_0 t + \Theta)$，其中幅度 a 和频率 ω_0 为常数，相位 Θ 是一个服从$[-\pi, \pi]$均匀分布的随机变量。求 t 时刻随机信号 $X(t)$的一维概率密度函数 $f_X(x; t)$。

3. 随机变量 X 与 Y 相互统计独立，并且服从 $N(0, \sigma^2)$分布。它们构成随机信号 $X(t)=X+Yt$。

(1) 试求信号 $X(t)$的一维概率密度函数 $f_X(x;t)$；

(2) t 时刻随机变量是什么分布？求其均值和方差。

4. 假定随机正弦幅度信号 $X(t)=A\cos(\omega_0 t+\theta)$，其中频率 ω_0 和相位 θ 为常数，幅度 A 是一个服从$[0, 1]$均匀分布的随机变量，试求 t 时刻该信号加在 1 Ω 电阻上的交流功率平均值。

5. 已知随机信号 $X(t)$的均值为 $m_X(t)$，协方差函数为 $C_X(t_1, t_2)$，又知道 $f(t)$是确定的时间函数。试求随机信号$Y(t)=X(t)+f(t)$的均值以及协方差。

6. 给定随机信号 $X(t)$和常数 a，试以 $X(t)$的自相关函数 $R_X(t_1, t_2)$来表示差信号 $Y(t)=X(t+a)-X(t)$的自相关函数。

7. 假定正弦电压信号 $X(t)=A\cos(\omega_0 t+\Theta)$，其中 ω_0 为常数，A 与 Θ 是相互统计独立的随机变量，且 $A\sim U(-1, 1)$，$\Theta\sim U(-\pi, +\pi)$。如果将该信号施加到 RC 并联电路上，求总电流信号及其均方值。

8. 已知相互统计独立、零均值的随机信号 $X(t)$和 $Y(t)$分别具有自相关函数 $R_X(t_1, t_2)=\exp(-|t_1-t_2|)$、$R_Y(t_1, t_2)=\cos[2\pi(t_1-t_2)]$，将它们加到加法器及减法器的输入端。试求：

(1) $W_1(t)=X(t)+Y(t)$的自相关函数；

(2) $W_2(t)=X(t)-Y(t)$的自相关函数；

(3) $W_1(t)$与 $W_2(t)$的互相关函数。

9. 设接收机中频放大器的输出随机信号为 $X(t)=s(t)+N(t)$，其中 $N(t)$是均值为零、方差为 σ_n^2 的高斯噪声随机信号，而 $s(t)=\cos(\omega_0 t+\theta_0)$为确知信号。求随机信号$X(t)$在任意时刻 t_1 的一维概率密度函数。

10. 已知随机信号 $X(t)=A+Bt$，其中 A 和 B 是数学期望为零，方差为 σ^2 且互相独立的高斯随机变量，求 $X(t)$的一维和二维概率密度。

第三章 随机信号的平稳性与各态历经性

随机信号是随机变量随时间变化的过程，其统计特性也随时间变化呈现出规律性。在通信等实际工程中有很多这样的随机信号，它们的统计特性不随时间变化，即测试信号的统计特性不受观察时刻的影响，称这类随机信号具有平稳特性。

随机信号应用中的中心问题是由实际样本数据求得信号的统计特性，完成这一工作的理论基础是信号的各态历经性分析。

本章重点讨论随机信号的平稳性和各态历经性。

3.1 平稳性与联合平稳性

一般随机信号 $X(t)$ 的一维概率密度函数 $f_X(x;t)$ 和自相关函数 $R_X(t_1, t_2)$ 等，通常是随观测时刻 t 或时刻组 (t_1, t_2) 的选取不同而变化，这样每次观测得到随机信号的统计特性都在变化。而平稳随机信号的主要特点是其统计特性不随时间的平移而变化，即其概率分布或数字特征与观察的时间起点无关，可以任意选择观测时刻。

根据对平稳条件的要求程度不同，一般把随机信号分成两类：严(又称狭义或强)平稳随机信号和宽(又称广义或弱)平稳随机信号。

3.1.1 严平稳随机信号

1. 严平稳随机信号的定义

若随机信号 $X(t)$ 的任意 n 维分布不随时间起点的不同而变化，即取样点在时间轴上平移了任意 Δt 后，其 n 维概率分布保持不变。公式表示为

$$F_X(x_1, x_2, \cdots, x_n; t_1+\Delta t, t_2+\Delta t, \cdots, t_n+\Delta t) = F_X(x_1, x_2, \cdots, x_n; t_1, t_2, \cdots, t_n) \tag{3-1}$$

或者

$$f_X(x_1, x_2, \cdots, x_n; t_1+\Delta t, t_2+\Delta t, \cdots, t_n+\Delta t) = f_X(x_1, x_2, \cdots, x_n; t_1, t_2, \cdots, t_n) \tag{3-2}$$

则称该随机信号 $X(t)$ 为严平稳随机信号，也称为狭义平稳随机信号或强平稳随机信号。

严平稳的意义在于统计特性与时间起点无关，在任意时刻对平稳信号的测试都可以得到相同结果，这种分析简化具有重要的实际意义。对严平稳随机信号，无论从什么时间开始测量 n 个状态，得到的统计特性是一样的，即 $\{X(t_1), X(t_2), \cdots, X(t_n)\}$ 与

$\{X(t_1+\Delta t), X(t_2+\Delta t), \cdots, X(t_n+\Delta t)\}$具有相同的分布与统计特性，见图 3 - 1。

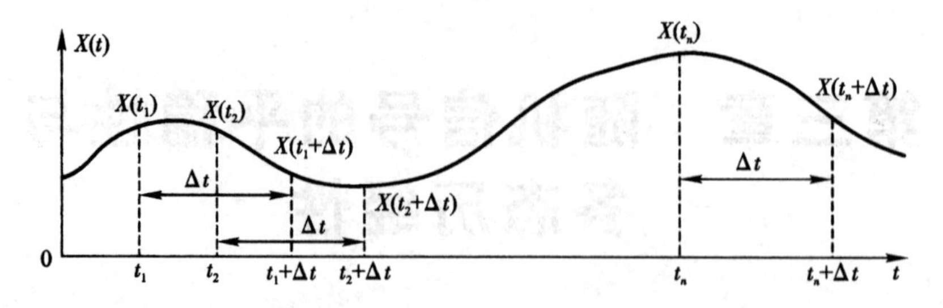

图 3 - 1　平稳随机信号

2. 严平稳随机信号的性质

性质 1　若 $X(t)$是严平稳随机信号，则它的一维概率密度和一维数字特征与时间 t 无关。任取 $\Delta t=-t_1$，则公式(3 - 2)变为

$$\begin{aligned} f_X(x_1; t_1) &= f_X(x_1; t_1+\Delta t) \\ &= f_X(x_1; 0) = f_X(x_1) \end{aligned} \tag{3-3}$$

图 3 - 2 表明严平稳随机信号 $X(t)$的一维概率密度与时间 t 无关，具有时移不变性。

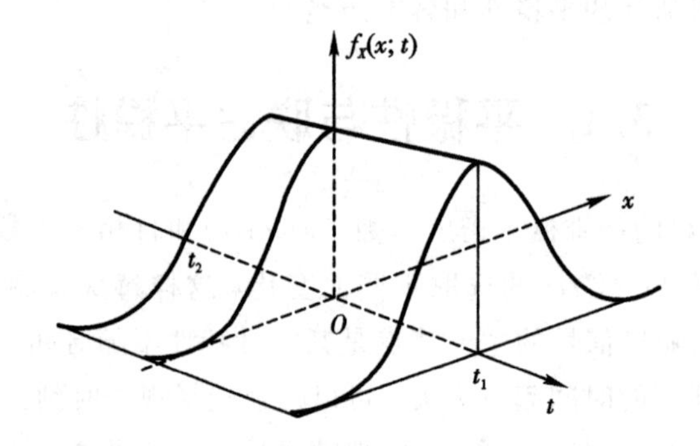

图 3 - 2　一维概率密度函数平稳性示例

严平稳随机信号的一维数字特征如下：

均值(见图 3 - 3)

$$E[X(t)] = \int_{-\infty}^{+\infty} x f_X(x; t)\mathrm{d}x = \int_{-\infty}^{+\infty} x f_X(x)\mathrm{d}x = m_X \tag{3-4}$$

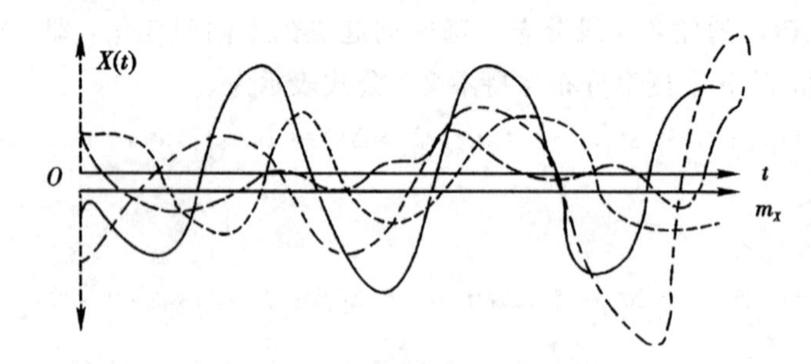

图 3 - 3　严平稳随机信号均值示例

均方值

$$E[X^2(t)] = \int_{-\infty}^{+\infty} x^2 f_X(x; t)\mathrm{d}x = \int_{-\infty}^{+\infty} x^2 f_X(x)\mathrm{d}x = \Psi_X^2 \tag{3-5}$$

方差

$$D[X(t)]=\int_{-\infty}^{+\infty}(x-m_X)^2 f_X(x;\ t)\mathrm{d}x$$
$$=\int_{-\infty}^{+\infty}(x-m_X)^2 f_X(x)\mathrm{d}x=\sigma_X^2 \tag{3-6}$$

式(3-4)～式(3-6)表明：严平稳随机信号的一维数字特征都是与时间 t 无关的常数。

性质 2　严平稳随机信号 $X(t)$ 的二维概率密度和二维数字特征只与 t_1、t_2 的时间间隔 $\tau=t_2-t_1$ 有关，而与时间起点无关。

令 $\Delta t=-t_1$，且 $\tau=t_2-t_1$，则式(3-2)变为

$$f_X(x_1,\ x_2;\ t_1,\ t_2)=f_X(x_1,\ x_2;\ t_1+\Delta t,\ t_2+\Delta t)$$
$$=f_X(x_1,\ x_2;\ 0,\ t_2-t_1)$$
$$=f_X(x_1,\ x_2;\ \tau) \tag{3-7}$$

严平稳随机信号 $X(t)$ 的二维数字特征如下：

自相关函数(见图 3-4)

$$R_X(t_1,\ t_2)=E[X(t_1)X(t_2)]$$
$$=\int_{-\infty}^{+\infty}\int_{-\infty}^{+\infty}x_1x_2 f_X(x_1,\ x_2;\ t_1,\ t_2)\mathrm{d}x_1\mathrm{d}x_2$$
$$=\int_{-\infty}^{+\infty}\int_{-\infty}^{+\infty}x_1x_2 f_X(x_1,\ x_2;\ \tau)\mathrm{d}x_1\mathrm{d}x_2$$
$$=R_X(\tau) \tag{3-8}$$

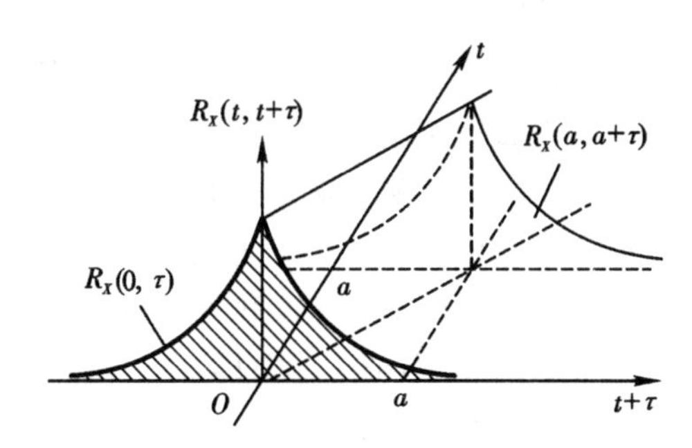

图 3-4　自相关函数平稳性示例

同理，自协方差函数

$$C_X(t_1,\ t_2)=C_X(\tau)=R_X(\tau)-m_X^2 \tag{3-9}$$

当 $t_1=t_2=t$ 即 $\tau=0$ 时，有

$$C_X(0)=\sigma_X^2=R_X(0)-m_X^2 \tag{3-10}$$

例 3.1　设有随机信号 $X(t)=A\cos\pi t$，其中 A 是均值为零、方差为 σ_A^2 的高斯随机变量，试问随机信号 $X(t)$ 是否严格平稳。

解　当 $t=1/2$ 时，$X(t)=0$，它与 $t=0$ 时的分布不同，则 $X(t)$ 不是严格平稳的。

事实上，工程中很难用到严格平稳随机信号，因为其定义实在太"严格"了。要确定随机信号的无穷多维分布函数的时移不变性通常是十分困难的，几乎不可能实现。实际应用中讨论的各种随机信号，通常只研究其一、二阶矩(均值、均方值和相关函数)的特性。因此，接下来研究随机信号一、二阶矩特性的平稳性，也就是下面讨论的广义平稳性。

3.1.2　广义平稳的判定与意义

1. 广义平稳信号的定义

若随机信号 $X(t)$ 的数学期望为常数，其自相关函数只与时间间隔 $\tau=t_2-t_1$ 有关，且均方值有限，即满足下面三个条件

$$\begin{cases} E[X(t)]=m_X \\ R_X(t_1, t_2)=E[X(t_1)X(t_2)]=R_X(\tau), \tau=|t_2-t_1| \\ E[X^2(t)]<\infty \end{cases} \tag{3-11}$$

则称 $X(t)$ 为宽平稳随机信号，也称为广义平稳随机信号或弱平稳随机信号。

2. 宽平稳与严平稳的关系

从上面讨论可知，宽平稳随机信号只涉及与一、二维概率密度有关的一、二阶矩函数，它只是严格平稳性条件放宽要求时的一个特例。显然，严格平稳信号在均值和相关函数存在的条件下一定是广义的，而广义平稳不一定是严格的。但对高斯随机信号而言，宽平稳与严平稳等价，原因在于高斯信号的概率密度可由均值和自相关函数完全确定。严平稳和宽平稳之间的关系可用下式表示：

$$\begin{bmatrix}\text{严格平稳}\\ \text{随机信号}\end{bmatrix} \underset{\text{不一定是}}{\overset{\text{若其均值和相关函数存在}}{\rightleftarrows}} \begin{bmatrix}\text{广义平稳}\\ \text{随机信号}\end{bmatrix} \tag{3-12}$$

3. 平稳随机信号的重要性

(1) 平稳性是随机信号的统计特性对参量(组)的移动不变性，即平稳随机信号的测试不受观察时刻的影响。若平稳随机信号代表电压或电流，那么其均值和相关函数给定后，可以直接或间接得到信号的直流分量、交流分量、总平均功率、信号功率沿频率的分布以及信号各时刻上取值的相关程度等重要参数，这些参数可以解决工程上的大量问题。

(2) 实际应用与研究最多的平稳信号是宽平稳信号，严平稳性因为条件要求太苛刻，更多地只用于理论研究中。在实际信号产生、传输和处理过程中，大多数的信号都是广义平稳随机信号，这有助于解决实际的工程问题。因此，以后在没有特殊声明的条件下，我们所讲的平稳指的都是广义平稳，而非严平稳。

(3) 在实际工程中，如果产生与影响随机信号的主要物理条件不随时间改变，那么通常可以认为此信号是平稳的，或者当统计特性变化比较缓慢时，在一个较短的时段内，非平稳信号可近似为平稳信号来处理。如语音信号，人们通常对其进行 10～30 ms 的分帧后，再采用平稳信号的处理技术解决有关问题。

例 3.2　设随机信号 $X(t)=a\cos(\omega_0 t+\Theta)$，式中 a、ω_0 都为常数，随机变量 Θ 服从 $(0, 2\pi)$ 上的均匀分布，试判断 $X(t)$ 是否为平稳随机信号，并给出理由。

解　由题意可知，随机变量 Θ 的概率密度为

$$f_\Theta(\theta)=\begin{cases}\dfrac{1}{2\pi}, & 0<\theta<2\pi \\ 0, & \text{其他}\end{cases}$$

根据定义式可求得信号 $X(t)$ 的均值、自相关函数和均方值分别为

$$m_X(t)=E[X(t)]=\int_0^{2\pi} x f_\Theta(\theta)\mathrm{d}\theta=\int_0^{2\pi} a\cos(\omega_0 t+\theta)\cdot\frac{1}{2\pi}\cdot\mathrm{d}\theta=0=m_X$$

$$\begin{aligned}R_X(t_1, t_2) &= R_X(t, t+\tau) = E[X(t)X(t+\tau)] \\ &= E[a\cos(\omega_0 t+\Theta)\cdot a\cos(\omega_0(t+\tau)+\Theta)] \\ &= \frac{a^2}{2}E[\cos\omega_0\tau + \cos(2\omega_0 t+\omega_0\tau+2\Theta)] \\ &= \frac{a^2}{2}\left[\cos\omega_0\tau + \int_0^{2\pi}\cos(2\omega_0 t+\omega_0\tau+2\theta)\cdot\frac{1}{2\pi}\mathrm{d}\theta\right] \\ &= \frac{a^2}{2}\cos\omega_0\tau \\ &= R_X(\tau)\end{aligned}$$

$$E[X^2(t)] = R_X(t, t) = R_X(0) = \frac{a^2}{2} < \infty$$

由以上分析可知，随机信号 $X(t)$ 的均值为零(常数)；自相关函数仅与时间间隔 τ 有关；均方值为 $a^2/2$(有限)。故随机信号 $X(t)$ 是(宽/广义)平稳随机信号。

例 3.3　设随机信号 $X(t)=tX$，其中 X 服从均值为零、方差为 1 的标准高斯分布，试判断其平稳性。

解

$$E[X(t)] = E[tX] = tE[X] = 0$$

$$R_X(t_1, t_2) = E[X(t_1)X(t_2)] = t_1t_2E[X^2] = t_1t_2$$

由于相关函数与 t_1 和 t_2 的取值有关，所以 $X(t)$ 不是平稳的。

例 3.4　判断随机信号 $X(t)=A\cos(\Omega t+\Theta)$ 是否平稳，其中 A、Ω、Θ 是相互统计独立的随机变量，且 Θ 在 $[-\pi, \pi]$ 上均匀分布。

解　因为

$$E[X(t)] = E[A\cos(\Omega t+\Theta)] = E[A]E[\cos(\Omega t+\Theta)] = 0 = m_X$$

$$\begin{aligned}R_X(t, t+\tau) &= E[X(t)X(t+\tau)] \\ &= E[A\cos(\Omega t+\Theta)A\cos(\Omega t+\Omega\tau+\Theta)] \\ &= \frac{1}{2}E[A^2]\{E[\cos(2\Omega t+2\Theta+\Omega\tau)]+E[\cos(\Omega\tau)]\} \\ &= \frac{1}{2}E[A^2]\cdot E[\cos(\Omega\tau)] \\ &= R_X(\tau)\end{aligned}$$

又由于 $X(t)$ 的平均功率有限，可以确定此随机信号 $X(t)$ 是平稳的。

例 3.5　证明由不相关的两个任意分布的随机变量 A、B 构成的随机信号 $X(t)=A\cos\omega_0 t+B\sin\omega_0 t$ 是宽平稳随机信号。式中，ω_0 为常数，A、B 的数学期望为零，方差 σ^2 相同。

证明　由题意知：

$$E[A] = E[B] = 0$$

$$D[A] = D[B] = \sigma^2$$

$$E[AB] = E[A]E[B] = 0$$

$$\begin{aligned}E[X(t)] &= E[A\cos\omega_0 t + B\sin\omega_0 t] \\ &= \cos\omega_0 t\times E[A] + \sin\omega_0 t\times E[B] \\ &= 0 = m_X\end{aligned}$$

$$\begin{aligned}R_X(t,t+\tau)&=E[X(t)X(t+\tau)]\\&=E\{[A\cos\omega_0 t+B\sin\omega_0 t][A\cos\omega_0(t+\tau)+B\sin\omega_0(t+\tau)]\}\\&=E[A^2]\cos\omega_0 t\cos\omega_0(t+\tau)+E[AB]\cos\omega_0 t\sin\omega_0(t+\tau)\\&\quad+E[BA]\sin\omega_0 t\cos\omega_0(t+\tau)+E[B^2]\sin\omega_0 t\sin\omega_0(t+\tau)\\&=\sigma^2[\cos\omega_0 t\cos\omega_0(t+\tau)+\sin\omega_0 t\sin\omega_0(t+\tau)]\\&=\sigma^2\cos\omega_0\tau=R_X(\tau)\end{aligned}$$

$$E[X^2(t)]=R_X(0)=\sigma^2<\infty$$

所以，随机信号 $X(t)$是宽平稳的。

3.1.3 联合平稳性

在讨论两个及多个随机信号时，联合平稳性指的是其联合统计特性对时间参量组具有移动不变性。联合平稳性分为联合严格平稳性和联合广义平稳性。

1. 联合严格平稳性

若随机信号 $X(t)$与 $Y(t)$的任意 $n+m$ 维联合概率分布函数具有下述的时移不变性：

$$\begin{aligned}&F_{XY}(x_1,x_2,\cdots,x_n,y_1,y_2,\cdots,y_m;t_1,t_2,\cdots,t_n,t_1',t_2',\cdots,t_m')\\&\quad=F_{XY}(x_1,x_2,\cdots,x_n,y_1,y_2,\cdots,y_m;t_1+\Delta t,t_2+\Delta t,\cdots,\\&\qquad t_n+\Delta t,t_1'+\Delta t,t_2'+\Delta t,\cdots,t_m'+\Delta t)\end{aligned}\tag{3-13}$$

则称 $X(t)$与 $Y(t)$具有联合严格平稳性。

联合严格平稳性也可以用下式表示

$$\begin{aligned}&f_{XY}(x_1,x_2,\cdots,x_n,y_1,y_2,\cdots,y_m;t_1,t_2,\cdots,t_n,t_1',t_2',\cdots,t_m')\\&\quad=f_{XY}(x_1,x_2,\cdots,x_n,y_1,y_2,\cdots,y_m;t_1+\Delta t,t_2+\Delta t,\cdots,\\&\qquad t_n+\Delta t,t_1'+\Delta t,t_2'+\Delta t,\cdots,t_m'+\Delta t)\end{aligned}\tag{3-14}$$

联合严格平稳性的性质为：$X(t)$与 $Y(t)$的二维联合概率分布或密度函数只与选取两个时刻的差值有关，即

$$F_{XY}(x,y;t_1,t_2)=F_{XY}(x,y;t_1+\Delta t,t_2+\Delta t)=F_{XY}(x,y;\tau),\quad \tau=|t_1-t_2|\tag{3-15}$$

$$f_{XY}(x,y;t_1,t_2)=f_{XY}(x,y;t_1+\Delta t,t_2+\Delta t)=f_{XY}(x,y;\tau),\quad \tau=|t_1-t_2|\tag{3-16}$$

若互相关函数存在，它也只与两个时刻的差值有关，即

$$R_{XY}(t_1,t_2)=R_{XY}(t,t+\tau)=R_{XY}(\tau)\tag{3-17}$$

2. 联合广义平稳性

若 $X(t)$与 $Y(t)$均为广义平稳，且其互相关函数存在，并只与时刻间隔 $\tau=|t_1-t_2|$有关，即

$$R_{XY}(t_1,t_2)=R_{XY}(t,t+\tau)=R_{XY}(\tau)\tag{3-18}$$

$$R_{YX}(t_1,t_2)=R_{YX}(t,t+\tau)=R_{YX}(\tau)\tag{3-19}$$

则 $X(t)$与 $Y(t)$具有联合广义平稳性。

例 3.6 已知随机信号 $X(t)$和 $Y(t)$是平稳的，$X(t)=A\cos t+B\sin t$，$Y(t)=A\cos 2t+B\sin 2t$。A、B 为随机变量，且 $E[A]=E[B]=0$，$D[A]=D[B]=3$，它们互不

相关，试判断 $X(t)$和 $Y(t)$是否联合广义平稳，并给出理由。

解　由例 3.5 易证明 $X(t)$和 $Y(t)$是各自广义平稳的。

$$
\begin{aligned}
R_{XY}(t,\ t+\tau) &= E[X(t)Y(t+\tau)] \\
&= E\{[A\cos t + B\sin t][A\cos 2(t+\tau) + B\sin 2(t+\tau)]\} \\
&= E[A^2\cos t\cos 2(t+\tau) + AB\cos t\sin 2(t+\tau) + \\
&\quad AB\sin t\cos 2(t+\tau) + B^2\sin t\sin 2(t+\tau)] \\
&= E[A^2][\cos t\cos 2(t+\tau) + \sin t\sin 2(t+\tau)] \\
&= 3\cos(t+2\tau) \neq R_{XY}(\tau)
\end{aligned}
$$

可见，$R_{XY}(t,\ t+\tau)$也是变量 t、τ 的二元函数，故随机信号 $X(t)$和 $Y(t)$不是联合广义平稳的。

例 3.7　乘法调制信号模型如图 3－5 所示，$Y(t)=X(t)\cos(\omega_0 t+\Theta)$，其中，输入 $X(t)$是广义平稳信号，ω_0为常数，相位 Θ 是随机变量且在$[-\pi,\ \pi]$范围内均匀分布，Θ 与 $X(t)$统计独立。试讨论输出 $Y(t)$的广义平稳性，输入与输出信号的互相关函数与联合广义平稳性。

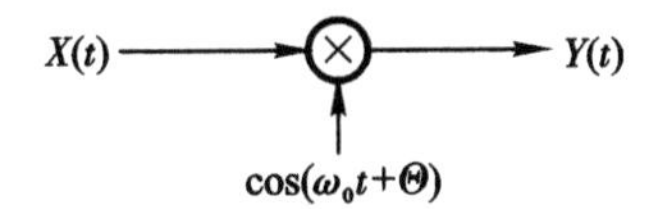

图 3－5　乘法调制器模型

解　首先讨论 $Y(t)$的广义平稳性。容易得出：

$$
\begin{aligned}
E[Y(t)] &= E[X(t)\cos(\omega_0 t+\Theta)] \\
&= E[X(t)]\times E[\cos(\omega_0 t+\Theta)] \\
&= E[X(t)]\times \int_{-\infty}^{+\infty}\cos(\omega_0 t+\theta)\frac{1}{2\pi}\mathrm{d}\theta \\
&= 0 = m_Y
\end{aligned}
$$

$$
\begin{aligned}
R_Y(t,\ t+\tau) &= E[Y(t)Y(t+\tau)] \\
&= E[X(t)\cos(\omega_0 t+\Theta)X(t+\tau)\cos(\omega_0 t+\omega_0\tau+\Theta)] \\
&= E[X(t)X(t+\tau)]\times E[\cos(\omega_0 t+\Theta)\cos(\omega_0 t+\omega_0\tau+\Theta)] \\
&= R_X(\tau)\times\frac{1}{2}E[\cos(2\omega_0 t+\omega_0\tau+\Theta)+\cos\omega_0\tau] \\
&= \frac{1}{2}R_X(\tau)\cos\omega_0\tau = R_Y(\tau)
\end{aligned}
$$

$$
E[Y^2(t)] = R_Y(0) = \frac{1}{2}R_X(0) < \infty
$$

所以输出信号 $Y(t)$是广义平稳的。

然后求输入信号 $X(t)$与输出信号 $Y(t)$的互相关函数：

$$
\begin{aligned}
R_{XY}(t,\ t+\tau) &= E[X(t)Y(t+\tau)] \\
&= E[X(t)X(t+\tau)]\times E[\cos(\omega_0 t+\omega_0\tau+\Theta)] \\
&= R_X(\tau)\times\int_{-\infty}^{+\infty}\cos(\omega_0 t+\omega_0\tau+\theta)\frac{1}{2\pi}\mathrm{d}\theta = 0
\end{aligned}
$$

由例3.2知，输入信号 $X(t)$是广义平稳的，所以输入与输出信号是联合广义平稳的，并且相互正交。

需要注意的是，如果振荡载波相位不是随机的，则输出信号可能不是广义平稳的，输入与输出信号不会正交，也不会联合平稳。

*3.1.4 其他平稳的概念

前面分别定义了严格平稳和广义平稳，随着现代信号处理技术的快速发展，还有其他一些平稳的概念被广泛采用。

1. k 阶严格平稳

如前所述，严格平稳是指随机信号 $X(t)$和 $X(t+\Delta t)$（Δt 为常数）具有完全相同的统计特性，即对于任意的 n，有

$$f_X(x_1, x_2, \cdots, x_n; t_1, t_2, \cdots, t_n) = f_X(x_1, x_2, \cdots, x_n; t_1+\Delta t, t_2+\Delta t, \cdots, t_n+\Delta t) \tag{3-20}$$

如果式(3-20)只对 $n\leqslant k$ 成立，则称随机信号 $X(t)$是 k 阶严格平稳的；若 $k=2$ 成立，则称 $X(t)$是二阶严格平稳的。

2. 渐近平稳

当 $\Delta t\to\infty$时，$X(t+\Delta t)$的任意 n 维概率密度都与 Δt 无关，即

$$\lim_{\Delta t\to\infty} f_X(x_1, x_2, \cdots, x_n; t_1+\Delta t, t_2+\Delta t, \cdots, t_n+\Delta t)$$

存在，且与 Δt 无关，则称 $X(t)$是渐近平稳的。

3. 循环平稳

若随机信号 $X(t)$的分布函数满足如下关系：

$$\begin{aligned} &F_X(x_1, x_2, \cdots, x_n; t_1+MT, t_2+MT, \cdots, t_n+MT) \\ &= F_X(x_1, x_2, \cdots, x_n; t_1, t_2, \cdots, t_n) \end{aligned} \tag{3-21}$$

其中 M 为整数，T 为常数，则称 $X(t)$是严格循环平稳的。

需要注意的是，严格循环平稳信号不一定是严格平稳信号，因为式(3-1)是对任意的 Δt 都要成立，而严格循环平稳只在 $\Delta t=MT$ 时满足式(3-1)成立条件。

如果随机信号 $X(t)$的均值和自相关函数满足下列关系：

$$m_X(t+MT) = m_X(t) \tag{3-22}$$

$$R_X(t+MT, t+MT+\tau) = R_X(t, t+\tau) \tag{3-23}$$

则称 $X(t)$为广义循环平稳。从定义可知，广义循环平稳不一定是广义平稳的。

若 $X(t)$是严格循环平稳的，则

$$f_X(x; t) = f_X(x; t+MT) \tag{3-24}$$

$$f_X(x_1, x_2; t_1, t_2) = f_X(x_1, x_2; t_1+MT, t_2+MT) \tag{3-25}$$

称 $X(t)$是广义循环平稳的，但反之不一定成立。

例 3.8 乘法调制器输出信号模型如图3-5所示(见例3.7)。广义平稳随机信号$X(t)$通过乘法调制器得到随机信号 $Y(t)=X(t)\cos\omega_0 t$，其中，振荡频率 ω_0是确定量。试讨论 $Y(t)$的循环平稳性。

解 $Y(t)$的均值和自相关函数为

$$\begin{aligned} m_Y(t) &= E[Y(t)] = E[X(t)\cos\omega_0 t] \\ &= m_X \cos\omega_0 t \\ &= m_X \cos(\omega_0 t + 2\pi) \\ &= m_X \cos\left[\omega_0\left(t + \frac{2\pi}{\omega_0}\right)\right] \\ &= m_Y\left(t + \frac{2\pi}{\omega_0}\right) \end{aligned}$$

$$\begin{aligned} R_Y(t, t+\tau) &= E[Y(t)Y(t+\tau)] = E[X(t)\cos\omega_0 t \cdot X(t+\tau)\cos(\omega_0 t + \omega_0 \tau)] \\ &= \frac{1}{2}R_X(\tau)[\cos(2\omega_0 t + \omega_0 \tau) + \cos\omega_0 \tau] \\ &= \frac{1}{2}R_X(\tau)[\cos(2\omega_0 t + 2\pi + \omega_0 \tau) + \cos(\omega_0 \tau + 2\pi)] \\ &= \frac{1}{2}R_X(\tau)\left\{\cos\left[2\omega_0\left(t + \frac{\pi}{\omega_0}\right) + \omega_0 \tau\right] + \cos\omega_0\left(\tau + \frac{2\pi}{\omega_0}\right)\right\} \\ &= R_Y\left(t + \frac{\pi}{\omega_0}, t + \frac{\pi}{\omega_0} + \tau\right) \end{aligned}$$

显然，$m_Y(t)$是周期为$2\pi/\omega_0$的周期函数，$R_Y(t, t+\tau)$是关于t周期为π/ω_0的周期函数，因此输出信号$Y(t)$是循环平稳信号，周期为$2\pi/\omega_0$。

3.2　平稳信号的相关函数

相关函数反映随机信号在统计意义上的关联程度。自相关函数度量同一信号自身在不同时刻之间的内在关联程度，而互相关函数度量不同信号在不同时刻之间的关联程度。当信号$X(t)$广义平稳时，其均值是常数，自相关函数只与时间间隔$\tau=|t_1-t_2|$有关；同理，当信号$X(t)$与$Y(t)$联合广义平稳时，互相关函数也只和时间间隔τ有关。因此，研究随机信号的相关函数时，其各种性质可以简化。本节介绍自相关函数和互相关函数的性质及意义。

3.2.1　自相关函数的性质

由前面定义知，广义平稳实随机信号$X(t)$的自相关函数为

$$R_X(t, t+\tau) = E[X(t)X(t+\tau)] = R_X(\tau)$$

为了使讨论具有一般性，设随机信号$X(t)$的均值非零。平稳随机信号$X(t)$的自相关函数$R_X(\tau)$具有下列性质。

性质 1　$R_X(\tau)$是变量τ的偶函数(见图 3－6(a))，即

$$R_X(\tau) = R_X(-\tau) \tag{3-26}$$

证明　根据定义可得

$$R_X(\tau) = E\{X(t)X(t+\tau)\}$$

由于与时间起点无关，令$t'=t+\tau \Rightarrow t=t'-\tau$，则

$$R_X(\tau) = E\{X(t'-\tau)X(t')\} = R_X(-\tau)$$

由协方差函数$C_X(\tau)$与自相关函数$R_X(\tau)$的关系，可以推得

$$C_X(\tau)=C_X(-\tau) \tag{3-27}$$

如图 3-6(b)所示。

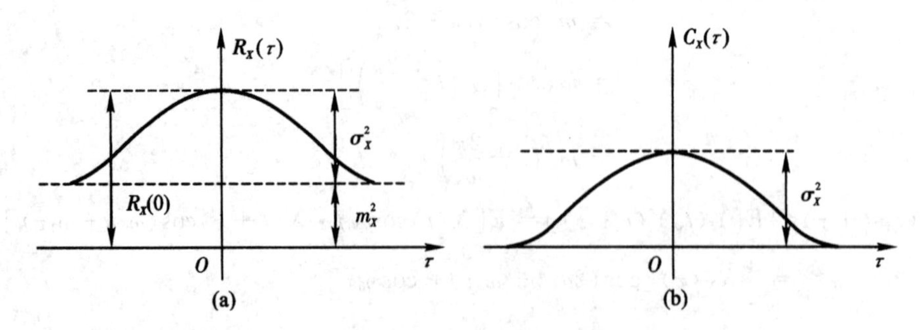

图 3-6　平稳随机信号的自相关函数和协方差函数示意图

性质 2　$R_X(\tau)$在原点($\tau=0$)达到最大值，即

$$|R_X(\tau)|\leqslant R_X(0) \tag{3-28}$$

证明　因为

$$E\{[X(t)\pm X(t+\tau)]^2\}=E\{X^2(t)+X^2(t+\tau)\pm 2X(t)X(t+\tau)\}\geqslant 0$$

而

$$E\{X^2(t)\}=E\{X^2(t+\tau)\}=R_X(0)$$
$$E\{X(t)X(t+\tau)\}=R_X(\tau)$$

所以，$R_X(0)\geqslant|R_X(\tau)|$成立。

式(3-28)表明信号 $X(t)$在间隔为零时的两个随机变量的统计关联程度最大。同理可证得协方差函数 $C_X(\tau)$满足

$$|C_X(\tau)|\leqslant C_X(0)$$

性质 3　若 $X(t)$为非周期平稳信号，其自相关函数 $R_X(\tau)$满足

$$\lim_{|\tau|\to\infty} R_X(\tau)=R_X(\infty)=m_X^2 \tag{3-29}$$

证明　对于非周期随机信号，当$|\tau|$增大时，随机变量 $X(t)$与 $X(t+\tau)$之间的关联程度将会减小。在$|\tau|\to\infty$极限情况下，两个随机变量将呈现独立性，有

$$\begin{aligned}\lim_{|\tau|\to\infty} R_X(\tau)&=\lim_{|\tau|\to\infty} E[X(t)X(t+\tau)]\\&=E[X(t)]\cdot E[X(t+\tau)]\\&=E^2[X(t)]=m_X^2\end{aligned}$$

式(3-29)表明，$R_X(\infty)$为非周期信号 $X(t)$的直流平均功率。

同理，不难求得

$$C_X(\infty)=\lim_{|\tau|\to\infty} C_X(\tau)=0 \tag{3-30}$$

性质 4　$R_X(0)$非负，它表示信号 $X(t)$的总平均功率，即

$$R_X(0)=E[X^2(t)] \tag{3-31}$$

性质 5　用 $R_X(\tau)$可以表示功率守恒公式，即

$$\sigma_X^2=C_X(0)=R_X(0)-R_X(\infty) \tag{3-32}$$

如图 3.6(a)所示。

例 3.9　已知平稳随机信号 $X(t)$ 的自相关函数 $R_X(\tau)=\dfrac{4}{1+5\tau^2}+36$，求 $X(t)$ 的均值和方差。

解　由式(3-29)可得

$$m_X^2 = R_X(\infty) = 36 \Rightarrow m_X = \pm\sqrt{R_X(\infty)} = \pm 6$$

注意这里无法确定数学期望的符号。

再由式(3-32)可得

$$\sigma_X^2 = R_X(0) - R_X(\infty) = 40 - 36 = 4$$

因此，随机信号的数学期望为 ± 6，方差为 4。

例 3.10　对于零均值广义平稳随机信号 $X(t)$，已知其方差 $\sigma_X^2=5$，问下述函数可否作为 $X(t)$ 的自相关函数，为什么？

(1) $R_X(\tau)=-\cos 6\tau \cdot \exp[-|\tau|]$；

(2) $R_X(\tau)=5\sin 5\tau$；

(3) $R_X(\tau)=5\left[\dfrac{\sin 3\tau}{3\tau}\right]^2$；

(4) $R_X(\tau)=5\exp[-|\tau|]$。

解　判断一个函数是否为平稳随机信号的自相关函数，应满足上面自相关函数的所有性质。

(1) 不能作为其自相关函数，因为 $R_X(0)=-1$ 在原点处不是非负；

(2) 不能作为其自相关函数，因为它不是偶函数；

(3) 可以作为其自相关函数，因为满足所有性质；

(4) 可以作为其自相关函数，因为满足所有性质。

3.2.2　互相关函数的性质

联合广义平稳实随机信号 $X(t)$、$Y(t)$ 的互相关函数为

$$R_{XY}(t, t+\tau) = E[X(t)Y(t+\tau)] = R_{XY}(\tau)$$

$$R_{YX}(t, t+\tau) = E[Y(t)X(t+\tau)] = R_{YX}(\tau)$$

需要注意的是，互相关函数的性质与自相关函数的性质有所不同。当 $X(t)$ 和 $Y(t)$ 为联合平稳的实随机信号时，有下列性质。

性质 1　一般情况下，互相关函数是非奇非偶函数，即

$$R_{XY}(\tau) = R_{YX}(-\tau) \tag{3-33}$$

互相关函数具有如图 3-7 所示的影像关系。

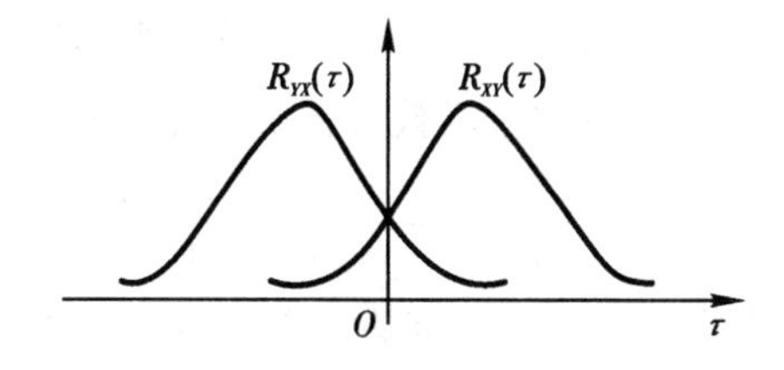

图 3-7　互相关函数的影像关系

这是由于

$$R_{XY}(\tau)=E[X(t)Y(t+\tau)]=E[Y(t_1)X(t_1-\tau)]$$
$$=R_{YX}(-\tau)$$

同样，互协方差函数满足

$$C_{XY}(\tau)=C_{YX}(-\tau) \tag{3-34}$$

性质 2　互相关函数的幅度平方满足

$$|R_{XY}(\tau)|^2\leqslant R_X(0)R_Y(0) \tag{3-35}$$

证明　利用柯西-施瓦兹不等式

$$|E[ZW]|^2\leqslant E[|Z|^2]E[|W|^2]$$

令 $Z=X(t)$，$W=Y(t+\tau)$，则

$$|R_{XY}(\tau)|^2=|E[X(t)Y(t+\tau)]|^2$$
$$\leqslant E[|X(t)|^2]\cdot E[|Y(t+\tau)|^2]$$
$$=R_X(0)R_Y(0)$$

同理，互协方差函数满足

$$|C_{XY}(\tau)|^2\leqslant C_X(0)C_Y(0)=\sigma_X^2\sigma_Y^2 \tag{3-36}$$

性质 3　互相关函数和互协方差函数的幅度满足

$$|R_{XY}(\tau)|\leqslant\frac{1}{2}[R_X(0)+R_Y(0)] \tag{3-37}$$

同理有

$$|C_{XY}(\tau)|\leqslant\frac{1}{2}[C_X(0)+C_Y(0)] \tag{3-38}$$

以上两个公式可利用下式证明

$$E[\{Y(t+\tau)+\lambda X(t)\}^2]\geqslant 0$$

其中 λ 为任意实数。

互相关函数不具有像式(3-28)那样的性质，即在 $\tau=0$ 时互相关函数有可能是负值，这时它不一定具有最大值。

以上对平稳随机信号的自相关函数和互相关函数的主要性质进行了分析，在实际应用中，为了更方便地分析比较随机信号的相关性，还经常会用到相关系数和相关时间的概念。下面对这些概念进行讨论。

*3.2.3　平稳随机信号的相关系数与相关时间

1. 相关系数

相关系数 $\rho_X(\tau)$ 也可表征平稳随机信号 $X(t)$ 在两个不同时刻随机变量之间的统计关联程度，它实际上是对平稳信号的协方差函数进行归一化处理，即

$$\rho_X(\tau)=\frac{C_X(\tau)}{\sigma_X^2}=\frac{R_X(\tau)-m_X^2}{R_X(0)-R_X(\infty)} \tag{3-39}$$

$\rho_X(\tau)$ 有时也称为归一化相关函数或标准协方差函数。显然，有

$$|\rho_X(\tau)|\leqslant 1 \tag{3-40}$$

相关系数的主要性质与自相关函数类似。

2. 相关时间

相关系数描述了随机信号 $X(t)$在两个不同时刻随机变量之间的相关性，一般而言，只有当选取时间间隔$\tau\to\infty$时，有 $\rho_X(\tau)=0$，$X(t+\tau)$与 $X(t)$才是不相关的。但在实际工程中，当 τ 大到一定程度时，$\rho_X(\tau)$已经很小，可以把 $X(t+\tau)$与 $X(t)$近似看作不相关的。因此，在工程技术上，通常定义一个称为相关时间 τ_0 的参量，当 $\tau>\tau_0$ 时，就认为$X(t+\tau)$与 $X(t)$是不相关的。一般用图 3-8 中高为 $\rho_X(0)=1$、底为 τ_0 的矩形面积等于高为$\rho_X(\tau)$、底为 τ 的正轴的矩形面积来定义 τ_0，即

$$\tau_0=\int_0^{+\infty}\rho_X(\tau)\mathrm{d}\tau \tag{3-41}$$

工程上也常用下式来定义相关时间 τ_0'：

$$|\rho_X(\tau_0')|\leqslant 0.05 \tag{3-42}$$

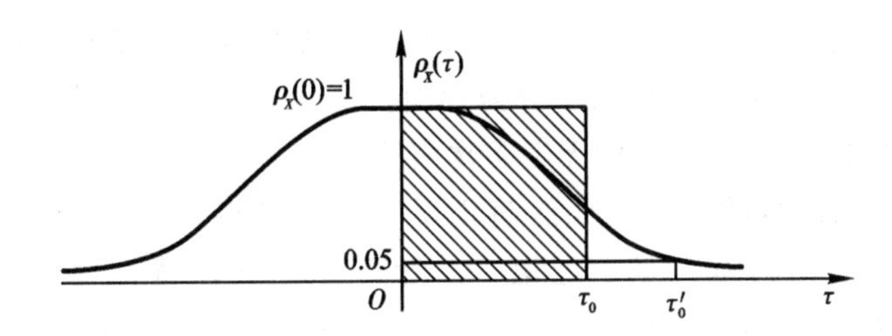

图 3-8　相关系数的两种定义

相关时间 τ_0（或者 τ_0'）是只与 $\rho_X(\tau)$曲线的下降快慢有关，而与时间间隔 τ 无关的一个总体参量，它可以简单地反映出随机信号平均起伏速度的快慢。相关时间小，意味着相关系数 $\rho_X(\tau)$随着 τ 的增大而迅速减小，说明随机信号随时间变化快；相反，相关时间大，说明随机信号随时间变化缓慢。

例 3.11　已知随机信号 $X(t)$和 $Y(t)$的协方差函数分别为

$$C_X(\tau)=\frac{1}{4}\mathrm{e}^{-2\lambda|\tau|}$$

$$C_Y(\tau)=\frac{\sin\lambda\tau}{\lambda\tau}$$

(1) 比较两个信号的变化快慢；

(2) 比较当 $\tau=\pi/\lambda$ 时两个信号的相关程度。

解　(1) 根据随机信号 $X(t)$可以求得

$$\sigma_X^2=C_X(0)=\frac{1}{4}$$

$$\rho_X(\tau)=\frac{C_X(\tau)}{\sigma_X^2}=\mathrm{e}^{-2\lambda|\tau|}$$

$$\tau_{0X}=\int_0^{+\infty}\rho_X(\tau)\mathrm{d}\tau=\int_0^{+\infty}\mathrm{e}^{-2\lambda\tau}\mathrm{d}\tau=\frac{1}{2\lambda}$$

同样，根据随机信号 $Y(t)$可以求得

$$\sigma_Y^2=C_Y(0)=1$$

$$\rho_Y(\tau)=\frac{C_Y(\tau)}{\sigma_Y^2}=\frac{\sin\lambda\tau}{\lambda\tau}$$

$$\tau_{0Y}=\int_{0}^{+\infty}\rho_{Y}(\tau)\mathrm{d}\tau=\int_{0}^{+\infty}\frac{\sin\lambda\tau}{\lambda\tau}\mathrm{d}\tau=\frac{\pi}{2\lambda}$$

由于 $\tau_{0X}<\tau_{0Y}$，所以随机信号 $X(t)$ 比 $Y(t)$ 变化快。

(2) 当 $\tau=\pi/\lambda$ 时，有

$$\rho_X\left(\frac{\pi}{\lambda}\right)=\mathrm{e}^{-2\lambda\left|\frac{\pi}{\lambda}\right|}=\mathrm{e}^{-2\pi}$$

$$\rho_Y\left(\frac{\pi}{\lambda}\right)=\frac{\sin\pi}{\pi}=0$$

可见，此时信号 $X(t)$ 是相关的，而信号 $Y(t)$ 是不相关的。

3.3　随机信号的各态历经性

研究随机信号的统计特性，理论上需要知道信号的所有样本函数，才能用全部维数的概率分布函数来完整描述其统计特性。要得到随机信号的概率分布特性，需要对信号进行大量重复的实验和观察，甚至需要做无穷多次实验。

通过对平稳随机信号的研究，虽然简化了其统计特性的观察和测量，但大量的统计特性都是以统计平均为基础的。理论上，计算各类统计特性需要无穷多个样本函数，因而现实中测试工作很复杂，甚至无法完成。这些问题促使我们思考：能否用在一段时间范围内观察到的容易实现的一个样本函数，来作为提取整个随机信号的数字特征的充分依据。

现代概率论的奠基人之一——俄国的辛钦提出并证明了：当具备一定条件时，平稳随机信号的任何一个样本函数的时间平均，从概率意义上等于该随机信号的统计平均。这种特性称为各态历经性或遍历性。各态历经信号的每个样本都经历了随机信号的各种可能状态，任何一个样本函数都能充分代表整个随机信号的统计特性。因此，其统计特性的测量与观察只需要在一个样本函数上进行就可以了，从而简化了计算。所以，研究随机信号的各态历经性在实际工程中具有十分重要的意义。

3.3.1　统计平均与时间平均

随机信号 $X(t)=X(t,\xi)$ 有两个变量，所以能采用两种平均方法——统计平均和时间平均。下面先介绍这两种平均方法。

1. 统计平均

前面讨论随机信号的数字特征及矩函数所用的平均都是统计平均，这些矩函数都是平均统计参量。统计平均是指对集合中所有样本函数在同一(或同一些)时刻的取值采用统计平均方法求其平均，也称为集平均，记为 $E[\cdot]$。

例如，对于平稳随机信号 $X(t)$，其统计平均均值为

$$E[X(t)]=\int_{-\infty}^{+\infty}xf_X(x)\mathrm{d}x=m_X \tag{3-43}$$

其统计平均自相关函数为

$$R_X(t_1,t_2)=\int_{-\infty}^{+\infty}\int_{-\infty}^{+\infty}x_1x_2f_X(x_1,x_2;\tau)\mathrm{d}x_1\mathrm{d}x_2=R_X(\tau) \tag{3-44}$$

式中，$\tau=|t_1-t_2|$。

用以上两式求统计平均时，首先需要取得随机信号 $X(t)$的一簇 n 个样本(理论上需要 $n\to\infty$)，然后将同一时刻或两个时刻的取值用统计方法求出其一、二维概率密度，才能利用上两式计算，这样求解非常复杂。

2. 时间平均

前面已经指出，随机信号 $X(t)$是一簇时间函数的集合，此集合中的每个样本都是时间的确定函数，对集合中的某个特定样本在各个时刻的值，用一般数学方法求其平均，称为时间平均，记为$\overline{\cdot}$或者 $A[\cdot]$。

根据此定义，某一个样本函数 $x_i(t)$的时间平均均值为

$$\overline{x_i(t)}=\lim_{T\to\infty}\frac{1}{2T}\int_{-T}^{T}x_i(t)\,\mathrm{d}t \tag{3-45}$$

而样本函数 $x_i(t)$的时间平均自相关函数为

$$\overline{x_i(t)x_i(t+\tau)}=\lim_{T\to\infty}\frac{1}{2T}\int_{-T}^{T}x_i(t)x_i(t+\tau)\,\mathrm{d}t \tag{3-46}$$

可见，求时间平均只需要一个样本函数，对这个确定的时间函数，可以采用一般数学方法计算，如果时间函数计算复杂，还可用积分平均器来测量(应该保持测试条件不变)。理论上需要时间平均 $T\to\infty$，即样本应该无限长，但实际上样本长度只需能够满足工程上的一定精度要求即可。时间平均与统计平均相比要简单实用的多，因此，它是实际测量随机信号的主要方法。

例 3.12 设 $x_i(t)=a\cos(\omega_0 t+\theta_i)$是例 3.2 所示随机初相信号 $X(t)=a\cos(\omega_0 t+\Theta)$的任一样本函数，试求 $x_i(t)$的时间平均的均值和自相关函数，并与例 3.2 所得结果作比较。

解

$$\begin{aligned}\overline{x_i(t)}&=\lim_{T\to\infty}\frac{1}{2T}\int_{-T}^{T}a\cos(\omega_0 t+\theta_i)\,\mathrm{d}t\\&=\lim_{T\to\infty}\frac{a\cos\theta_i}{2T}\int_{-T}^{T}\cos\omega_0 t\,\mathrm{d}t\\&=\lim_{T\to\infty}\frac{a\cos\theta_i\sin\omega_0 T}{\omega_0 T}\\&=0\end{aligned}$$

$$\begin{aligned}\overline{x_i(t)x_i(t+\tau)}&=\lim_{T\to\infty}\frac{1}{2T}\int_{-T}^{T}x_i(t)x_i(t+\tau)\,\mathrm{d}t\\&=\lim_{T\to\infty}\frac{1}{2T}\int_{-T}^{T}a^2\cos(\omega_0 t+\theta_i)\cos(\omega_0 t+\omega_0\tau+\theta_i)\,\mathrm{d}t\\&=\lim_{T\to\infty}\frac{a^2}{4T}\int_{-T}^{T}\cos\omega_0\tau\,\mathrm{d}t\\&=\frac{a^2}{2}\cos\omega_0\tau\end{aligned}$$

与例 3.2 所得结果比较，有如下关系式

$$E[X(t)]=\overline{x_i(t)}$$

$$E[X(t)X(t+\tau)]=\overline{X_i(t)X_i(t+\tau)}$$

可见，对于这种随机初相信号，其任一样本函数的时间平均都等于集合的统计平均，所以允许用简单的时间平均代替复杂的统计平均。

各态历经性有多种类型。一般情况下，随机信号的各态历经性总是针对其某种统计特性而言的，是指这种统计特性的“统计平均依概率等于相应的时间平均”。因此，统计特性不同，各态历经性也不同。各态历经性的分类如表 3-1 所示。

表 3-1　各态历经性分类

名　　称	基 本 特 征
均值各态历经	统计平均 ＝ 样本时间平均
相关函数各态历经	统计相关函数 ＝ 样本时间相关函数
一阶分布各态历经	一阶概率分布 ＝ 一阶分布时间平均

通常具有某种各态历经性的信号称为相应统计特性的各态历经信号。若随机信号的所有统计特性参数都具有各态历经性，则称该信号是严格各态历经的；若随机信号的均值和自相关函数同时具有各态历经性，则称该信号为广义各态历经的。实际应用与研究中重点关注的是广义各态历经性。下面分别讨论均值各态历经性、自相关函数各态历经性和广义各态历经性。

3.3.2　均值各态历经性

1. 均值各态历经性的定义

对于二阶平稳随机信号 $X(t)$，若存在

$$\overline{X(t)} = E[X(t)] = m_X \tag{3-47}$$

则随机信号的时间平均均值定义为

$$\overline{X(t)} = \lim_{T\to\infty}\frac{1}{2T}\int_{-T}^{T}X(t)\,\mathrm{d}t \tag{3-48}$$

且以概率 1 成立，则称随机信号 $X(t)$ 具有均值各态历经性。

具有均值各态历经性的随机信号，其每个样本函数都经历了整个信号的所有可能状态。因此，任何一个样本函数都含有整个信号的全部统计信息，即可以用它的任何一个样本函数的时间平均来代替它的统计平均。图 3-9 给出了可能具有均值各态历经性的随机信号和不具有均值各态历经性的随机信号示意图。

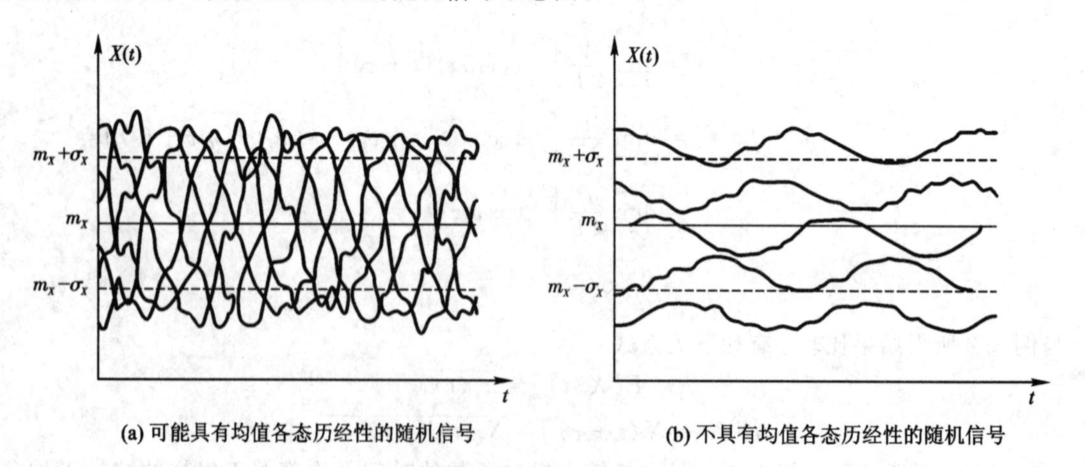

(a) 可能具有均值各态历经性的随机信号　　(b) 不具有均值各态历经性的随机信号

图 3-9　两类典型的随机信号

例 3.13　设随机信号 $Z(t)=X(t)+Y$，其中 $X(t)$是均值各态历经信号，Y 是与$X(t)$相互独立的随机变量。试讨论信号 $Z(t)$的均值各态历经性。

解　根据已知有

$$E[Z(t)]=E[X(t)+Y]=m_X+m_Y$$

为常数。同时，可求得

$$\overline{Z(t)}=\overline{X(t)+Y}=m_X+Y$$

因为 $Y\neq E[Y]=m_Y$，所以$\overline{Z(t)}\neq E[Z(t)]$，故 $Z(t)$为非均值各态历经信号。

2. 判定均值各态历经性的定理

若随机信号 $X(t)$广义平稳，协方差函数为 $C_X(\tau)$，则它的均值各态历经性的判定条件如下：

(1) 充分条件：

$$\lim_{\tau\to\infty}C_X(\tau)=0，且 C_X(0)<\infty \tag{3-49}$$

(2) 充要条件：

$$\lim_{T\to\infty}\frac{1}{2T}\int_{-T}^{T}C_X(\tau)\mathrm{d}\tau=0 \tag{3-50}$$

(3) 充要条件：

$$\lim_{T\to\infty}\frac{1}{2T}\int_{-2T}^{2T}\left(1-\frac{|\tau|}{2T}\right)C_X(\tau)\mathrm{d}\tau=0 \tag{3-51}$$

例 3.14　设随机信号 $X(t)=A\cos(\omega t+\Theta)$，式中 A、ω、Θ 为统计独立的随机变量，且 A 的均值为 2，方差为 4；ω 在$[-5,5]$上均匀分布；Θ 在$[-\pi,\pi]$上均匀分布。

问：$X(t)$是否广义平稳？是否均值各态历经？

解　$X(t)$的均值为

$$\begin{aligned}E[X(t)]&=E[A\cos(\omega t+\Theta)]\\&=E[A]\cdot E[\cos\omega t\cos\Theta-\sin\omega t\sin\Theta]\\&=2\cdot 0\\&=0\end{aligned}$$

$X(t)$的自相关函数为

$$\begin{aligned}R_X(t,t+\tau)&=E[X(t)X(t+\tau)]\\&=E[A^2\cos(\omega t+\Theta)\cos(\omega t+\omega\tau+\Theta)]\\&=E[A^2]\cdot\frac{1}{2}E[\cos\omega\tau+\cos(2\omega t+\omega\tau+2\Theta)]\\&=4E[\cos\omega\tau]\\&=R_X(\tau)\end{aligned}$$

因为 $E[X^2(t)]=R_X(0)=4<\infty$，所以 $X(t)$是广义平稳的。

由于

$$R_X(\tau)=4E[\cos\omega\tau]=4\int_{-5}^{5}\cos\omega\tau\cdot\frac{1}{10}\mathrm{d}\omega=4\frac{\sin 5\tau}{5\tau}$$

根据

$$C_X(\tau)=R_X(\tau)-m_X^2=R_X(\tau)=4\frac{\sin 5\tau}{5\tau}$$

利用式(3-49)，由 $C_X(0)=4<\infty$，$C_X(\infty)=0$，可以推出随机信号 $X(t)$ 具有均值各态历经性。

3.3.3 自相关函数各态历经性

1. 自相关函数各态历经性的定义

对于二阶平稳随机信号 $X(t)$，若

$$\overline{R}_X(\tau)=\overline{X(t)X(t+\tau)}=E[X(t)X(t+\tau)]=R_X(\tau) \tag{3-52}$$

以概率1成立，则称随机信号 $X(t)$ 的自相关函数具有各态历经性。上式的时间平均自相关函数定义为

$$\overline{R}_X(\tau)=\overline{X(t)X(t+\tau)}=\lim_{T\to\infty}\frac{1}{2T}\int_{-T}^{T}X(t)X(t+\tau)\mathrm{d}t \tag{3-53}$$

若 $\tau=0$ 时，$\overline{X(t)X(t)}=E[X^2(t)]=R_X(0)$ 成立，则称 $X(t)$ 的均方值具有各态历经性。

例 3.15 设通信系统中的随机信号 $X(t)=S(t)\cos(\omega_0 t+\Theta)$，其中 $S(t)$ 为平稳随机信号且具有自相关函数各态历经性，ω_0 为常数，Θ 为在 $[-\pi,\pi]$ 上均匀分布的随机变量且与 $S(t)$ 统计独立，试讨论随机信号 $X(t)$ 的自相关函数是否具有各态历经性。

解 $X(t)$ 的统计平均自相关函数为

$$\begin{aligned}R_X(t,t+\tau)&=E[X(t)X(t+\tau)]\\&=E[S(t)S(t+\tau)\cos(\omega_0 t+\Theta)\cos(\omega_0 t+\omega_0\tau+\Theta)]\\&=R_S(\tau)\cdot E[\cos(\omega_0 t+\Theta)\cos(\omega_0 t+\omega_0\tau+\Theta)]\\&=R_S(\tau)\cdot\frac{1}{2}E[\cos\omega_0\tau+\cos(2\omega_0 t+\omega_0\tau+2\Theta)]\\&=\frac{1}{2}R_S(\tau)\cos\omega_0\tau\end{aligned}$$

$X(t)$ 的时间平均自相关函数为

$$\begin{aligned}\overline{R}_X(\tau)&=\overline{X(t)X(t+\tau)}\\&=\overline{S(t)S(t+\tau)\cos(\omega_0 t+\Theta)\cos(\omega_0 t+\omega_0\tau+\Theta)}\\&=\overline{S(t)S(t+\tau)}\cdot\overline{\cos(\omega_0 t+\Theta)\cos(\omega_0 t+\omega_0\tau+\Theta)}\\&=R_S(\tau)\cdot\frac{1}{2}\overline{\cos\omega_0\tau+\cos(2\omega_0 t+\omega_0\tau+2\Theta)}\\&=\frac{1}{2}R_S(\tau)\cos\omega_0\tau\end{aligned}$$

由以上可得

$$E[X(t)X(t+\tau)]=\overline{X(t)X(t+\tau)}$$

所以，随机信号 $X(t)$ 的自相关函数具有各态历经性。

2. 判断自相关函数各态历经性的定理

若随机信号 $X(t)$ 广义平稳，自相关函数为 $R_X(\tau)$，则它为各态历经性的充要条件是

$$\lim_{T\to\infty}\frac{1}{T}\int_0^{2T}\left(1-\frac{u}{2T}\right)[R_{Z_\tau}(u)-R_X^2(\tau)]\mathrm{d}u=0 \tag{3-54}$$

式中，$Z_\tau(t)=X(t)X(t+\tau)$。

可以证明，若 $X(t)$ 是零均值高斯信号，则它为各态历经性的充要条件是

$$\int_0^{\infty} |R_X(\tau)| \mathrm{d}\tau < \infty \tag{3-55}$$

3.3.4　随机信号的广义各态历经性

1. 广义各态历经性的定义

若随机信号 $X(t)$ 是广义平稳的，且 $X(t)$ 的均值和自相关函数都具有各态历经性，则称 $X(t)$ 是广义各态历经性信号。

由定义可见，广义各态历经信号必然是广义平稳信号，而广义平稳信号不一定为各态历经信号。

一般情况下，随机信号的统计平均为时间 t 的函数，自相关函数为时间起点 t 与间隔 τ 的二维函数；时间平均均值是随机变量，时间平均自相关函数为随机信号，因此，时间平均均值和时间平均自相关函数无法代表整个随机信号的统计特性。

平稳随机信号的数学期望为常数，自相关函数为时间间隔 τ 的一维函数；因为每个样本的时间均值都为常数，所以样本集合的时间平均均值为随机变量，时间平均自相关函数为随机信号。

进一步地有，各态历经性的随机信号时间平均均值为常数，时间平均自相关函数为时间 τ 的确定函数。表 3－2 总结了各种随机信号的统计特性。

表 3－2　各种随机信号的统计特性

	一般随机信号	平稳随机信号	各态历经性随机信号
统计平均均值	$m_X(t)$ 为时间函数	m_X 为常数	m_X 为常数
统计平均自相关函数	$R_X(t, t+\tau)$ 为二维函数	$R_X(\tau)$ 为一维函数	$R_X(\tau)$ 为一维函数
时间平均均值	$\overline{X(t)}$ 为随机变量	$\overline{X(t)}$ 为随机变量	$\overline{X(t)}$ 为常数
时间平均自相关函数	$\overline{X(t)X(t+\tau)}$ 为随机信号	$\overline{X(t)X(t+\tau)}$ 为随机信号	$\overline{X(t)X(t+\tau)}$ 为确定时间函数

例 3.16　讨论随机相位信号 $X(t)=a\cos(\omega_0 t+\Theta)$ 的各态历经性。其中 a、ω_0 为常数，Θ 是在 $[0, 2\pi]$ 上均匀分布的随机变量。

解　由例 3.2 知，$X(t)$ 是平稳随机信号，且满足

$$m_X = E[X(t)] = 0$$

$$R_X(\tau) = E[X(t)X(t+\tau)] = \frac{a^2}{2}\cos\omega_0\tau$$

如果其均值和自相关函数满足式(3－47)和式(3－52)，则 $X(t)$ 是广义各态历经信号。$X(t)$ 的时间平均均值为

$$\begin{aligned}\overline{X(t)} &= \lim_{T\to\infty}\frac{1}{2T}\int_{-T}^{T} X(t)\mathrm{d}t \\ &= \lim_{T\to\infty}\frac{1}{2T}\int_{-T}^{T} a\cos(\omega_0 t+\Theta)\mathrm{d}t \\ &= \lim_{T\to\infty}\frac{a\cos\theta}{\omega_0 T}\sin\omega_0 T = 0\end{aligned}$$

$X(t)$的时间平均自相关函数为

$$\overline{X(t)X(t+\tau)} = \lim_{T\to\infty}\frac{1}{2T}\int_{-T}^{T}X(t)X(t+\tau)\mathrm{d}t$$
$$= \lim_{T\to\infty}\frac{1}{2T}\int_{-T}^{T}a^2\cos(\omega_0 t+\Theta)\cos(\omega_0 t+\omega_0\tau+\Theta)\mathrm{d}t$$
$$= \frac{a^2}{2}\cos\omega_0\tau$$

可见，随机信号 $X(t)$的时间平均均值和自相关函数满足

$$E[X(t)] = \overline{X(t)} = 0$$

$$R_X(\tau) = \overline{X(t)X(t+\tau)} = \frac{a^2}{2}\cos\omega_0\tau$$

所以，$X(t)$是各态历经信号。

2. 联合广义各态历经性

随机信号 $X(t)$和 $Y(t)$均为广义各态历经信号，且它们的时间平均互相关函数等于统计平均互相关函数，即有

$$\overline{R}_{XY}(t, t+\tau) = \overline{X(t)Y(t+\tau)}$$
$$= \lim_{T\to\infty}\frac{1}{2T}\int_{-T}^{T}X(t)Y(t+\tau)\mathrm{d}t$$
$$= E[X(t)Y(t+\tau)]$$
$$= R_{XY}(\tau) \tag{3-56}$$

或者

$$\overline{R}_{YX}(\tau) = \overline{Y(t)X(t+\tau)}$$
$$= \lim_{T\to\infty}\frac{1}{2T}\int_{-T}^{T}Y(t)X(t+\tau)\mathrm{d}t$$
$$= E[Y(t)X(t+\tau)]$$
$$= R_{YX}(\tau) \tag{3-57}$$

由定义可知，联合广义各态历经的两个信号必然是联合广义平稳的，但联合广义平稳的两个信号不一定为广义各态历经信号。

例 3.17　随机信号 $X(t)$和 $Y(t)$是联合广义各态历经的，试分析 $Z(t)=aX(t)+bY(t)$的广义各态历经性，其中 a 与 b 是常数。

解　$X(t)$和 $Y(t)$分别为广义各态历经的，且为联合广义平稳。

$Z(t)$的统计平均均值和自相关函数为

$$E[Z(t)] = E[aX(t)+bY(t)] = aE[X(t)]+bE[Y(t)] = am_X+bm_Y$$

为常数。

$$E[Z(t)Z(t+\tau)] = E\{[aX(t)+bY(t)][aX(t+\tau)+bY(t+\tau)]\}$$
$$= a^2E[X(t)X(t+\tau)]+b^2E[Y(t)Y(t+\tau)]$$
$$+abE[X(t)Y(t+\tau)]+baE[Y(t)X(t+\tau)]$$
$$= a^2R_X(\tau)+b^2R_Y(\tau)+abR_{XY}(\tau)+baR_{YX}(\tau)$$

则 $Z(t)$为广义平稳的。

$Z(t)$的时间平均均值和自相关函数为

$$\begin{aligned}\overline{Z(t)} &= \overline{aX(t)+bY(t)}\\ &= a\overline{X(t)}+b\overline{Y(t)}\\ &= aE[X(t)]+bE[Y(t)]\\ &= am_X+bm_Y\end{aligned}$$

为常数，则 $Z(t)$为均值各态历经的。

$$\begin{aligned}\overline{Z(t)Z(t+\tau)} &= \overline{[aX(t)+bY(t)][aX(t+\tau)+bY(t+\tau)]}\\ &= a^2\overline{X(t)X(t+\tau)}+b^2\overline{Y(t)Y(t+\tau)}+\\ &\quad ab\overline{X(t)Y(t+\tau)}+ba\overline{Y(t)X(t+\tau)}\\ &= a^2R_X(\tau)+b^2R_Y(\tau)+abR_{XY}(\tau)+baR_{YX}(\tau)\end{aligned}$$

则 $Z(t)$为自相关函数各态历经的。

综上所述，$Z(t)$是广义各态历经信号。

3.3.5　意义及应用

1. 随机信号各态历经性的实际意义

一般随机信号，其时间平均是随机变量。对各态历经性信号而言，其时间平均等于其统计平均，是一个非随机的确定量。各态历经性随机信号中各样本函数的时间平均都等于随机信号的统计平均。这样，对于各态历经性随机信号 $X(t)$，可以直接用它的一个样本函数 $x(t)$的时间平均来代替对整个随机信号统计平均的研究，故有

$$E[X(t)]=\lim_{T\to\infty}\frac{1}{2T}\int_{-T}^{T}x(t)\mathrm{d}t \tag{3-58}$$

$$R_X(\tau)=\lim_{T\to\infty}\frac{1}{2T}\int_{-T}^{T}x(t)x(t+\tau)\mathrm{d}t \tag{3-59}$$

这样给解决许多实际问题带来很大的方便。在随机信号的实际应用中，中心问题是由实际样本数据探测信号的统计特性，完成这一工作的理论基础是信号的各态历经性理论。

2. 各态历经性信号数字特征的工程应用

在电子技术中，代表噪声电压(或电流)的各态历经性随机信号 $X(t)$其数字特征的物理意义如下：

(1) $\overline{X(t)}$为信号直流分量幅度；m_X^2为信号消耗在 1 Ω 电阻上的直流功率。其中

$$\overline{X(t)}=\lim_{T\to\infty}\frac{1}{2T}\int_{-T}^{T}X(t)\mathrm{d}t=E[X(t)]=m_X \tag{3-60}$$

(2) σ_X^2为信号消耗在 1 Ω 电阻上的交流平均功率，其中

$$\sigma_X^2=D[X(t)]=\lim_{T\to\infty}\frac{1}{2T}\int_{-T}^{T}[X(t)-m_X]^2\mathrm{d}t \tag{3-61}$$

(3) $E[X^2(t)]$为信号消耗在 1 Ω 电阻上的总平均功率，其中

$$E[X^2(t)]=\lim_{T\to\infty}\frac{1}{2T}\int_{-T}^{T}X^2(t)\mathrm{d}t=R_X(0) \tag{3-62}$$

例 3.18　调幅信号 $X(t)=[A_0+m(t)]\cos\omega_0 t$，其中 A_0、ω_0为常数，$m(t)$为交流信号，且 $X(t)$、$m(t)$为广义各态历经信号，试求该调幅信号 $X(t)$的直流分量以及总平均功率。

解 $m(t)$为交流信号且各态历经，则$\overline{m(t)}=0$。

因为 $X(t)$具有各态历经性，所以 $X(t)$的直流分量为

$$\begin{aligned}\overline{X(t)} &= \overline{[A_0+m(t)]\cos\omega_0 t}\\ &= \overline{A_0\cos\omega_0 t}+\overline{m(t)\cos\omega_0 t}\\ &= 0\end{aligned}$$

$X(t)$的总平均功率为

$$\begin{aligned}\overline{P_X} &= \overline{[A_0+m(t)]^2\cos^2\omega_0 t}\\ &= \overline{A_0^2\cos^2\omega_0 t}+\overline{m^2(t)\cos^2\omega_0 t}+2\,\overline{m(t)A_0\cos^2\omega_0 t}\\ &= \frac{A_0^2}{2}+\frac{\overline{m^2(t)}}{2}\end{aligned}$$

习 题 三

1. 已知随机信号 $X(t)=10\sin(\omega_0 t+\Theta)$，$\omega_0$为确定常数，$\Theta$是在$[-\pi, \pi]$上均匀分布的随机变量。求：(1) $X(t)$的均值；(2) $X(t)$的自相关函数；(3) $X(t)$的广义平稳性。

2. 设有两个随机信号 $X(t)=\cos(\omega_0 t+\Theta)$，$Y(t)=\sin(\omega_0 t+\Theta)$，式中 ω_0 为常量，Θ 是在$[0, 2\pi]$上均匀分布的随机变量。试讨论这两个随机信号是否联合广义平稳，它们是否相关、正交和统计独立。

3. 平稳随机信号 $X(t)$的自相关函数为$R_X(\tau)=4e^{-|\tau|}$，求其相关时间 τ_0。

4. 已知各态历经信号 $X(t)$的数学期望为 1，平均总功率为 3/2，判断 $x_1(t)=1+\cos2\omega_0 t$ 和 $x_2(t)=\cos(\omega_0 t+\pi/2)$两个函数是否可能为 $X(t)$的样本函数。

5. 设接收机中频放大器的输出随机信号为 $X(t)=S(t)+N(t)$，其中 $N(t)$是均值为零、方差为σ_n^2的平稳高斯噪声，而 $S(t)=\cos(\omega_0 t+\theta_0)$为确知信号。求随机信号 $X(t)$在任一时刻 t_1的一维概率密度，并判别 $X(t)$是否平稳。

6. 设 $X(t)$与 $Y(t)$是统计独立的平稳随机信号。求证由它们的乘积构成的随机信号 $Z(t)=X(t)Y(t)$也是平稳的。

7. 已知平稳信号 $X(t)$的自相关函数为$R_X(\tau)=25+\dfrac{4}{1+5\tau^2}$，求 $X(t)$的均值和方差。

8. 设随机信号 $Z(t)=X(t)\cos\omega_0 t-Y(t)\sin\omega_0 t$，其中 ω_0 为常数，$X(t)$、$Y(t)$为联合平稳随机信号。

(1) 试求 $Z(t)$的自相关函数 $R_Z(t, t+\tau)$；

(2) 若 $R_X(\tau)=R_Y(\tau)$，$R_{XY}(\tau)=0$，求 $R_Z(t, t+\tau)$。

9. 设 $X(t)$是雷达发射信号，遇到目标后返回接收机的微弱信号为 $aX(t-t_0)$，式中 $a\leqslant1$，t_0是信号返回时间。由于接收到的信号总是伴随着噪声 $N(t)$，于是接收到的信号为 $Y(t)=aX(t-t_0)+N(t)$。

(1) 若 $X(t)$与 $Y(t)$是联合平稳信号，求互相关函数 $R_{XY}(\tau)$；

(2) 在(1)的条件下，假如 $N(t)$为零均值，且与 $X(t)$统计独立，求 $R_{XY}(\tau)$。

10. 已知随机信号 $X(t)=A\cos(\Omega t+\Theta)$，其中 A 是数学期望为零、方差为 2 的高斯随机变量，Ω 和 Θ 分别是在$[-2, 2]$和$[-\pi, \pi]$上均匀分布的随机变量，A、Ω、Θ 统计独

立。求 $X(t)$的数学期望、自相关函数，并判断 $X(t)$是否广义平稳、各态历经。

11. 已知随机信号 $X(t)=A\sin t+B\cos t$，式中，A 与 B 为彼此独立的零均值随机变量。求证 $X(t)$是均值各态历经的，而 $X^2(t)$无均值各态历经性。

12. 已知随机信号 $X(t)=A\cos(\omega_0 t+\Theta)$，其中随机相位 Θ 服从$[0, 2\pi]$上的均匀分布，A 可能为常数，也可能为随机变量，且若 A 为随机变量时，它和随机变量 Θ 统计独立。求当 A 具备什么条件时，该信号各态历经。

第四章 随机信号的频域分析

前面章节研究了随机信号的统计特性，主要包括分布函数、概率密度、均值、方差和相关函数等，这些统计特性都是从信号时域的角度进行分析的。对于确知信号，既可以从时域分析其时域波形特点，也可以从频域分析其频谱结构，两者之间存在确定的傅里叶变换关系。随机信号与确知信号都具有信号的特性，因此分析确知信号的频域方法是否适用于对随机信号的分析，随机信号是否也存在谱的概念，傅里叶变换是否能应用于随机信号，这些都是需要深入讨论的。

本章着重解决上述几个问题，首先回顾确知信号的分类及频域分析方法，通过研究确知信号频域分析的条件，为随机信号频域分析的可行性提供依据，从而为上面的问题找到答案。

4.1 确知信号分析

4.1.1 确知信号的类型

对于确知信号，根据能量是否有限，可将其分为能量信号和功率信号两类。在通信理论中，通常把信号功率定义为电流或电压信号在单位电阻(1 Ω)上消耗的功率，即归一化功率 P。因此，功率就等于电流或电压的平方：

$$P=\frac{V^2}{R}=I^2R=V^2=I^2\quad(\mathrm{W})\tag{4-1}$$

假定确知实信号 $s(t)$代表信号电压或电流的时间波形，这时，信号能量 E 就是信号瞬时功率的积分：

$$E=\int_{-\infty}^{+\infty}P\mathrm{d}t=\int_{-\infty}^{+\infty}s^2(t)\mathrm{d}t\quad(\mathrm{J})\tag{4-2}$$

若信号 $s(t)$的能量是一个正的有限值，即

$$0<E=\int_{-\infty}^{+\infty}s^2(t)\mathrm{d}t<\infty\tag{4-3}$$

则称此信号为能量信号。数字通信中所遇到的数字信号的一个码元就是典型的能量信号。

现在，我们将信号的平均功率 P 定义为

$$P=\overline{s^2(t)}=\lim_{T\to\infty}\frac{1}{2T}\int_{-T}^{T}s^2(t)\mathrm{d}t\quad(\mathrm{W})\tag{4-4}$$

实际通信系统中所遇到信号都具有有限的功率和有限的持续时间，因而也具有有限的能量。但是，若信号的持续时间非常长，例如广播信号，则可以近似认为它具有无限长的持续时间。此时，认为式(4-4)定义的信号平均功率是一个有限的正值，但是其能量近似

等于无穷大。我们把这种信号称为功率信号。

上面的分析表明，确知信号可以分成两类：

(1) 能量信号：其能量等于一个有限正值，但平均功率为零，即

$$0 < E < \infty, \quad 且 \quad P \to 0 \tag{4-5}$$

(2) 功率信号：其平均功率等于一个有限正值，但能量为无穷大，即

$$E \to \infty, \quad 且 \quad 0 < P < \infty \tag{4-6}$$

由于随机信号样本函数的持续时间无限长，即 $E \to \infty$，但它们的平均功率却是有限的，所以随机信号的样本函数为功率信号，即随机信号为功率信号。

4.1.2　确知信号的自相关函数与互相关函数

确知信号与随机信号类似，在时域中也有自相关函数和互相关函数。下面介绍其定义和基本性质。

1. 能量信号的自相关函数

能量信号 $s(t)$ 的自相关函数的定义为

$$R_s(\tau) = \int_{-\infty}^{+\infty} s(t)s(t+\tau)\mathrm{d}t, \; -\infty < \tau < +\infty \tag{4-7}$$

自相关函数反映了一个信号与时间延迟 τ 后的同一信号间的相关程度。自相关函数 $R_s(\tau)$ 与时间 t 无关，只和时间差 τ 有关。当 $\tau=0$ 时，能量信号的自相关函数 $R_s(0)$ 等于信号的能量 E：

$$R_s(0) = \int_{-\infty}^{+\infty} s^2(t)\mathrm{d}t = E \tag{4-8}$$

很容易证明，$R_s(\tau)$ 是 τ 的偶函数，即

$$R_s(\tau) = R_s(-\tau) \tag{4-9}$$

2. 功率信号的自相关函数

功率信号 $s(t)$ 的自相关函数的定义为

$$R_s(\tau) = \overline{s(t)s(t+\tau)} = \lim_{T\to\infty} \frac{1}{2T}\int_{-T}^{T} s(t)s(t+\tau)\mathrm{d}t, \; -\infty < \tau < +\infty \tag{4-10}$$

当 $\tau=0$ 时，功率信号的自相关函数 $R_s(0)$ 等于信号的平均功率 P：

$$R_s(0) = \overline{s^2(t)} = \lim_{T\to\infty} \frac{1}{2T}\int_{-T}^{T} s^2(t)\mathrm{d}t = P \tag{4-11}$$

同能量信号的自相关函数类似，功率信号的自相关函数也是偶函数。

对于周期性信号，自相关函数的定义可以改写为

$$R_s(\tau) = \frac{1}{T_0}\int_{-T_0/2}^{T_0/2} s(t)s(t+\tau)\mathrm{d}t, \; -\infty < \tau < +\infty \tag{4-12}$$

式中，T_0 为周期信号的周期。

3. 能量信号的互相关函数

两个能量信号 $s_1(t)$ 和 $s_2(t)$ 的互相关函数的定义为

$$R_{s_1 s_2}(\tau) = \int_{-\infty}^{+\infty} s_1(t)s_2(t+\tau)\mathrm{d}t, \; -\infty < \tau < +\infty \tag{4-13}$$

由式(4-13)看出，互相关函数反映了一个信号和延迟 τ 后的另一个信号间相关联的

程度。互相关函数 $R_{s_1s_2}(\tau)$ 和时间 t 无关，只和时间差 τ 有关。

需要注意的是，互相关函数和两个信号相乘的前后次序有关，容易证明：

$$R_{s_2s_1}(\tau)=R_{s_1s_2}(-\tau) \tag{4-14}$$

4. 功率信号的互相关函数

两个功率信号 $s_1(t)$ 和 $s_2(t)$ 的互相关函数定义为

$$R_{s_1s_2}(\tau)=\overline{s_1(t)s_2(t+\tau)}=\lim_{T\to\infty}\frac{1}{2T}\int_{-T}^{T}s_1(t)s_2(t+\tau)\mathrm{d}t,\ -\infty<\tau<+\infty \tag{4-15}$$

同样，功率信号的互相关函数 $R_{s_1s_2}(\tau)$ 和时间 t 无关，只和时间差 τ 有关，并且互相关函数和两个信号相乘的前后次序有关，同样满足式(4-14)。

若两个周期性功率信号的周期相同且都为 T_0，则其互相关函数的定义可以写为

$$R_{s_1s_2}(\tau)=\frac{1}{T_0}\int_{-T_0/2}^{T_0/2}s_1(t)s_2(t+\tau)\mathrm{d}t,\ -\infty<\tau<+\infty \tag{4-16}$$

4.1.3 能量信号的能量谱

1. 傅里叶变换的定义

设能量信号 $s(t)$ 是时间 t 的非周期实函数，其傅里叶变换存在的条件是：

(1) $s(t)$ 在 $(-\infty,+\infty)$ 范围内满足狄利克利条件(只有有限间断点)；

(2) $\int_{-\infty}^{+\infty}|s(t)|\mathrm{d}t<\infty$(绝对可积)的等价条件为 $\int_{-\infty}^{+\infty}|s(t)|^2\mathrm{d}t<\infty$(信号 $s(t)$ 的总能量有限)。若 $s(t)$ 满足上述条件，则傅里叶变换对存在，有

频谱(正变换)：

$$S(\omega)=\int_{-\infty}^{+\infty}s(t)\mathrm{e}^{-\mathrm{j}\omega t}\mathrm{d}t \quad 或 \quad S(f)=\int_{-\infty}^{+\infty}s(t)\mathrm{e}^{-\mathrm{j}2\pi ft}\mathrm{d}t \tag{4-17}$$

信号(反变换)：

$$s(t)=\frac{1}{2\pi}\int_{-\infty}^{+\infty}S(\omega)\mathrm{e}^{\mathrm{j}\omega t}\mathrm{d}\omega \quad 或 \quad s(t)=\int_{-\infty}^{+\infty}S(f)\mathrm{e}^{\mathrm{j}2\pi ft}\mathrm{d}f \tag{4-18}$$

2. 能量信号的能量谱

对于上述实能量信号 $s(t)$，由傅里叶变换对可得

$$\begin{aligned}E&=\int_{-\infty}^{+\infty}[s(t)]^2\mathrm{d}t\\&=\int_{-\infty}^{+\infty}s(t)\cdot s(t)\mathrm{d}t\\&=\int_{-\infty}^{+\infty}s(t)\cdot\left[\frac{1}{2\pi}\int_{-\infty}^{+\infty}S(\omega)\mathrm{e}^{\mathrm{j}\omega t}\mathrm{d}\omega\right]\mathrm{d}t\\&=\frac{1}{2\pi}\int_{-\infty}^{+\infty}S(\omega)\cdot\left[\int_{-\infty}^{+\infty}s(t)\mathrm{e}^{\mathrm{j}\omega t}\mathrm{d}t\right]\mathrm{d}\omega\\&=\frac{1}{2\pi}\int_{-\infty}^{+\infty}S(\omega)S^*(\omega)\mathrm{d}\omega\\&=\frac{1}{2\pi}\int_{-\infty}^{+\infty}|S(\omega)|^2\mathrm{d}\omega\end{aligned} \tag{4-19}$$

符合帕斯瓦尔能量守恒定理，即

$$E=\int_{-\infty}^{+\infty}s^2(t)\mathrm{d}t=\frac{1}{2\pi}\int_{-\infty}^{+\infty}|S(\omega)|^2\mathrm{d}\omega=\int_{-\infty}^{+\infty}|S(f)|^2\mathrm{d}f \tag{4-20}$$

式(4-20)表示$|S(f)|^2$在频率轴f上的积分等于信号的能量，所以称$|S(f)|^2$为能量谱密度，简称能量谱。它表示在频率f处宽度为$\mathrm{d}f$的频带内的信号能量，或者可看作是单位频带内的信号能量。

因此，定义

$$E(\omega)=|S(\omega)|^2\quad(\mathrm{J/rad\cdot s^{-1}}) \tag{4-21}$$

或者

$$E(f)=|S(f)|^2\quad(\mathrm{J/Hz}) \tag{4-22}$$

为能量信号的能量谱密度。

所以，式(4-20)可写成

$$E=\int_{-\infty}^{+\infty}s^2(t)\mathrm{d}t=\frac{1}{2\pi}\int_{-\infty}^{+\infty}E(\omega)\mathrm{d}\omega=\int_{-\infty}^{+\infty}E(f)\mathrm{d}f \tag{4-23}$$

3. 能量谱与相关函数

能量信号的自相关函数和其能量谱密度之间有着一定对应关系。对能量信号$s(t)$的自相关函数$R_s(\tau)$进行傅里叶变换，即

$$\begin{aligned}\int_{-\infty}^{+\infty}R_s(\tau)\mathrm{e}^{-\mathrm{j}\omega\tau}\mathrm{d}\tau&=\int_{-\infty}^{+\infty}\left[\int_{-\infty}^{+\infty}s(t)s(t+\tau)\mathrm{d}t\right]\mathrm{e}^{-\mathrm{j}\omega\tau}\mathrm{d}\tau\\&=\int_{-\infty}^{+\infty}s(t)\mathrm{d}t\left[\int_{-\infty}^{+\infty}s(t+\tau)\mathrm{e}^{-\mathrm{j}\omega(t+\tau)}\mathrm{d}(t+\tau)\right]\mathrm{e}^{+\mathrm{j}\omega t}\end{aligned} \tag{4-24}$$

令$t'=t+\tau$，代入式(4-24)，得到

$$\begin{aligned}\int_{-\infty}^{+\infty}R_s(\tau)\mathrm{e}^{-\mathrm{j}\omega\tau}\mathrm{d}\tau&=\int_{-\infty}^{+\infty}s(t)\mathrm{d}t\left[\int_{-\infty}^{+\infty}s(t')\mathrm{e}^{-\mathrm{j}\omega t'}\mathrm{d}(t')\right]\mathrm{e}^{+\mathrm{j}\omega t}\\&=S(\omega)\cdot\int_{-\infty}^{+\infty}s(t)\mathrm{e}^{+\mathrm{j}\omega t}\mathrm{d}t\\&=S(\omega)\cdot S(-\omega)\\&=|S(\omega)|^2\\&=E(\omega)\end{aligned} \tag{4-25}$$

由式(4-25)可以得出：能量信号的自相关函数的傅里叶变换就是其能量谱密度。反之，能量信号的能量谱密度的傅里叶逆变换就是能量信号的自相关函数，即

$$R_s(\tau)=\frac{1}{2\pi}\int_{-\infty}^{+\infty}E(\omega)\mathrm{e}^{\mathrm{j}\omega\tau}\mathrm{d}\omega=\frac{1}{2\pi}\int_{-\infty}^{+\infty}|S(\omega)|^2\mathrm{e}^{\mathrm{j}\omega\tau}\mathrm{d}\omega \tag{4-26}$$

因此，能量信号的自相关函数$R_s(\tau)$与其能量谱密度$E(\omega)$构成一对傅里叶变换。

同样，两个能量信号的互相关函数$R_{s_1s_2}(\tau)$与其互能量谱密度$E_{s_1s_2}(\omega)$也构成一对傅里叶变换，即满足：

$$E_{s_1s_2}(\omega)=\int_{-\infty}^{+\infty}R_{s_1s_2}(\tau)\mathrm{e}^{-\mathrm{j}\omega\tau}\mathrm{d}\tau=S_1^*(\omega)S_2(\omega) \tag{4-27}$$

$$R_{s_1s_2}(\tau)=\frac{1}{2\pi}\int_{-\infty}^{+\infty}E_{s_1s_2}(\omega)\mathrm{e}^{\mathrm{j}\omega\tau}\mathrm{d}\omega \tag{4-28}$$

4.1.4　功率信号的功率谱

1. 非周期性功率信号的功率谱密度

由于功率信号具有无穷大的能量，式(4-2)的积分不存在，所以不能计算功率信号的能量谱密度。但是，我们可以求出它的功率谱密度。为此，首先将功率信号 $s(t)$截短为长度等于 $2T$ 的一个截短信号 $s_T(t)$，如图 4-1 所示。

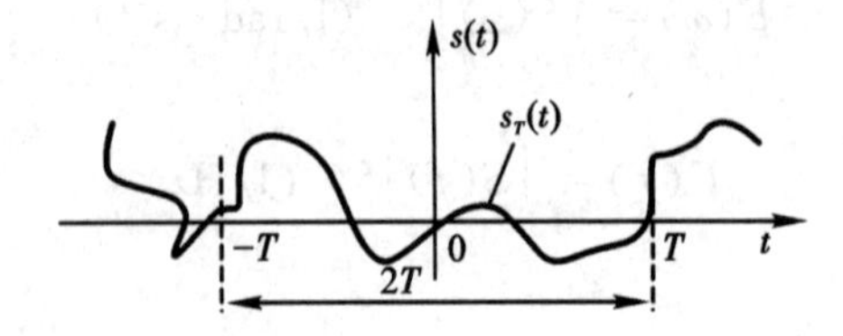

图 4-1　截短信号示意图

截短信号 $s_T(t)$可表示为

$$s_T(t)=\begin{cases}s(t), & -T<t<T\\ 0, & 其他\end{cases}\tag{4-29}$$

显然，截短信号 $s_T(t)$是持续时间有限长的能量信号，可以利用傅里叶变换求出其能量谱密度$|S_T(\omega)|^2$或者$|S_T(f)|^2$，并由帕斯瓦尔能量守恒定理有

$$E=\int_{-T}^{T}s_T^2(t)\mathrm{d}t=\frac{1}{2\pi}\int_{-\infty}^{+\infty}|S_T(\omega)|^2\mathrm{d}\omega=\int_{-\infty}^{+\infty}|S_T(f)|^2\mathrm{d}f\tag{4-30}$$

式中，$S_T(\omega)$或 $S_T(f)$为截短信号 $s_T(t)$的傅里叶变换，即其频谱。

于是，我们定义整个功率信号 $s(t)$的功率谱密度 $P_s(\omega)$为

$$P_s(\omega)=\lim_{T\to\infty}\frac{1}{2T}|S_T(\omega)|^2\tag{4-31}$$

信号功率为

$$P=\frac{1}{2\pi}\int_{-\infty}^{+\infty}P_s(\omega)\mathrm{d}\omega\tag{4-32}$$

结合公式(4-4)，得出

$$P=\lim_{T\to\infty}\frac{1}{2T}\int_{-T}^{T}s^2(t)\mathrm{d}t=\frac{1}{2\pi}\int_{-\infty}^{+\infty}P_s(\omega)\mathrm{d}\omega\tag{4-33}$$

式(4-33)也称为帕斯瓦尔功率守恒定理。

2. 周期性功率信号的功率谱密度

如果功率信号 $s(t)$具有周期性，其周期为 T_0，并且利用傅里叶级数代替傅里叶变换，求出信号的频谱。此时，式(4-4)变成

$$P=\lim_{T\to\infty}\frac{1}{2T}\int_{-T}^{T}s^2(t)\mathrm{d}t=\frac{1}{T_0}\int_{-\frac{T_0}{2}}^{\frac{T_0}{2}}s^2(t)\mathrm{d}t\tag{4-34}$$

根据周期信号的帕斯瓦尔定理有

$$P=\frac{1}{T_0}\int_{-\frac{T_0}{2}}^{\frac{T_0}{2}}s^2(t)\mathrm{d}t=\sum_{n=-\infty}^{\infty}|C_n|^2\tag{4-35}$$

其中，C_n为此周期信号 $s(t)$的傅里叶级数的系数，即

$$C_n = C(n\omega_0) = \frac{1}{T_0}\int_{-T_0/2}^{T_0/2} s(t)\mathrm{e}^{-\mathrm{j}n\omega_0 t}\mathrm{d}t \tag{4-36}$$

式中，$\omega_0 = 2\pi/T_0$为此信号的基波频率，C_n是此信号的第 n 次谐波(其频率为 $n\omega_0$)的振幅，$|C_n|^2$为第 n 次谐波的功率，显然，周期信号的功率谱是离散的。

若我们仍希望用连续的功率谱密度来表示周期信号的功率，可以引入 δ 函数将式(4-35)表示为

$$P = \frac{1}{T_0}\int_{-\frac{T_0}{2}}^{\frac{T_0}{2}} s^2(t)\mathrm{d}t = \int_{-\infty}^{+\infty}\frac{1}{2\pi}\sum_{n=-\infty}^{\infty}|C_n|^2\delta(\omega - n\omega_0)\mathrm{d}\omega \tag{4-37}$$

因此，定义周期信号 $s(t)$的功率谱密度为

$$P_s(\omega) = \frac{1}{2\pi}\sum_{n=-\infty}^{\infty}|C_n|^2\delta(\omega - n\omega_0) \tag{4-38}$$

3. 功率谱与相关函数

对于周期性功率信号 $s(t)$，其自相关函数 $R_s(\tau)$与其功率谱密度 $P_s(\omega)$之间是傅里叶变换关系，即 $P_s(\omega)$的傅里叶逆变换是 $R_s(\tau)$，而 $R_s(\tau)$的傅里叶变换是功率谱密度 $P_s(\omega)$，满足：

$$P_s(\omega) = \int_{-\infty}^{+\infty} R_s(\tau)\mathrm{e}^{-\mathrm{j}\omega\tau}\mathrm{d}\tau \tag{4-39}$$

$$R_s(\tau) = \frac{1}{2\pi}\int_{-\infty}^{+\infty} P_s(\omega)\mathrm{e}^{\mathrm{j}\omega\tau}\mathrm{d}\omega \tag{4-40}$$

同样，功率信号的互相关函数 $R_{s_1 s_2}(\tau)$与其互功率谱密度 $P_{s_1 s_2}(\omega)$之间也是傅里叶变换关系，即满足：

$$P_{s_1 s_2}(\omega) = \int_{-\infty}^{+\infty} R_{s_1 s_2}(\tau)\mathrm{e}^{-\mathrm{j}\omega\tau}\mathrm{d}\tau \tag{4-41}$$

$$R_{s_1 s_2}(\tau) = \frac{1}{2\pi}\int_{-\infty}^{+\infty} P_{s_1 s_2}(\omega)\mathrm{e}^{\mathrm{j}\omega\tau}\mathrm{d}\omega \tag{4-42}$$

4.2　随机信号的功率谱密度

一个确定信号在满足狄利克利条件且绝对可积的情况下，可以利用傅里叶变换获得其能量谱或者功率谱。一般情况下随机信号的能量是无限的，但其平均功率是有限的，所以随机信号是典型的功率信号，因此，仍然可以利用傅里叶变换来获得随机信号的功率谱密度。

随机信号的功率谱密度与确知信号的功率谱密度有联系，但也有不同，其具体分析思路为：随机信号的某一样本函数是确知的功率信号，故分析可以从某一样本函数的功率谱开始；但样本函数的功率谱无法代表整个随机信号的功率谱，它是随机的，对其求统计平均即为整个随机信号的功率谱。

4.2.1　随机信号功率谱密度的定义

1. 随机信号的截取函数

从随机信号 $X(t)$中抽取任一样本函数 $x_k(t)$，对 $x_k(t)$任意截取一段，长度为 $2T$，记

为 $x_{kT}(t)$，并称 $x_{kT}(t)$ 为 $x_k(t)$ 的截取(截断或截短)信号，如图 4-2 所示。

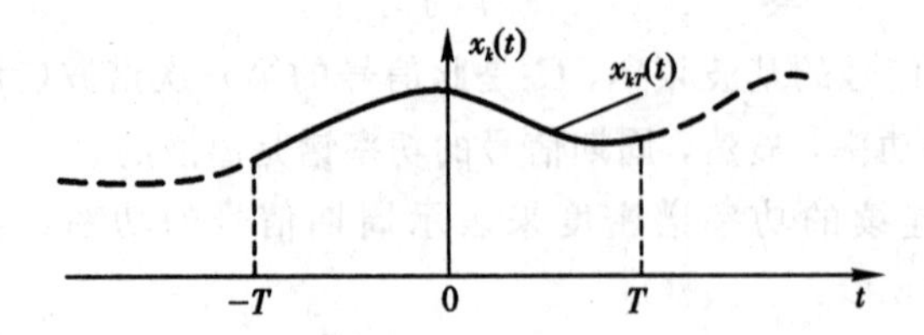

图 4-2 随机信号的截取信号

截取函数表达式为

$$x_{kT}(t)=\begin{cases}x_k(t), & |t|\leqslant T\\ 0, & |t|>T\end{cases} \tag{4-43}$$

$x_{kT}(t)$ 的持续时间有限，且满足绝对可积条件，其傅里叶变换存在，故 $x_{kT}(t)$ 为能量信号，有下式成立：

$$\begin{cases}X_{kT}(\omega)=\int_{-\infty}^{+\infty}x_{kT}(t)\mathrm{e}^{-\mathrm{j}\omega t}\,\mathrm{d}t=\int_{-T}^{T}x_k(t)\mathrm{e}^{-\mathrm{j}\omega t}\,\mathrm{d}t\\ x_{kT}(t)=\dfrac{1}{2\pi}\int_{-\infty}^{+\infty}X_{kT}(\omega)\mathrm{e}^{\mathrm{j}\omega t}\,\mathrm{d}\omega\end{cases} \tag{4-44}$$

由于 $x_k(t)$ 是随机过程 $X(t)$ 的任一样本函数，选取哪一个样本函数取决于试验结果 ξ_k，它是随机的。因此，$x_{kT}(t)$ 和 $X_{kT}(\omega)$ 也都是试验结果 ξ_k 的随机函数，即

$$\begin{cases}x_{kT}(t)=x_{kT}(t,\ \xi_k)\\ X_{kT}(\omega)=X_{kT}(\omega,\ \xi_k)\end{cases} \tag{4-45}$$

2. 随机信号样本函数的平均功率及功率谱密度

由于 $x_{kT}(t,\ \xi_k)$ 为能量信号，所以由帕斯瓦尔功率守恒定律可知样本函数的平均功率为

$$\begin{aligned}P_{\xi_k}&=\lim_{T\to\infty}\frac{1}{2T}\int_{-T}^{T}|x_k(t,\ \xi_k)|^2\,\mathrm{d}t\\&=\frac{1}{2\pi}\int_{-\infty}^{+\infty}\lim_{T\to\infty}\frac{1}{2T}|X_{kT}(\omega,\ \xi_k)|^2\,\mathrm{d}\omega\end{aligned} \tag{4-46}$$

式中，P_{ξ_k} 是样本函数 $x_k(t)$ 的平均功率。

样本函数的功率谱密度为

$$P_k(\omega,\ \xi_k)=\lim_{T\to\infty}\frac{1}{2T}|X_{kT}(\omega,\ \xi_k)|^2 \tag{4-47}$$

式中，$P_k(\omega,\ \xi_k)$ 代表随机信号 $X(t)$ 的某一样本函数 $x_k(t)$ 在单位频带内消耗在 1 Ω 电阻上的平均功率。

3. 随机信号的平均功率及功率谱(密度)

$x_k(t)$ 是随机信号 $X(t)$ 的一个样本函数，不同的试验结果对应不同的样本函数，相应的 P_{ξ_k} 与 $P_k(\omega,\ \xi_k)$ 也是不同的，可以看出，其平均功率和功率谱密度也是随机的。对于所有的样本函数，即它们对应的随机信号，令

$$X_T(\omega,\ \xi)=\int_{-T}^{T}X(t,\ \xi)\mathrm{e}^{-\mathrm{j}\omega t}\,\mathrm{d}t \tag{4-48}$$

相应的平均功率为

$$P(\xi)=\frac{1}{2\pi}\int_{-\infty}^{+\infty}\lim_{T\to\infty}\frac{1}{2T}|X_T(\omega,\xi)|^2\mathrm{d}\omega \tag{4-49}$$

根据功率守恒定理，平均功率也为

$$\begin{aligned}P(\xi)&=\lim_{T\to\infty}\frac{1}{2T}\int_{-\infty}^{+\infty}|X_T(t,\xi)|^2\mathrm{d}t\\&=\lim_{T\to\infty}\frac{1}{2T}\int_{-T}^{T}|X(t,\xi)|^2\mathrm{d}t\end{aligned} \tag{4-50}$$

对式(4-49)两边取数学期望，则可得到随机信号的平均功率

$$\begin{aligned}P&=E[P(\xi)]\\&=\frac{1}{2\pi}\int_{-\infty}^{+\infty}E\left[\lim_{T\to\infty}\frac{1}{2T}|X_T(\omega,\xi)|^2\right]\mathrm{d}\omega\\&=\frac{1}{2\pi}\int_{-\infty}^{+\infty}P_X(\omega)\mathrm{d}\omega\end{aligned} \tag{4-51}$$

其中

$$\begin{aligned}P_X(\omega)&=E\left[\lim_{T\to\infty}\frac{1}{2T}|X_T(\omega,\xi)|^2\right]\\&=\lim_{T\to\infty}\frac{1}{2T}E[|X_T(\omega,\xi)|^2]\end{aligned} \tag{4-52}$$

这时，P 和 $P_X(\omega)$都是确定的，与随机信号 $X(t,\xi)$简写为 $X(t)$一样，在 $X_T(\omega,\xi)$中也可以省略ξ，因此，随机信号的功率谱密度定义为

$$P_X(\omega)=\lim_{T\to\infty}\frac{1}{2T}E[|X_T(\omega)|^2] \tag{4-53}$$

其中

$$X_T(\omega)=\int_{-T}^{T}X(t)\mathrm{e}^{-\mathrm{j}\omega t}\mathrm{d}t \tag{4-54}$$

同理，对式(4-50)两边取数学期望，也可以得到随机信号的平均功率

$$\begin{aligned}P&=E\left[\lim_{T\to\infty}\frac{1}{2T}\int_{-\infty}^{+\infty}|X_T(t,\xi)|^2\mathrm{d}t\right]\\&=\lim_{T\to\infty}\frac{1}{2T}\int_{-T}^{T}E[|X(t,\xi)|^2]\mathrm{d}t\\&=\lim_{T\to\infty}\frac{1}{2T}\int_{-T}^{T}E[|X(t)|^2]\mathrm{d}t\\&=\lim_{T\to\infty}\frac{1}{2T}\int_{-T}^{T}E[X^2(t)]\mathrm{d}t\\&=\overline{E[X^2(t)]}\end{aligned} \tag{4-55}$$

上式中，$X(t)$为实随机信号，显然有 $X^2(t)=|X(t)|^2$。

$P_X(\omega)$表示了随机信号 $X(t)$的各个样本在单位频带内的频谱分量消耗在 1 Ω 电阻上的平均功率的统计平均值，它是从频域描述随机信号 $X(t)$的平均统计参量，表示了$X(t)$的平均功率在频域上的分布。

例 4.1 设随机信号 $X(t)=a\cos(\omega_0 t+\Theta)$，其中 a 和 ω_0 为实常数，Θ 是服从$[0,\pi/2]$上的均匀分布的随机变量，求随机信号 $X(t)$的平均功率。

解 式(4-51)和(4-55)都可以求解随机信号 $X(t)$的平均功率，式(4-55)容易计

算，有

$$
\begin{aligned}
E[X^2(t)] &= E[a^2\cos^2(\omega_0 t+\Theta)] \\
&= E\left\{\frac{a^2}{2}[1+\cos(2\omega_0 t+2\Theta)]\right\} \\
&= \frac{a^2}{2}-\frac{a^2}{\pi}\sin 2\omega_0 t
\end{aligned}
$$

所以，该随机信号的平均功率为

$$
\begin{aligned}
P &= \lim_{T\to\infty}\frac{1}{2T}\int_{-T}^{T}E[X^2(t)]\mathrm{d}t \\
&= \lim_{T\to\infty}\frac{1}{2T}\int_{-T}^{T}\left(\frac{a^2}{2}-\frac{a^2}{\pi}\sin 2\omega_0 t\right)\mathrm{d}t \\
&= \frac{a^2}{2}
\end{aligned}
$$

例 4.2　已知随机信号 $X(t)=a\cos(\omega_0 t+\Theta)$，其中 a 和 ω_0 为实常数，Θ 是服从 $[0,\pi]$上的均匀分布的随机变量。

(1) 随机信号 $X(t)$是否广义平稳？给出论证过程。

(2) 利用式 $P_X(\omega)=\lim\limits_{T\to\infty}\frac{1}{2T}E[|X_T(\omega)|^2]$，求出 $X(t)$的功率谱密度 $P_X(\omega)$。

解　(1)

$$
\begin{aligned}
E[X(t)] &= E[a\cos(\omega_0 t+\Theta)] \\
&= a\int_0^{\pi}\cos(\omega_0 t+\theta)\frac{1}{\pi}\mathrm{d}\theta \\
&= -\frac{2a}{\pi}\sin\omega_0 t
\end{aligned}
$$

显然 $E[X(t)]$与时间有关，故 $X(t)$不是广义平稳信号。

(2)

$$
\begin{aligned}
X_T(\omega) &= \int_{-T}^{T}X(t)\mathrm{e}^{-\mathrm{j}\omega t}\mathrm{d}t \\
&= \int_{-T}^{T}a\cos(\omega_0 t+\Theta)\mathrm{e}^{-\mathrm{j}\omega t}\mathrm{d}t \\
&= aT\{\mathrm{e}^{\mathrm{j}\theta}\mathrm{Sa}[(\omega-\omega_0)T]+\mathrm{e}^{-\mathrm{j}\theta}\mathrm{Sa}[(\omega+\omega_0)T]\}
\end{aligned}
$$

$$
\begin{aligned}
|X_T(\omega)|^2 &= X_T(\omega)X_T^*(\omega) \\
&= a^2T^2\{\mathrm{Sa}^2[(\omega-\omega_0)T]+\mathrm{Sa}^2[(\omega+\omega_0)T] \\
&\quad +(\mathrm{e}^{-\mathrm{j}2\theta}+\mathrm{e}^{\mathrm{j}2\theta})\mathrm{Sa}[(\omega-\omega_0)T]\mathrm{Sa}[(\omega+\omega_0)T]\}
\end{aligned}
$$

$$
\begin{aligned}
E[|X_T(\omega)|^2] &= E[X_T(\omega)X_T^*(\omega)] \\
&= a^2T^2\{\mathrm{Sa}^2[(\omega-\omega_0)T]+\mathrm{Sa}^2[(\omega+\omega_0)T] \\
&\quad +\mathrm{Sa}[(\omega-\omega_0)T]\mathrm{Sa}[(\omega+\omega_0)T]\frac{2}{\pi}\int_0^{\pi}\cos 2\theta\,\mathrm{d}\theta\}
\end{aligned}
$$

根据 $\lim\limits_{T\to\infty}\frac{T}{\pi}\mathrm{Sa}^2[(\omega\pm\omega_0)T]=\delta(\omega\pm\omega_0)$，且 $\frac{2}{\pi}\int_0^{\pi}\cos 2\theta\mathrm{d}\theta=0$，所以有

$$
\begin{aligned}
P_X(\omega) &= \lim_{T\to\infty}\frac{1}{2T}E[|X_T(\omega)|^2] \\
&= \frac{a^2\pi}{2}[\delta(\omega-\omega_0)+\delta(\omega+\omega_0)]
\end{aligned}
$$

4.2.2　平稳随机信号的功率谱密度

式(4－53)给出了一般随机信号的功率谱密度的求解方法，尽管该定义很直观，但直接用它来计算功率谱密度并不容易。由前面内容可知：周期的功率型确知信号 $s(t)$ 的自相关函数 $R_s(\tau)$ 与其功率谱密度 $P_s(\omega)$ 是一对傅里叶变换。对于平稳随机信号，是否也存在这种关系呢？维纳-辛钦定理给出了问题的答案。

1. 维纳-辛钦定理

平稳随机信号 $X(t)$ 的自相关函数 $R_X(\tau)$ 与其功率谱密度 $P_X(\omega)$ 是一对傅里叶变换，即

$$\begin{cases} P_X(\omega) = \int_{-\infty}^{+\infty} R_X(\tau) e^{-j\omega\tau} d\tau \\ R_X(\tau) = \dfrac{1}{2\pi} \int_{-\infty}^{+\infty} P_X(\omega) e^{j\omega\tau} d\omega \end{cases} \tag{4-56}$$

维纳-辛钦定理给出了平稳随机信号 $X(t)$ 的时域特性和频域特性之间的联系，它也是分析平稳随机信号的一个最基本、最重要的公式。接下来我们给出维纳-辛钦定理的证明。

证明：将傅里叶变换定义代入式 $P_X(\omega)=\lim\limits_{T\to\infty}\dfrac{1}{2T}E[|X_T(\omega)|^2]$，有

$$\begin{aligned} P_X(\omega) &= \lim_{T\to\infty} E\left\{\frac{1}{2T}\int_{-T}^{T} X_T(t_1) e^{-j\omega t_1} dt_1 \int_{-T}^{T} X_T(t_2) e^{j\omega t_2} dt_2\right\} \\ &= \lim_{T\to\infty} \frac{1}{2T}\int_{-T}^{T}\int_{-T}^{T} E\{X(t_1)X(t_2)\} e^{-j\omega(t_1-t_2)} dt_1 dt_2 \end{aligned} \tag{4-57}$$

将式(4－57)的积分变量变换成 $t=t_2$ 和 $\tau=t_1-t_2$，则 $\tau\in[-2T, 2T]$，t 在直线 $-T-\tau$ 和 $T-\tau$ 之间变化，这个二重积分的积分变换范围如图 4－3 所示。

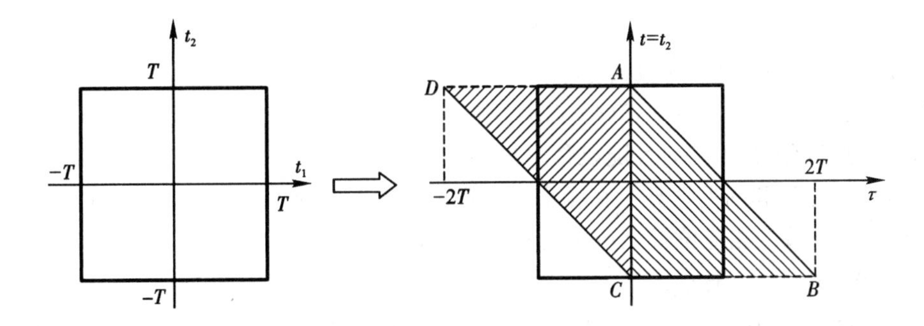

图 4－3　维纳-辛钦定理推导中的变量置换过程

积分范围分成两个区域，在 ACD 区域内，$\tau\in[-2T, 0]$，$t\in[-T-\tau, T]$；在 ACB 区域内，$\tau\in[0, 2T]$，$t\in[-T, T-\tau]$。因此

$$\begin{aligned} P_X(\omega) &= \lim_{T\to\infty}\left\{\frac{1}{2T}\int_{-2T}^{0} R_X(\tau) e^{-j\omega\tau} d\tau \int_{-T-\tau}^{T} dt + \int_{0}^{2T} R_X(\tau) e^{-j\omega\tau} d\tau \int_{-T}^{T-\tau} dt\right\} \\ &= \lim_{T\to\infty}\left\{\int_{-2T}^{0}\left(\frac{2T+\tau}{2T}\right) R_X(\tau) e^{-j\omega\tau} d\tau + \int_{0}^{2T}\left(\frac{2T-\tau}{2T}\right) R_X(\tau) e^{-j\omega\tau} d\tau\right\} \\ &= \lim_{T\to\infty}\int_{-2T}^{2T}\left(\frac{2T-|\tau|}{2T}\right) R_X(\tau) e^{-j\omega\tau} d\tau \end{aligned} \tag{4-58}$$

当 $T\to\infty$时，$\frac{|\tau|}{2T}\to 0$，若相关函数绝对可积，即 $\int_{-\infty}^{+\infty} R(\tau)\mathrm{d}\tau<\infty$，上式可简化为

$$P_X(\omega)=\int_{-\infty}^{+\infty} R_X(\tau)\mathrm{e}^{-\mathrm{j}\omega\tau}\mathrm{d}\tau \tag{4-59}$$

从以上分析可以得出结论：平稳随机信号在其自相关函数绝对可积的条件下，自相关函数 $R_x(\tau)$与功率谱密度 $P_X(\omega)$是一个傅里叶变换对，即

$$R_X(\tau)\underset{\mathscr{FT}^{-1}}{\overset{\mathscr{FT}}{\rightleftharpoons}} P_X(\omega)$$

对于平稳随机信号，在分析和计算功率谱密度时，可以利用傅里叶变换已有的大量结果和性质。根据傅里叶反变换公式有

$$R_X(\tau)=\frac{1}{2\pi}\int_{-\infty}^{+\infty} P_X(\omega)\mathrm{e}^{\mathrm{j}\omega\tau}\mathrm{d}\omega \tag{4-60}$$

令 $\tau=0$，得到平稳信号的平均功率(即均方值)为

$$P=E[X^2(t)]=R_X(0)=\frac{1}{2\pi}\int_{-\infty}^{+\infty} P_X(\omega)\mathrm{d}\omega \tag{4-61}$$

可见，$P_X(\omega)$沿 ω 轴的“总和”是信号的平均功率，这符合 $P_X(\omega)$作为功率谱密度的物理意义。

2. 维纳-辛钦定理的推广

1) 维纳-辛钦定理的局限性

根据傅里叶变换的条件可知，式(4－56)成立条件时是 $P_X(\omega)$和 $R_X(\tau)$必须绝对可积，即

$$\int_{-\infty}^{+\infty} P_X(\omega)\mathrm{d}\omega<\infty \tag{4-62}$$

$$\int_{-\infty}^{+\infty} |R_X(\tau)|\mathrm{d}\tau<\infty \tag{4-63}$$

条件式(4－62)说明，随机信号 $X(t)$的总平均功率有限。对于一般的随机信号该条件都能够满足。但是要满足条件式(4－63)，则要求 $R_X(\infty)=m_X^2=0$ 即 $m_X=0$(随机信号的均值为零或直流分量为零)，且随机信号的自相关函数 $R_X(\tau)$中不能含有周期分量。这是因为任何直流分量和周期性分量在频率域上都表现为频率轴上某点的零带宽内的有限平均功率，都会在频域的相应位置上产生离散谱线，即功率为无穷大。

2) 维纳-辛钦定理的推广

(1) 在所遇到的实际问题中，若平稳随机信号均值非零，这时正常意义下的傅里叶变换不存在。与确知信号的傅里叶变换一样，如果引入 δ 函数，则随机信号中即使含有确定的直流分量或周期性分量，傅里叶变换仍存在。非零均值可用频域原点处的 δ 函数表示，该 δ 函数的权重即为直流分量的功率。

δ 函数在时域和频域的傅里叶变换为

$$\begin{cases}\delta(\tau)\rightleftharpoons 1\\ \dfrac{1}{2\pi}\rightleftharpoons\delta(\omega)\end{cases} \tag{4-64}$$

(2) 当平稳随机信号中含有对应于离散频域的周期分量时，该成分就在频域的相应频率上产生 δ 函数

$$\begin{cases}\cos(\omega_0\tau)\rightleftharpoons\pi[\delta(\omega-\omega_0)+\delta(\omega+\omega_0)]\\ \sin(\omega_0\tau)\rightleftharpoons\mathrm{j}\pi[\delta(\omega+\omega_0)-\delta(\omega-\omega_0)]\end{cases}\tag{4-65}$$

δ 函数与连续函数 $s(t)$ 的乘积公式为

$$\begin{cases}s(t)\delta(t-\tau)=s(\tau)\delta(t-\tau)\\ s(t)\delta(t)=s(0)\delta(t)\end{cases}\tag{4-66}$$

例 4.3　设随机相位正弦波 $X(t)=a\cos(\omega_0 t+\Theta)$，其中 a、ω_0 为常数，随机变量 Θ 服从 $[0, 2\pi]$ 上的均匀分布。判断 $X(t)$ 是否为平稳信号，求出其自相关函数、功率谱密度和平均功率。

解　根据定义可求得均值、自相关函数和方差分别为

$$m_X(t)=E[X(t)]=\int_0^{2\pi}a\cos(\omega_0 t+\theta)\frac{1}{2\pi}\mathrm{d}\theta=0$$

$$\begin{aligned}R_X(t_1, t_2)&=R_X(t, t+\tau)\\&=E\{X(t)X(t+\tau)\}\\&=E\{a\cos(\omega_0 t+\Theta)\cdot a\cos[\omega_0(t+\tau)+\Theta]\}\\&=\frac{a^2}{2}E\{\cos\omega_0\tau+\cos(2\omega_0 t+\omega_0\tau+2\Theta)\}\\&=\frac{a^2}{2}\cos\omega_0\tau\\&=R_X(\tau)\end{aligned}$$

$$E\{X^2(t)\}=R_X(t, t)=R_X(0)=\frac{a^2}{2}$$

可以看出，$R_X(\tau)$ 与时间起点 t 无关，只与时间差 τ 有关，因此该随机信号为宽平稳随机信号。由维纳-辛钦定理知：

$$\begin{aligned}P_X(\omega)&=\int_{-\infty}^{\infty}R_X(\tau)\mathrm{e}^{-\mathrm{j}\omega\tau}\mathrm{d}\tau\\&=\int_{-\infty}^{+\infty}\frac{a^2}{2}\cos(\omega_0\tau)\mathrm{e}^{-\mathrm{j}\omega\tau}\mathrm{d}\tau\\&=\int_{-\infty}^{+\infty}\frac{a^2}{4}(\mathrm{e}^{\mathrm{j}\omega_0\tau}+\mathrm{e}^{-\mathrm{j}\omega_0\tau})\mathrm{e}^{-\mathrm{j}\omega\tau}\mathrm{d}\tau\\&=\frac{a^2}{4}\int_{-\infty}^{+\infty}\mathrm{e}^{-\mathrm{j}(\omega-\omega_0)\tau}\mathrm{d}\tau+\frac{a^2}{4}\int_{-\infty}^{+\infty}\mathrm{e}^{-\mathrm{j}(\omega+\omega_0)\tau}\mathrm{d}\tau\\&=\frac{\pi a^2}{2}\delta(\omega-\omega_0)+\frac{\pi a^2}{2}\delta(\omega+\omega_0)\end{aligned}$$

$X(t)$ 的平均功率为

$$S=R(0)=\frac{a^2}{2}$$

或者

$$S=\frac{1}{2\pi}\int_{-\infty}^{+\infty}P_X(\omega)\mathrm{d}\omega=\frac{a^2}{2}$$

例 4.4　设 $X(t)$ 为宽平稳信号，与随机相位正弦波 $\cos(\omega_0 t+\Theta)$ 混频得 $Y(t)=X(t)\cos(\omega_0 t+\Theta)$，其中 ω_0 为常数，Θ 为 $[0, 2\pi]$ 区间上的均匀分布的随机变量，且 Θ 与

$X(t)$ 统计独立。求 $R_Y(\tau)$ 与 $P_Y(\omega)$。

解

$$\begin{aligned}E[Y(t)] &= E[X(t)\cos(\omega_0 t+\Theta)]\\ &= E[X(t)]\cdot E[\cos(\omega_0 t+\Theta)]\\ &= m_X\cdot\int_0^{2\pi}\cos(\omega_0 t+\Theta)\cdot\frac{1}{2\pi}\mathrm{d}\Theta\\ &= m_X\cdot 0\\ &= 0\end{aligned}$$

$$\begin{aligned}R_Y(\tau) &= E\{Y(t)Y(t+\tau)\}\\ &= E\{X(t)X(t+\tau)\cos(\omega_0 t+\omega_0\tau+\Theta)\cos(\omega_0 t+\Theta)\}\\ &= E\{X(t)X(t+\tau)\}E\left\{\frac{1}{2}\cos(\omega_0\tau)+\frac{1}{2}\cos(2\omega_0 t+\omega_0\tau+2\Theta)\right\}\\ &= \frac{1}{2}R_X(\tau)\cos(\omega_0\tau)\end{aligned}$$

$$E[Y^2(t)]=R_Y(0)=\frac{1}{2}R_X(0)<\infty$$

可见，混频后 $Y(t)$ 仍然是广义平稳随机信号。

$$\begin{aligned}P_Y(\omega) &= \int_{-\infty}^{+\infty}R_Y(\tau)\mathrm{e}^{-\mathrm{j}\omega\tau}\mathrm{d}\tau\\ &= \int_{-\infty}^{+\infty}R_X(\tau)\ \frac{1}{2}\cos(\omega_0\tau)\mathrm{e}^{-\mathrm{j}\omega\tau}\mathrm{d}\tau\\ &= \frac{1}{4}\int_{-\infty}^{+\infty}R_X(\tau)\mathrm{e}^{-\mathrm{j}(\omega-\omega_0)\tau}\mathrm{d}\tau+\frac{1}{4}\int_{-\infty}^{+\infty}R_X(\tau)\mathrm{e}^{-\mathrm{j}(\omega+\omega_0)\tau}\mathrm{d}\tau\\ &= \frac{1}{4}[P_X(\omega-\omega_0)+P_X(\omega+\omega_0)]\end{aligned}$$

例 4.5　平稳随机信号 $X(t)$ 的功率谱密度 $P_X(\omega)=\dfrac{\omega^2+2}{\omega^4+3\omega^2+2}$，求该信号的自相关函数 $R_X(\tau)$ 和平均功率 P。

解

$$P_X(\omega)=\frac{\omega^2+2}{\omega^4+3\omega^2+2}=\frac{1}{\omega^2+1}$$

由傅里叶变换 $\mathrm{e}^{-\alpha|\tau|}\rightleftharpoons\dfrac{2\alpha}{\omega^2+\alpha^2}$，可得

$$R_X(\tau)=\frac{1}{2}\mathrm{e}^{-|\tau|}$$

平均功率为

$$P=E[X^2(t)]=R_X(0)=\frac{1}{2}$$

4.2.3　功率谱密度的性质

$X(t)$ 为实平稳随机信号时，功率谱密度 $P_X(\omega)$ 具有如下性质：

性质 1　非负性，即

$$P_X(\omega)\geqslant 0 \tag{4-67}$$

根据功率谱密度定义式(4-52)，考虑到其中$|X_T(\omega)|^2$为非负，所以其数学期望也是非负的，因而功率谱密度非负。

性质 2　$P_X(\omega)$是实函数。

因为$|X_T(\omega)|^2$是实函数，所以它的数学期望也为实函数。

性质 3　$P_X(\omega)$是偶函数，即

$$P_X(\omega)=P_X(-\omega) \tag{4-68}$$

因为$|X_T(\omega)|^2=X_T(\omega)\cdot X_T^*(\omega)=X_T(\omega)\cdot X_T(-\omega)$，所以$|X_T(\omega)|^2$是偶函数，故它的数学期望也是偶函数。

性质 4　平稳随机信号的自相关函数$R_X(\tau)$与其功率谱密度$P_X(\omega)$是一个傅里叶变换对，即

$$\begin{cases} P_X(\omega)=\int_{-\infty}^{+\infty}R_X(\tau)\mathrm{e}^{-\mathrm{j}\omega\tau}\mathrm{d}\tau \\ R_X(\tau)=\dfrac{1}{2\pi}\int_{-\infty}^{+\infty}P_X(\omega)\mathrm{e}^{\mathrm{j}\omega\tau}\mathrm{d}\omega \end{cases} \tag{4-69}$$

对于最常见的实平稳随机信号，因为相关函数是τ的实偶函数，有$R_X(\tau)=R_X(-\tau)$；功率谱密度是ω的实偶函数，有$P_X(\omega)=P_X(-\omega)$。根据欧拉公式：

$$\mathrm{e}^{\pm\mathrm{j}\omega\tau}=\cos\omega\tau\pm\mathrm{j}\sin\omega\tau \tag{4-70}$$

可以得到维纳-辛钦定理的其他形式：

$$\begin{cases} P_X(\omega)=2\int_{0}^{+\infty}R_X(\tau)\cos\omega\tau\,\mathrm{d}\tau \\ R_X(\tau)=\dfrac{1}{\pi}\int_{0}^{+\infty}P_X(\omega)\cos\omega\tau\,\mathrm{d}\omega \end{cases} \tag{4-71}$$

性质 5　$P_X(\omega)$为物理功率谱密度。

$P_X(\omega)$是定义在$-\infty<\omega<+\infty$上的，即功率分布在整个频域上，但实际上负频率并不存在，实际功率只会由正频率分量产生。这里采用负频率的概念，认为负频率分量与正频率分量同样产生功率，是为了便于数学分析，因此称$P_X(\omega)$为数学功率谱密度或双边功率谱密度。

实际测量得到的功率谱密度只会分布在0到$+\infty$的正频率域上，这种功率谱密度称为物理功率谱密度或单边功率谱密度，用$F_X(\omega)$表示。

$F_X(\omega)$与$P_X(\omega)$的关系是

$$F_X(\omega)=\begin{cases} 2P_X(\omega), & \omega\geqslant 0 \\ 0, & \omega<0 \end{cases} \tag{4-72}$$

如图 4-4 所示。

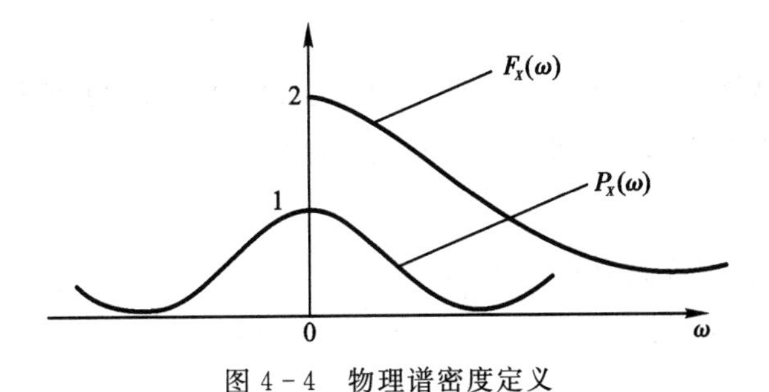

图 4-4　物理谱密度定义

因此，可以推得维纳-辛钦定理的另一种表达式：

$$\begin{cases} F_X(\omega) = 4\int_0^{+\infty} R_X(\tau)\cos\omega\tau\,\mathrm{d}\tau \\ R_X(\tau) = \dfrac{1}{2\pi}\int_0^{+\infty} F_X(\omega)\cos\omega\tau\,\mathrm{d}\omega \end{cases} \tag{4-73}$$

若用物理功率谱密度 $F_X(\omega)$ 表示平稳随机信号的平均功率，则

$$P = R_X(0) = \frac{1}{2\pi}\int_0^{+\infty} F_X(\omega)\,\mathrm{d}\omega \tag{4-74}$$

以后讨论功率谱密度，若不加以说明，均指双边谱密度。

性质 6 平稳随机信号的 $P_X(\omega)$ 可积，且满足

$$\int_{-\infty}^{+\infty} P_X(\omega)\,\mathrm{d}\omega < \infty \tag{4-75}$$

证明 由式(4-61)知，平稳随机信号的平均功率为

$$P = E[X^2(t)] = \frac{1}{2\pi}\int_{-\infty}^{+\infty} P_X(\omega)\,\mathrm{d}\omega \tag{4-76}$$

故平稳信号的均方值有限，满足 $E[X^2(t)] < \infty$，得证。

4.3 互功率谱密度

类似于功率谱的定义方法，可以定义两个随机信号的互功率谱。

4.3.1 定义与性质

1. 定义

设有两个联合平稳随机信号 $X(t)$ 和 $Y(t)$，若 $x(t, \xi)$ 和 $y(t, \xi)$ 分别为 $X(t)$ 和 $Y(t)$ 的某一个样本函数，相应的截取函数是 $x_T(t, \xi)$ 和 $y_T(t, \xi)$，而 $x_T(t, \xi)$ 和 $y_T(t, \xi)$ 的傅里叶变换分别是 $X_T(\omega, \xi)$ 和 $Y_T(\omega, \xi)$。仿照公式(4-52)，定义

$$P_{XY}(\omega) = \lim_{T\to\infty}\frac{1}{2T}E[X_T^*(\omega)Y_T(\omega)] \tag{4-77}$$

或

$$P_{YX}(\omega) = \lim_{T\to\infty}\frac{1}{2T}E[X_T(\omega)Y_T^*(\omega)] \tag{4-78}$$

式中，$X_T^*(\omega)$ 和 $Y_T^*(\omega)$ 分别为 $X_T(\omega, \xi)$ 和 $Y_T(\omega, \xi)$ 的复共轭，$P_{XY}(\omega)$ 或 $P_{YX}(\omega)$ 称为随机信号 $X(t)$ 和 $Y(t)$ 的互功率谱密度。

互功率谱通常是复数，它反映了两个信号的关联性沿 ω 轴的密度状况。如果 $P_{XY}(\omega)$ 或 $P_{YX}(\omega)$ 很大，则表明两个信号的相应频率分量关联度很大。

2. 性质

性质 1 互功率谱密度具有对称性，即

$$P_{XY}(\omega) = P_{YX}(-\omega) = P_{YX}^*(\omega) = P_{XY}^*(-\omega) \tag{4-79}$$

由定义式(4-76)和式(4-77)，很容易得到式(4-79)。

性质 2　互功率谱密度的实部是偶函数，虚部是奇函数，即

$$\mathrm{Re}[P_{XY}(\omega)]=\mathrm{Re}[P_{XY}(-\omega)]=\mathrm{Re}[P_{YX}(\omega)]=\mathrm{Re}[P_{YX}(-\omega)] \tag{4-80}$$

$$\mathrm{Im}[P_{XY}(\omega)]=-\mathrm{Im}[P_{XY}(-\omega)]=-\mathrm{Im}[P_{YX}(\omega)]=\mathrm{Im}[P_{YX}(-\omega)] \tag{4-81}$$

上两式中 Re[·]和 Im[·]表示复数的实部与虚部，可根据式(4-78)得到。

性质 3　若平稳信号 $X(t)$和 $Y(t)$相互正交，则其互功率谱密度为零，即

$$P_{XY}(\omega)=P_{YX}(\omega)=0 \tag{4-82}$$

因为互相正交的两个随机信号的互相关函数为零，故其互功率谱密度为零。

性质 4　若 $X(t)$和 $Y(t)$是两个互不相关的平稳随机信号，且数学期望都不为零，则有

$$P_{XY}(\omega)=P_{YX}(\omega)=2\pi m_X m_Y\delta(\omega) \tag{4-83}$$

当 $X(t)$和 $Y(t)$互不相关，且 $m_X\neq0$，$m_Y\neq0$ 时

$$\begin{aligned}R_{XY}(\tau)&=E[X(t)Y(t+\tau)]\\&=E[X(t)]E[(Y+\tau)]\\&=m_Xm_Y\\&=R_{YX}(\tau)\end{aligned}$$

对上式进行傅里叶变换即可得式(4-83)。

性质 5　互功率谱密度的幅度平方满足

$$|P_{XY}(\omega)|^2\leqslant P_X(\omega)P_Y(\omega) \tag{4-84}$$

证明　采用施瓦兹不等式证明。

因为

$$|E(XY)|^2\leqslant E[|X|^2]E[|Y|^2]$$

所以

$$\begin{aligned}|P_{XY}(\omega)|^2&=\lim_{T\to\infty}\left|\frac{1}{2T}E[X_T^*(\omega)Y_T(\omega)]\right|^2\\&\leqslant\lim_{T\to\infty}\frac{1}{2T}E[|X_T^*(\omega)|^2]\cdot\lim_{T\to\infty}\frac{1}{2T}E[|Y_T(\omega)|^2]\\&=P_X(\omega)P_Y(\omega)\end{aligned}$$

例 4.6　已知实随机信号 $X(t)$和 $Y(t)$联合平稳且相互正交，试求信号 $Z(t)=X(t)+Y(t)$的自相关函数与功率谱密度。

解　$Z(t)$的均值为

$$E[Z(t)]=E[X(t)+Y(t)]=E[X(t)]+E[Y(t)]=m_X+m_Y$$

上式结果为常数。

$Z(t)$的自相关函数为

$$\begin{aligned}R_Z(t,t+\tau)&=E[Z(t)Z(t+\tau)]\\&=E\{[X(t)+Y(t)][X(t+\tau)+Y(t+\tau)]\}\\&=R_X(t,t+\tau)+R_Y(t,t+\tau)+R_{XY}(t,t+\tau)+R_{YX}(t,t+\tau)\end{aligned}$$

因为信号 $X(t)$和 $Y(t)$联合平稳，故有

$$R_Z(t, t+\tau) = R_X(\tau) + R_Y(\tau) + R_{XY}(\tau) + R_{YX}(\tau) = R_Z(\tau)$$

所以，信号 $Z(t)$也是广义平稳的。又因为信号 $X(t)$和 $Y(t)$相互正交，有

$$R_{XY}(\tau) = R_{YX}(\tau) = 0$$

故有

$$R_Z(\tau) = R_X(\tau) + R_Y(\tau)$$

由于 $R_X(\tau) \underset{\mathscr{FT}^{-1}}{\overset{\mathscr{FT}}{\rightleftharpoons}} P_X(\omega)$，$R_Y(\tau) \underset{\mathscr{FT}^{-1}}{\overset{\mathscr{FT}}{\rightleftharpoons}} P_Y(\omega)$，所以可以求得 $Z(t)$的功率谱密度为

$$P_Z(\omega) = P_X(\omega) + P_Y(\omega)$$

4.3.2 互功率谱与互相关函数的关系

采用维纳-辛钦定理的证明方法，同样可以得出：互功率谱密度与互相关函数之间也是傅里叶变换对，即有

$$\begin{cases} P_{XY}(\omega) = \int_{-\infty}^{+\infty} R_{XY}(\tau) e^{-j\omega\tau} d\tau \\ P_{YX}(\omega) = \int_{-\infty}^{+\infty} R_{YX}(\tau) e^{-j\omega\tau} d\tau \end{cases} \tag{4-85}$$

和

$$\begin{cases} R_{XY}(\tau) = \dfrac{1}{2\pi} \int_{-\infty}^{+\infty} P_{XY}(\omega) e^{j\omega\tau} d\omega \\ R_{YX}(\tau) = \dfrac{1}{2\pi} \int_{-\infty}^{+\infty} P_{YX}(\omega) e^{j\omega\tau} d\omega \end{cases} \tag{4-86}$$

这个傅里叶变换对和自相关函数与功率谱密度的关系式十分相似。但应注意，互相关函数不是偶函数，互功率谱密度也不一定是偶函数。

例 4.7 设两个随机信号 $X(t)$和 $Y(t)$联合平稳，其互相关函数 $R_{XY}(\tau)$为

$$R_{XY}(\tau) = \begin{cases} 9e^{-3\tau}, & \tau \geqslant 0 \\ 0, & \tau < 0 \end{cases}$$

求互功率谱密度 $P_{XY}(\omega)$和 $P_{YX}(\omega)$。

解 由于随机信号 $X(t)$和 $Y(t)$联合平稳，根据题意有

$$R_{XY}(\tau) = 9e^{-3\tau} U(\tau)$$

由傅里叶变换 $e^{-\alpha\tau} U(\tau) \underset{\mathscr{FT}^{-1}}{\overset{\mathscr{FT}}{\rightleftharpoons}} \dfrac{1}{\alpha + j\omega}$，可得

$$P_{XY}(\omega) = \mathscr{FT}[R_{XY}(\tau)] = \frac{9}{3 + j\omega}$$

$$P_{YX}(\omega) = P_{XY}(-\omega) = \frac{9}{3 - j\omega}$$

例 4.8 若实平稳随机信号 $X(t)$受到加性的独立随机正弦分量 $Y(t) = a\cos(\omega_0 t + \Theta)$的干扰，已知 a、ω_0为常数，Θ是在$[0, 2\pi]$上均匀分布的随机变量。

(1) 试求受干扰后的信号 $Z(t) = X(t) + Y(t)$的自相关函数 $R_Z(t, t+\tau)$；

(2) 信号 $X(t)$与 $Z(t)$是否联合平稳？如果是，进一步求解功率谱密度 $P_Z(\omega)$和互功率谱密度 $P_{XZ}(\omega)$。

解

$$E[Y(t)]=aE[\cos(\omega_0 t+\Theta)]=0$$

$$\begin{aligned}R_Y(t,\ t+\tau)&=E[Y(t)Y(t+\tau)]\\&=E[a^2\cos(\omega_0 t+\Theta)\cos(\omega_0 t+\omega_0\tau+\Theta)]\\&=\frac{1}{2}a^2\cos\omega_0\tau\end{aligned}$$

由于 $X(t)$与 $Y(t)$独立，且 $Y(t)$是零均值的，因此它们正交。

对于 $Z(t)=X(t)+Y(t)$，有

$$\begin{aligned}R_Z(t,\ t+\tau)&=E[Z(t)Z(t+\tau)]\\&=E\{[X(t)+Y(t)][X(t+\tau)+Y(t+\tau)]\}\\&=R_X(t,\ t+\tau)+R_Y(t,\ t+\tau)\\&=R_X(\tau)+\frac{1}{2}a^2\cos\omega_0\tau\end{aligned}$$

$X(t)$与 $Y(t)$的正交性使得上式推导中得到的交叉项为零。因此，$Z(t)$也是平稳信号。

又因为

$$\begin{aligned}R_{XZ}(t,\ t+\tau)&=E[X(t)Z(t+\tau)]\\&=E\{X(t)[X(t+\tau)+Y(t+\tau)]\}\\&=R_X(\tau)\end{aligned}$$

所以，信号 $X(t)$与 $Z(t)$是联合平稳的。通过傅里叶变换可得

$$P_Z(\omega)=P_X(\omega)+\frac{\pi a^2}{2}[\delta(\omega+\omega_0)+\delta(\omega-\omega_0)]$$

$$P_{XZ}(\omega)=P_X(\omega)$$

另外，从 $Z(t)$的自相关函数与功率谱密度中还可以看到其中包含的周期分量，即单频干扰成分 ω_0。

4.4　随机信号的带宽

随机信号功率谱密度所占据的频带宽度被称为随机信号的带宽。随机信号的带宽反映了随机信号的大量样本函数在统计意义上所占有的频带宽度。在实际的信号传输系统中，被传输的信号客观上总是占据一定的带宽，由于频带资源的有限性，系统设计者对所有传输信号的带宽必须有一个明确的了解。

由于随机信号功率密度具有多样性，所以随机信号带宽的定义也有很多种，这里给出几种常用的带宽定义。虽然这些定义有所差别，但是其基本思想都是给出了一个带宽，在该带宽上分布着随机信号的主要功率。

常用的带宽有绝对带宽、第一零点带宽、3 dB 带宽、等效噪声带宽、功率带宽等(注意带宽只计算 $\omega\geqslant 0$ 频段部分的频谱)。根据信号频谱集中分布的范围，可以将信号分为低通和带通信号。低通信号的频谱主要集中在零频附近，其他频率区间的频谱近似为零；而带通信号的频谱则集中在某个较高中心频率附近，其他频率范围的频谱近似为零，且零频处也近似为零。一种常用的带通信号是窄带信号，窄带信号一般指的是带宽远远小于其中心频率的一类信号。

设宽平稳随机信号 $X(t)$的功率谱密度为 $P_X(\omega)$，自相关函数为 $R_X(\tau)$，定义如下几

种带宽。

1. 绝对带宽

若 $P_X(\omega)$ 在 $\omega>0$ 的范围为 (ω_1, ω_2)，即在区间 (ω_1, ω_2) 外 $P_X(\omega)$ 为零，则称 $\Delta\omega=|\omega_1-\omega_2|$ 为随机信号 $X(t)$ 的绝对带宽。

2. 第一零点带宽

设 $P_X(\omega)$ 在 ω_0 处取得最大值，ω_1 是 $P_X(\omega)$ 在 $\omega<\omega_0$ 上的最大的一个零点，ω_2 是 $P_X(\omega)$ 在 $\omega<\omega_0$ 上的最小的一个零点，则称 $\Delta\omega=|\omega_1-\omega_2|$ 为随机信号 $X(t)$ 的零点到零点带宽，即第一零点带宽。

3. 3 dB 带宽

设 $P_X(\omega)$ 在 ω_0 处取得最大值，若 $\omega_0\in(\omega_1, \omega_2)$ 且

$$P_X(\omega_1)=P_X(\omega_2)=\frac{P_X(\omega_0)}{2} \tag{4-87}$$

则称 $\Delta\omega=|\omega_1-\omega_2|$ 为随机信号 $X(t)$ 的 3 dB 带宽，如图 4-5 所示。

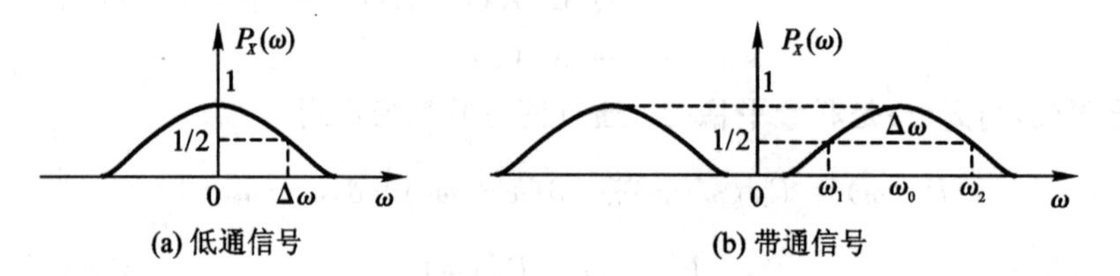

图 4-5　信号的 3 dB 带宽

4. 等效噪声带宽

设 $P_X(\omega)$ 在 ω_0 处取得最大值，则称

$$\Delta\omega_{\text{eq}}=\frac{\dfrac{1}{2\pi}\displaystyle\int_0^{\infty}P_X(\omega)\,\mathrm{d}\omega}{P_X(\omega_0)} \tag{4-88}$$

为随机信号 $X(t)$ 的等效噪声带宽，如图 4-6 所示。

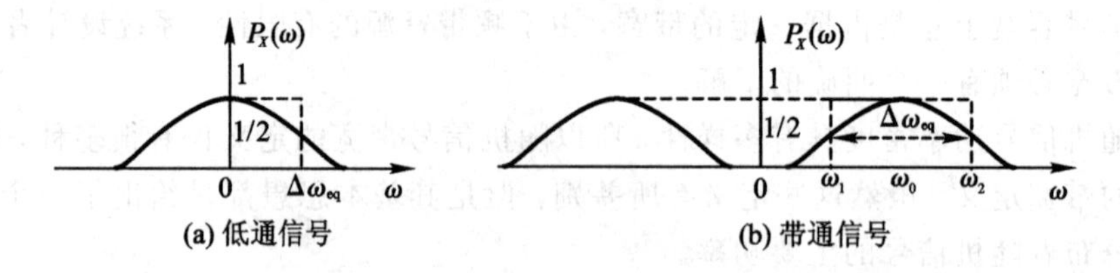

图 4-6　信号的等效噪声带宽

5. 功率带宽

若存在

$$\frac{\displaystyle\int_{\omega_1}^{\omega_2}P_X(\omega)\,\mathrm{d}\omega}{\displaystyle\int_0^{+\infty}P_X(\omega)\,\mathrm{d}\omega}\geqslant 99\% \tag{4-89}$$

则称 $\Delta\omega=|\omega_1-\omega_2|$ 为随机信号 $X(t)$ 的功率带宽。

4.5　高斯白噪声与带限白噪声

在信号与信息处理领域，信号的无失真传输和处理是不可能的。在分析通信系统的抗干扰能力时，常会用到一种理想且简单的随机信号，其功率谱密度为常数，这就引出了白噪声的概念，它具有重要的理论研究价值。工程实践中的一些信号在特定的条件下可以近似为白噪声信号，例如(电阻)热噪声。

4.5.1　高斯白噪声

1.（理想）白噪声

1）白噪声的定义

若平稳随机信号 $N(t)$ 的均值为零，且在所有频率范围内的功率谱为常数，即

$$P_N(\omega)=\frac{N_0}{2},\quad -\infty<\omega<\infty \tag{4-90}$$

或者

$$F_N(\omega)=N_0,\quad 0<\omega<\infty \tag{4-91}$$

其中 N_0 为正的实常数，则称 $N(t)$ 为白噪声。“白”字系借用白色光具有均匀光谱的概念而来。一般理论分析采用双边谱密度，双边白噪声功率谱密度如图 4-7 所示。

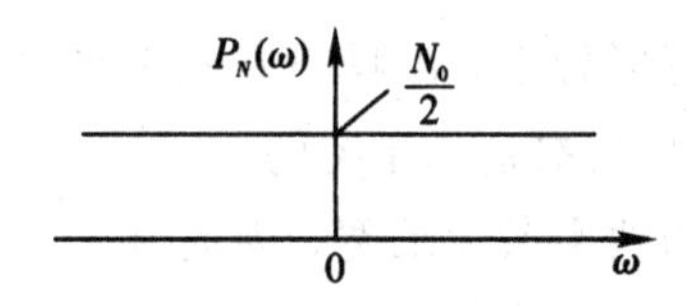

图 4-7　白噪声功率谱密度

“白”表示功率谱密度在整个频率轴上均匀分布，为一常数 $N_0/2$。“白光”的光谱包含了所有可见光的频率分量，它们分布在整个频率轴上。

2）白噪声的数字特征

(1) 相关函数。

利用维纳-辛钦定理，得

$$R_N(\tau)=\mathscr{F}^{-1}[P_N(\omega)]=\frac{N_0}{2}\delta(\tau) \tag{4-92}$$

从上式可以看出，白噪声的自相关函数是一个面积等于 $N_0/2$ 的 δ 函数。其图形如图 4-8 所示。

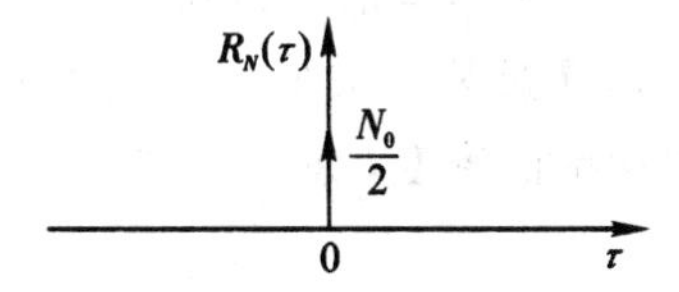

图 4-8　白噪声的自相关函数

(2) 均值。

由于

$$R_N(\tau)=\frac{N_0}{2}\delta(\tau)=\begin{cases}\infty, & \tau=0\\ 0, & \tau\neq 0\end{cases} \tag{4-93}$$

所以

$$R_N(\infty)=m_N^2$$

即

$$m_N=0 \tag{4-94}$$

(3) 方差。

$$\sigma_N^2=R_N(0)=\frac{N_0}{2}\delta(0)=\infty \tag{4-95}$$

式(4-95)表明白噪声的交流功率为无穷大。因此真正的"白"噪声是不存在的,它只是构造出的一种理想化的噪声形式。

(4) 相关系数。

$$\rho_N(\tau)=\frac{R_N(\tau)}{R_N(0)}=\begin{cases}1, & \tau=0\\ 0, & \tau\neq 0\end{cases} \tag{4-96}$$

从噪声相关系数可以看出:不同时刻的信号正交。

3) 白噪声的特点

(1) 理想化的数学模型。

由 $R_N(\tau)$或者$\rho_N(\tau)$特点可以看出,白噪声在任何两个相邻时刻的状态(即使是紧连着的两个时刻),只要不是同一时刻都是不相关的。

由于定义下的白噪声模型的功率谱无限宽,因此其平均功率为无穷大。然而,物理上存在的任何随机信号,其平均功率总是有限的。

$$P=\frac{1}{2\pi}\int_{-\infty}^{+\infty}P_N(\omega)\mathrm{d}\omega=\frac{1}{2\pi}\int_{-\infty}^{+\infty}\frac{N_0}{2}\mathrm{d}\omega=\infty$$

或

$$P=R_N(0)=\frac{N_0}{2}\delta(0)=\infty \tag{4-97}$$

(2) 数学上有很好的运算性质。

由于白噪声的功率谱密度是"常数",自相关函数是一个冲激函数,所以,将它作为噪声与信号一起分析处理比较方便,且可以简化运算。

(3) 白噪声是大多数重要噪声的模型。

经过科学验证,大自然中许多重要的噪声信号,因其功率谱近似于常数,确实可以用白噪声来近似。例如,通信系统中的热噪声都可以认为是白噪声。在实际工程中,任何一个系统的带宽总是有限的。当噪声通过某一系统时,只要它在我们感兴趣的信号频带宽得多的范围内,都具有近似均匀的功率谱密度,就可以被当作白噪声来处理,而且不会带来很大的误差。

2. 高斯白噪声

白噪声是从功率谱的角度定义的,并未涉及其概率分布,因此可以有各种不同概率分布的白噪声，在通信系统可靠性能分析时，常用到的是具有高斯分布的白噪声。若白噪声的每个随机变量的概率密度函数都服从高斯分布，则称为高斯白噪声。根据高斯信号的性质可知，高斯白噪声在任意两个不同时刻上的随机变量不仅是互不相关的，而且还是统计独立的。

4.5.2　带限白噪声

在工程问题中，一个实际系统的带宽只能是有限的，当理想白噪声通过系统后，会得到带限噪声，若其功率谱密度在通带范围内仍具有均匀分布特性，则称其为带限白噪声。带限白噪声又可以分为低通白噪声和带通白噪声。

1. 低通白噪声

如果白噪声通过理想低通滤波器或者理想低通信道，则输出的噪声称为低通白噪声，用 $X(t)$来表示。假设理想低通滤波器具有模为 1、截止频率为$|\omega|\leqslant\Omega/2$ 的传输特性，则低通白噪声对应的功率谱密度为

$$P_X(\omega)=\begin{cases}\dfrac{N_0}{2}, & |\omega|\leqslant\dfrac{\Omega}{2}\\[2mm] 0, & |\omega|>\dfrac{\Omega}{2}\end{cases} \tag{4-98}$$

称 $X(t)$为低通型带限白噪声。其自相关函数为

$$R_X(\tau)=\frac{1}{2\pi}\int_{-\infty}^{+\infty}P_X(\omega)\mathrm{e}^{\mathrm{j}\omega\tau}\,\mathrm{d}\omega=\frac{\Omega N_0}{4\pi}\cdot\mathrm{Sa}\left(\frac{\Omega\tau}{2}\right) \tag{4-99}$$

其对应的曲线如图 4-9 所示。

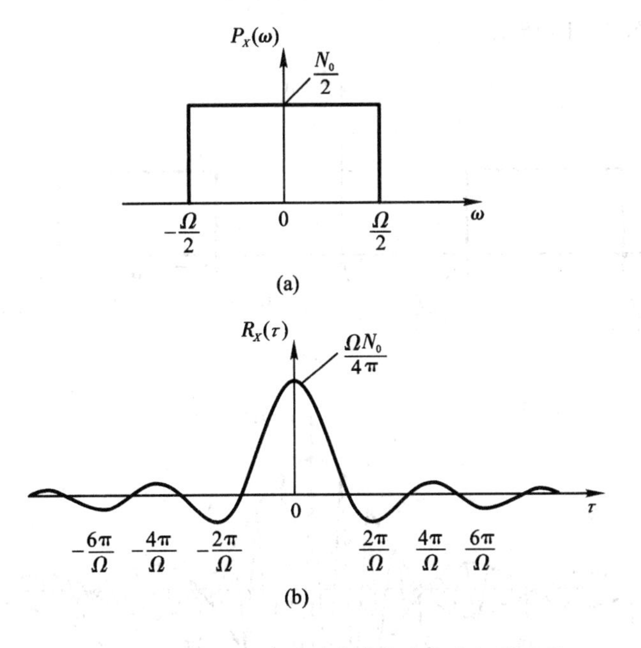

图 4-9　低通白噪声的功率谱密度与自相关函数

由图 4-9(a)可以看出，白噪声的功率谱密度被限制在$|\omega|\leqslant\Omega/2$ 内，该低通白噪声的带宽为 $B=\dfrac{\Omega}{4\pi}$，其平均功率为 $R_X(0)=\dfrac{N_0}{4\pi}\Omega=N_0B$。

由图 4-9(b)可以看出，这种低通白噪声只有在 $\tau=k\dfrac{2\pi}{\Omega}(k=\pm1,\pm2,\cdots)$上得到的随机变量才互不相关。

2. 带通白噪声

如果白噪声通过理想带通滤波器或理想带通信道，则其输出的噪声称为带通白噪声，用$Y(t)$来表示。

设理想带通滤波器的传输特性为

$$H(\omega)=\begin{cases}1, & \omega_0-\dfrac{\Omega}{2}\leqslant|\omega|\leqslant\omega_0+\dfrac{\Omega}{2}\\ 0, & \text{其他}\end{cases} \tag{4-100}$$

式中，ω_0为中心频率，Ω为通带宽度。则其输出噪声的功率谱密度为

$$P_Y(\omega)=\begin{cases}\dfrac{N_0}{2}, & \omega_0-\dfrac{\Omega}{2}\leqslant|\omega|\leqslant\omega_0+\dfrac{\Omega}{2}\\ 0, & \text{其他}\end{cases} \tag{4-101}$$

应用维纳-辛钦定理，不难求出它的自相关函数为

$$\begin{aligned}R_Y(\tau)&=\frac{N_0\cdot\sin\left(\dfrac{\Omega\tau}{2}\right)}{\Omega\tau/2}\cdot\cos\omega_0\tau\\&=\frac{\Omega N_0}{2\pi}\cdot\mathrm{Sa}\left(\frac{\Omega\tau}{2}\right)\cdot\cos\omega_0\tau\\&=2R_X(\tau)\cos\omega_0\tau\end{aligned} \tag{4-102}$$

其对应的曲线如图 4-10 所示。

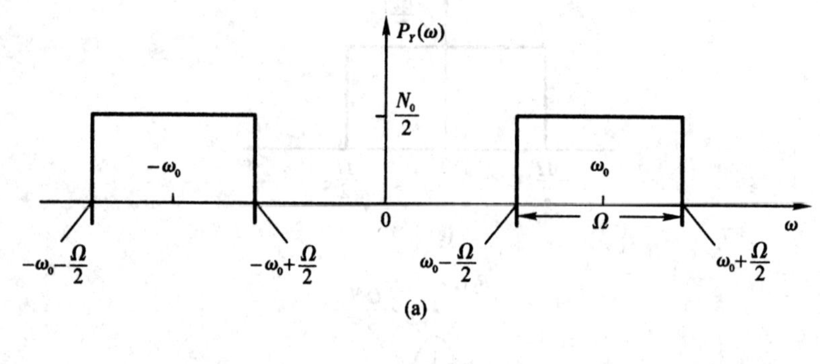

(a)

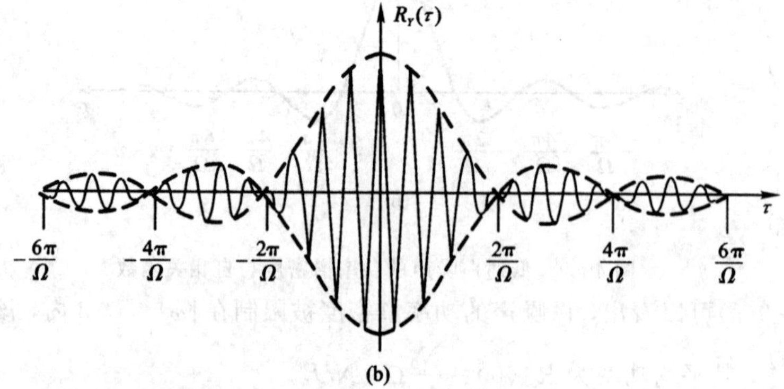

(b)

图 4-10 带通白噪声的功率谱密度和自相关函数

由图 4-10 可以看出，当理想白噪声通过带通系统时，带宽由无穷宽变为有限宽，平均功率由无穷大变为有限值，自相关函数的不相关性减弱了。

习　题　四

1. $X(t)$是平稳随机信号，其自相关函数为 $R_X(\tau)=e^{-2|\tau|}\cos\tau+1$，求其功率谱密度及平均功率。

2. 已知零均值平稳随机信号 $X(t)$的功率谱密度 $P_X(\omega)=\dfrac{6\omega^2}{\omega^4+5\omega^2+4}$，求其 $R_X(\tau)$和 $D[X(t)]$。

3. 若系统的输入信号 $X(t)$为平稳随机信号，系统输出为 $Y(t)=X(t)+X(t-T)$。试求 $Y(t)$的功率谱密度，假定 $X(t)$的功率谱密度为 $P_X(\omega)$。

4. 若调幅信号波形为 $Y(t)=[a+X(t)]\cos\omega_0 t$，其中 a、ω_0为常量，$X(t)$为具有功率谱密度 $P_X(\omega)$的低频平稳随机信号，求已调波形 $Y(t)$的功率谱密度。

5. 若 $X(t)$和 $Y(t)$是联合广义平稳的随机信号，分别将其加到放大器的输入端，再将它们的输出加到加法器的输入端，即输出 $Z(t)=aX(t)+bY(t)$，其中 a、b 为常数。试求随机信号 $Z(t)$的功率谱密度 $P_Z(\omega)$和互功率谱密度 $P_{XZ}(\omega)$、$P_{YZ}(\omega)$。

6. 已知随机信号 $Z(t)=X(t)\cos\omega_0 t+Y(t)\sin\omega_0 t$，式中 $X(t)$、$Y(t)$联合平稳，ω_0为常数。

(1) 讨论 $X(t)$、$Y(t)$的均值和自相关函数在什么条件下，才能使随机信号 $Z(t)$宽平稳；

(2) 利用(1)的结论，用功率谱密度 $P_X(\omega)$、$P_Y(\omega)$、$P_{XY}(\omega)$表示 $Z(t)$的功率谱密度 $P_Z(\omega)$；

(3) 若 $X(t)$、$Y(t)$互不相关，求 $Z(t)$的功率谱密度 $P_Z(\omega)$。

7. 已知随机信号 $X(t)=a\cos(\omega_0 t+\Theta)$，$Y(t)=A(t)\cos(\omega_0 t+\Theta)$，式中 a、ω_0为正的实常数，$A(t)$是具有恒定均值 m_A的随机信号，Θ 是与 $A(t)$独立的随机变量。运用互功率谱密度定义式

$$P_{XY}(\omega)=\lim_{T\to\infty}\frac{1}{2T}E[X_T^*(\omega)Y_T(\omega)]$$

求证：无论随机变量 Θ 的概率密度形式如何，总有

$$P_{XY}(\omega)=\frac{\pi m_A}{2}[\delta(\omega+\omega_0)+\delta(\omega-\omega_0)]$$

8. 已知平稳信号 $X(t)$的物理功率谱密度为

$$F_X(\omega)=\begin{cases}4, & \omega\geqslant 0\\ 0, & \omega<0\end{cases}$$

(1) 求 $X(t)$的功率谱密度 $P_X(\omega)$和自相关函数$R_X(\tau)$，并画出 $F_X(\omega)$、$P_X(\omega)$、$R_X(\tau)$的图形；

(2) 判断信号 $X(t)$是否是白噪声，并给出理由。

9. 随机信号 $X(t)$和 $Y(t)$是统计独立的平稳信号，均值分别为 m_X和 m_Y，协方差函数

分别为 $C_X(\tau)=e^{-\alpha|\tau|}$ 和 $C_Y(\tau)=e^{-\beta|\tau|}$。求 $Z(t)=X(t)Y(t)$ 的自相关函数与功率谱密度。

10. 随机信号 $X(t)=a\cos(\Omega t+\Theta)$，其中 a 为常数，Ω 和 Θ 是统计独立的随机变量，Θ 在 $[0, 2\pi]$ 上均匀分布，Ω 有对称的概率密度 $f_\Omega(\omega)=f_\Omega(-\omega)$。

(1) 讨论 $X(t)$ 是否平稳；

(2) 求 $X(t)$ 的方差和功率谱密度。

11. 若平稳随机信号 $X(t)$ 的自相关函数为 $R_X(\tau)=4e^{-4|\tau|}$，求 $X(t)$ 的等效噪声带宽 $\Delta\omega_{eq}$。

12. 某线性系统的功率传输函数为

$$|H(\omega)|^2=\frac{1}{1+\left(\frac{\omega}{\Delta\omega}\right)^2}$$

式中 $\Delta\omega$ 为 3 dB 带宽，求系统的等效噪声带宽 $\Delta\omega_{eq}$。

第五章　随机信号通过线性系统分析

载有各种信息的信号大多数是随机信号，信息的获取、变换和处理要用到各种系统。信号与信息的处理过程实际上就是其通过相应系统的过程。在电子通信系统中，通常把系统分成线性系统(线性放大器、线性滤波器等)和非线性系统(检波器、限幅器以及调制器等)两大类。在信号与系统分析中，我们讨论的是确知信号，并得到了它们通过线性时不变系统的丰富的理论结果。本章基于这些结果，讨论随机信号通过线性时不变系统的问题。

在输入为确知信号的条件下，线性系统的响应有明确的表达式。如果输入是随机信号，输出信号也必然是随机信号。然而，由前面内容可知，随机信号可以通过均值、自相关函数以及功率谱密度等统计特性来进行描述。因此，本章要研究的基本问题是如何根据线性系统输入随机信号的统计特性以及线性系统的特性，确定该系统输出的统计特性，以及线性系统对随机信号的功率传输问题。本章还给出了通信系统中常见的随机信号通过线性系统的分析方法。

5.1　线性系统的基本理论

对随机信号进行线性分析，需要以确知信号的线性变换为基础，因而本节简要回顾线性系统的基本概念及分析方法。我们这里只讨论确知信号通过单输入单输出确定线性系统的情况。

5.1.1　线性系统的概念

1. 一般线性系统

在无线电系统中，通常把具有叠加性和齐次性的系统称为线性系统。

假设线性系统输入为确知信号 $x(t)$，输出为确知信号 $y(t)$，则 $y(t)$可以看成是线性系统对 $x(t)$经过一定算法运算所得到的响应结果。这种算法属于线性运算，例如，加法、乘法、微分、积分等。如果利用线性算子符号 $L[\cdot]$表示，则一般的线性系统变换可用图 5-1 或式(5-1)表示。

$$y(t)=L[x(t)] \tag{5-1}$$

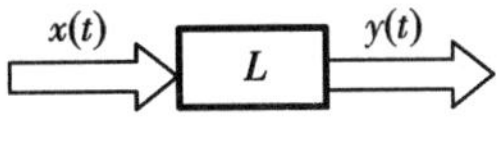

x(t) → L → y(t)

图 5-1　线性系统示意图

如果系统输入 $x_k(t)(k=1, 2, \cdots, n)$的线性组合的响应等于各自响应的线性组合，则称此系统为线性系统，即满足

$$y(t)=L\left[\sum_{k=1}^{n}a_kx_k(t)\right]=\sum_{k=1}^{n}a_kL\left[x_k(t)\right]=\sum_{k=1}^{n}a_ky_k(t) \tag{5-2}$$

式中，a_k为任意常数，n可以为无穷大。

2. 线性时不变系统

对于线性系统，若输入信号$x(t)$有任意时移t_0时，输出信号$y(t)$也有一个相同的时移t_0，即

$$y(t-t_0)=L[x(t-t_0)] \tag{5-3}$$

则称这个系统为线性时不变系统，如图 5-2 所示。

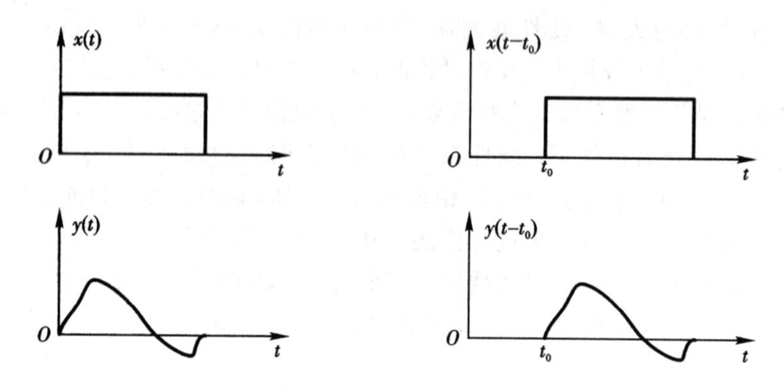

图 5-2 线性时不变系统输入输出示意图

5.1.2 线性系统的分析方法

根据线性系统理论，可以用许多方法来描述一个线性时不变系统。对于连续时间系统，主要的描述方法有：

(1) 输入输出关系法，即用单位冲激响应$h(t)$或传递函数$H(\omega)$来描述；

(2) 常微分方程法；

(3) 状态变量法。

分析系统输出响应相应地也有三种方法：

(1) 卷积积分或卷积相乘法，用此方法可得到系统的零状态响应；

(2) 微分方程法，用此方法可得到系统的全响应；

(3) 状态变量法，解状态方程可得全响应。

这里我们主要回顾用输入输出关系法对线性系统进行分析。

1. 连续线性时不变系统的输出响应(时域分析方法)

对于线性时不变系统，若系统激励$x(t)$是确知信号，则系统的零状态响应$y(t)$可以由$x(t)$和系统所对应的单位冲激响应$h(t)$的卷积得到，即

$$y(t)=x(t)*h(t)=\int_{-\infty}^{+\infty}h(\alpha)x(t-\alpha)\mathrm{d}\alpha=\int_{-\infty}^{+\infty}x(\alpha)h(t-\alpha)\mathrm{d}\alpha \tag{5-4}$$

如果系统是因果系统，即当$t<0$时，有$h(t)=0$，则式(5-4)的积分限可修正为

$$y(t)=\int_{0}^{+\infty}h(\alpha)x(t-\alpha)\mathrm{d}\alpha=\int_{-\infty}^{t}x(\alpha)h(t-\alpha)\mathrm{d}\alpha \tag{5-5}$$

若输入信号$x(t)$也是因果信号，即当$t<0$时，有$x(t)=0$，则上式可以写为

$$y(t)=\int_0^t h(\alpha)x(t-\alpha)\mathrm{d}\alpha=\int_0^t x(\alpha)h(t-\alpha)\mathrm{d}\alpha \tag{5-6}$$

图 5-3 给出了线性时不变系统时域输入输出关系。

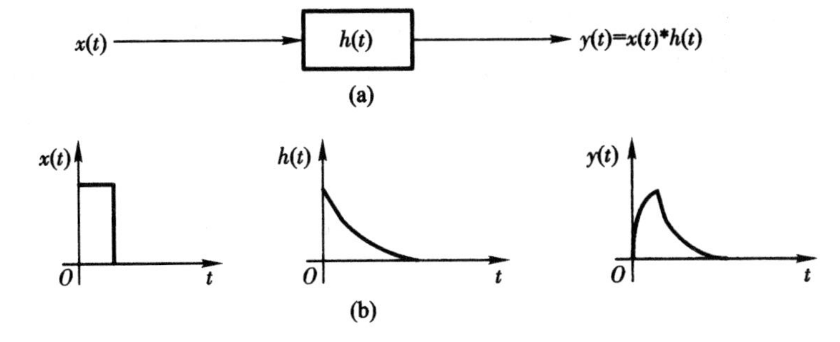

图 5-3　时域输入输出关系

2. 连续时不变系统的传输函数(频域分析法)

一个线性时不变系统可以完整地由它的冲激响应来表征。冲激响应是一种瞬时特性，通过系统输出 $y(t)$的傅里叶变换可以导出其频域的相应特性。

如果 $x(t)$和 $h(t)$绝对可积，即

$$\begin{cases}\int_{-\infty}^{+\infty}|x(t)|\mathrm{d}t<\infty\\ \int_{-\infty}^{+\infty}|h(t)|\mathrm{d}t<\infty\end{cases} \tag{5-7}$$

则 $x(t)$和 $h(t)$的傅里叶变换存在，有

$$\begin{cases}X(\omega)=\int_{-\infty}^{+\infty}x(t)\mathrm{e}^{-\mathrm{j}\omega t}\mathrm{d}t\\ H(\omega)=\int_{-\infty}^{+\infty}h(t)\mathrm{e}^{-\mathrm{j}\omega t}\mathrm{d}t\end{cases} \tag{5-8}$$

$H(\omega)$称为连续时不变线性系统的传输函数，也可称为系统函数或频率响应。设 $Y(\omega)$是输出 $y(t)$的傅里叶变换，则有

$$Y(\omega)=H(\omega)X(\omega) \tag{5-9}$$

式(5-9)表明：任何线性时不变系统响应的傅里叶变换，等于输入信号傅里叶变换与系统函数的乘积，或者说线性时不变系统的传输函数等于输出与输入信号频谱的比值，即

$$H(\omega)=\frac{Y(\omega)}{X(\omega)} \tag{5-10}$$

图 5-4 给出了线性时不变系统频域输入输出关系。

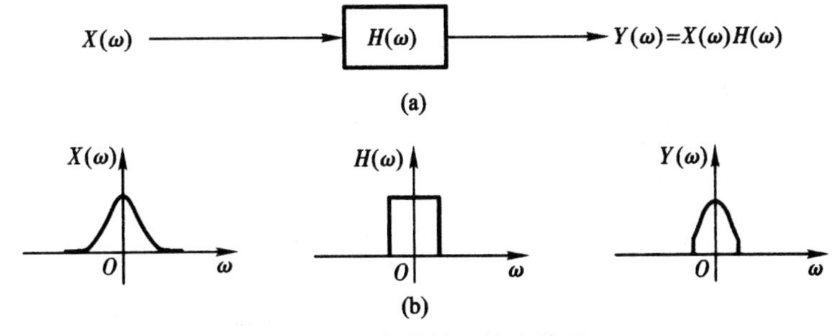

图 5-4　频域输入输出关系

5.2　随机信号通过线性系统分析

5.1节我们已经复习了线性系统与确知信号输入输出的关系，本节将重点讨论随机信号通过线性时不变系统的情况。假定随机信号 $X(t)$ 通过某个确知的线性时不变系统 $h(t)$，取其一个样本函数 $x(t)$。由于 $x(t)$ 是一个确定的时间函数，当它输入系统 $h(t)$ 时，可输出响应信号

$$y(t)=x(t)*h(t)=\int_{-\infty}^{+\infty}h(\alpha)x(t-\alpha)\mathrm{d}\alpha$$
$$=\int_{-\infty}^{+\infty}x(\alpha)h(t-\alpha)\mathrm{d}\alpha$$

显然，$y(t)$ 也是一个确定的时间函数。对于随机信号 $X(t)$ 中的所有样本函数 $\{x_i(t)\}(i=1, 2, \cdots)$，通过线性系统后可得到另一个随机信号 $Y(t)$ 所有的样本函数 $\{y_i(t)\}(i=1, 2, \cdots)$，其中

$$y_i(t)=x_i(t)*h(t)=\int_{-\infty}^{+\infty}h(\alpha)x_i(t-\alpha)\mathrm{d}\alpha$$
$$=\int_{-\infty}^{+\infty}x_i(\alpha)h(t-\alpha)\mathrm{d}\alpha \tag{5-11}$$

所以，随机信号 $X(t)$ 通过线性时不变系统的响应信号 $Y(t)$ 也是随机信号。它们之间的关系为

$$Y(t)=X(t)*h(t)=\int_{-\infty}^{+\infty}h(\alpha)X(t-\alpha)\mathrm{d}\alpha$$
$$=\int_{-\infty}^{+\infty}X(\alpha)h(t-\alpha)\mathrm{d}\alpha \tag{5-12}$$

上式可以理解为：输出信号 $Y(t)$ 的样本函数的集合可以通过输入信号 $X(t)$ 的样本函数集合与线性时不变系统的单位冲激响应 $h(t)$ 卷积得到。

在研究随机信号时，通常并不需要根据式(5-12)来求出具体的 $Y(t)$，实际上也很难求出 $Y(t)$，我们只需根据研究随机信号的方法求得输出随机信号 $Y(t)$ 的统计特性即可。因此随机信号通过线性系统的分析主要从下面几方面考虑：

(1) 若已知输入信号 $X(t)$ 的统计特性，如何确定输出信号 $Y(t)$ 的统计特性？

(2) 若输入信号 $X(t)$ 平稳，那么输出信号 $Y(t)$ 是否也平稳？

(3) 输入与输出之间的联合统计特性如何？

为了便于研究，在随机信号通过线性系统的研究中，主要针对输出响应统计特性的一、二阶矩特性与功率谱特性展开时域和频域分析。本节将根据输入信号 $X(t)$ 的均值、自相关函数和功率谱密度，结合已知线性系统的单位冲激响应和传输函数，求出输出随机信号 $Y(t)$ 响应的均值、自相关函数和功率谱密度，以及输入输出的互相关函数和互功率谱密度等统计特性。分析方法通常采用时域分析法和频域分析法。

5.2.1　随机信号通过线性时不变系统的时域分析

均值和相关函数是随机信号的主要统计特性，它们是随机信号时域特性的基本体现。通过对其分析，可以建立随机信号通过线性时不变系统的时域分析理论。

1. 输出信号 $Y(t)$ 的均值

已知输入随机信号 $X(t)$ 的均值 $E[X(t)]$，则

$$
\begin{aligned}
E[Y(t)] &= E\left[\int_{-\infty}^{+\infty} h(\alpha)X(t-\alpha)\mathrm{d}\alpha\right] \\
&= \int_{-\infty}^{+\infty} h(\alpha)E[X(t-\alpha)]\mathrm{d}\alpha \\
&= h(t) * E[X(t)]
\end{aligned} \tag{5-13}
$$

若 $X(t)$ 为平稳随机信号，则有

$$
E[X(t-\alpha)] = E[X(t)] = m_X \quad (\text{常数}) \tag{5-14}
$$

因此

$$
\begin{aligned}
E[Y(t)] &= \int_{-\infty}^{+\infty} h(\alpha)E[X(t-\alpha)]\mathrm{d}\alpha \\
&= m_X \cdot \int_{-\infty}^{+\infty} h(\alpha)\mathrm{d}\alpha \\
&= m_X \cdot H(0)
\end{aligned} \tag{5-15}
$$

其中 $H(0)$ 为系统的传输函数 $H(\omega)$ 在 $\omega=0$ 时的值。

随机信号通过线性时不变系统的均值分析示意图如图 5-5 所示。

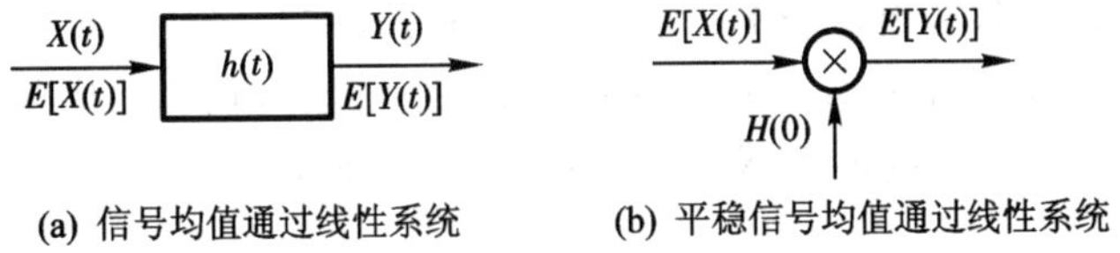

X(t)　E[X(t)]　h(t)　Y(t)　E[Y(t)]

(a) 信号均值通过线性系统

E[X(t)]　E[Y(t)]　H(0)

(b) 平稳信号均值通过线性系统

图 5-5　随机信号通过线性时不变系统均值分析示意图

例 5.1　对于图 5-6 所示的低通 RC 电路，已知输入信号 $X(t)$ 为宽平稳信号，其均值为 m_X，求其输出均值。

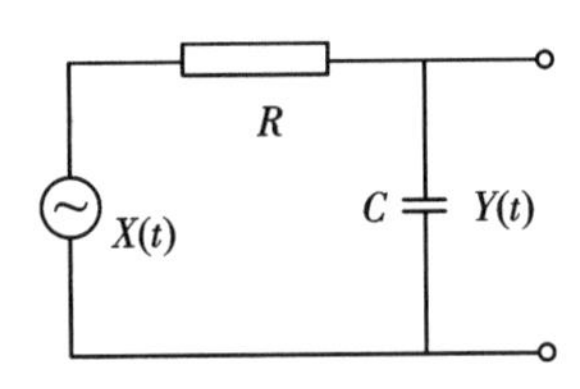

图 5-6　低通 RC 电路

解　由电路知识可得系统的冲激响应为 $h(t)=b\mathrm{e}^{-bt}U(t)$，其中 $b=1/RC$。

根据式(5-15)，其输出均值为

$$
\begin{aligned}
E[Y(t)] &= m_X \cdot \int_{0}^{+\infty} h(\alpha)\mathrm{d}\alpha \\
&= -m_X \mathrm{e}^{-bu}\Big|_{0}^{+\infty} = m_X
\end{aligned}
$$

2. 输出信号 $Y(t)$ 的自相关函数

已知系统输入随机信号 $X(t)$ 的自相关函数 $R_X(t_1, t_2)$，可以求出输出信号 $Y(t)$ 的自相关函数 $R_Y(t_1, t_2)$。根据定义，输出随机信号 $Y(t)$ 的自相关函数 $R_Y(t_1, t_2)$ 可表示为

$$
\begin{aligned}
R_Y(t_1, t_2) &= E[Y(t_1)Y(t_2)] \\
&= E\left[\int_{-\infty}^{+\infty} h(\alpha)X(t_1-\alpha)\mathrm{d}\alpha \int_{-\infty}^{+\infty} h(\beta)X(t_2-\beta)\mathrm{d}\beta\right] \\
&= \int_{-\infty}^{+\infty}\int_{-\infty}^{+\infty} h(\alpha)h(\beta)E[X(t_1-\alpha)X(t_2-\beta)]\mathrm{d}\alpha\mathrm{d}\beta \\
&= \int_{-\infty}^{+\infty}\int_{-\infty}^{+\infty} h(\alpha)h(\beta)R_X(t_1-\alpha, t_2-\beta)\mathrm{d}\alpha\mathrm{d}\beta \\
&= h(t_1) * h(t_2) * R_X(t_1, t_2)
\end{aligned} \tag{5-16}
$$

若输入信号 $X(t)$ 广义平稳，则上式中

$$
E[X(t_1-\alpha)X(t_2-\beta)] = R_X(\tau+\alpha-\beta), \qquad \tau = |t_2 - t_1| \tag{5-17}
$$

式(5-16)变为

$$
\begin{aligned}
R_Y(t_1, t_2) &= \int_{-\infty}^{+\infty}\int_{-\infty}^{+\infty} h(\alpha)h(\beta)R_X(\tau+\alpha-\beta)\mathrm{d}\alpha\mathrm{d}\beta \\
&= h(-\tau) * h(\tau) * R_X(\tau) \\
&= R_Y(\tau)
\end{aligned}
$$

即

$$
R_Y(\tau) = R_X(\tau) * h(\tau) * h(-\tau) \tag{5-18}
$$

3. 输入信号 $X(t)$ 与输出信号 $Y(t)$ 之间的互相关函数

由于系统的输出是系统输入作用的结果，因此系统输入输出之间是相关的。根据互相关函数的定义，可以得出系统输入 $X(t)$ 与输出 $Y(t)$ 之间的互相关函数 $R_{XY}(t_1, t_2)$ 与 $R_{YX}(t_1, t_2)$ 为

$$
\begin{aligned}
R_{XY}(t_1, t_2) &= E[X(t_1)Y(t_2)] \\
&= E\left[X(t_1)\cdot \int_{-\infty}^{+\infty} h(\alpha)X(t_2-\alpha)\mathrm{d}\alpha\right] \\
&= \int_{-\infty}^{+\infty} h(\alpha)E[X(t_1)X(t_2-\alpha)]\mathrm{d}\alpha \\
&= \int_{-\infty}^{+\infty} h(\alpha)R_X(t_1, t_2-\alpha)\mathrm{d}\alpha \\
&= R_X(t_1, t_2) * h(t_2)
\end{aligned} \tag{5-19}
$$

即

$$
R_{XY}(t_1, t_2) = R_X(t_1, t_2) * h(t_2) \tag{5-20}
$$

同理可得

$$
R_{YX}(t_1, t_2) = R_X(t_1, t_2) * h(t_1) \tag{5-21}
$$

若输入信号 $X(t)$ 广义平稳，且 $\tau = |t_2 - t_1|$，则式(5-20)变为

$$
R_{XY}(\tau) = \int_{-\infty}^{+\infty} h(\alpha)R_X(\tau-\alpha)\mathrm{d}\alpha = R_X(\tau) * h(\tau) \tag{5-22}
$$

类似地，式(5-21)变为

$$
R_{YX}(\tau) = R_X(\tau) * h(-\tau) \tag{5-23}
$$

根据以上分析，我们可以得到重要的结论：若输入信号 $X(t)$ 是平稳的，则线性时不变系统输出 $Y(t)$ 也是平稳的，且输入输出联合平稳。

根据输入信号与输出信号的相关函数之间的关系可归纳出子功能方框图，如图 5-7 所示。

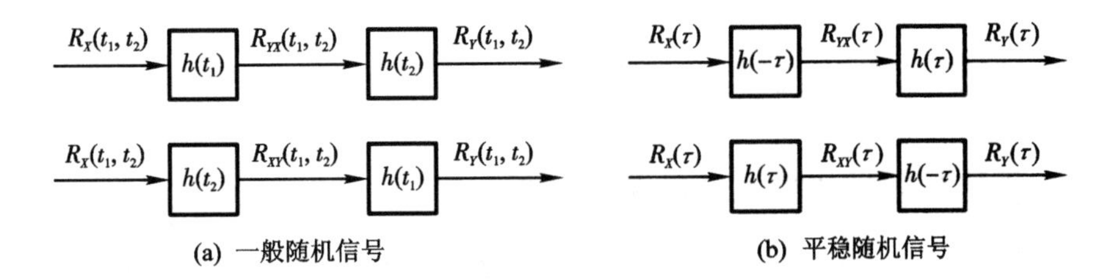

图 5-7　随机信号通过线性时不变系统相关函数示意图

例 5.2　已知理想白噪声 $N(t)$ 的自相关函数 $R_N(\tau)=\frac{N_0}{2}\delta(\tau)$，若 $N(t)$ 通过一个冲激响应为 $h(t)$ 的线性函数，求系统冲激响应与互相关函数 $R_{NY}(\tau)$ 的关系。

解　由式(5-22)得

$$R_{NY}(\tau)=\int_{-\infty}^{+\infty}\frac{N_0}{2}\delta(\tau-\alpha)h(\alpha)\,\mathrm{d}\alpha=\frac{N_0}{2}h(\tau)$$

故系统冲激响应为

$$h(\tau)=\frac{2}{N_0}R_{NY}(\tau)$$

例 5.3　$X(t)$ 是自相关函数为 $\frac{N_0}{2}\delta(\tau)$ 的平稳随机信号，通过图 5-6 所示的系统。求：

(1) 输出的自相关函数 $R_Y(\tau)$；

(2) 输入输出的互相关函数 $R_{XY}(\tau)$ 和 $R_{YX}(\tau)$。

解　(1) 由题意知 $R_X(\tau)=\frac{N_0}{2}\delta(\tau)$，则由式(5-18)求得输出自相关函数为

$$\begin{aligned}R_Y(\tau)&=\int_{-\infty}^{+\infty}\int_{-\infty}^{+\infty}h(\alpha)h(\beta)R_X(\tau+\alpha-\beta)\,\mathrm{d}\alpha\mathrm{d}\beta\\&=\int_{0}^{+\infty}h(\alpha)\left[\int_{0}^{+\infty}\frac{N_0}{2}\delta(\tau+\alpha-\beta)h(\beta)\,\mathrm{d}\beta\right]\mathrm{d}\alpha\\&=\frac{N_0}{2}\int_{0}^{+\infty}h(\alpha)h(\tau+\alpha)\,\mathrm{d}\alpha\end{aligned}$$

由 $h(t)=b\mathrm{e}^{-bt}u(t)$，其中 $b=1/RC$，可得

$$R_Y(\tau)=\frac{N_0}{2}\int_{0}^{+\infty}(b\mathrm{e}^{-b\alpha})u(\alpha)(b\mathrm{e}^{-b(\tau+\alpha)})u(\tau+\alpha)\,\mathrm{d}\alpha$$

下面分别按照 $\tau\geqslant0$ 和 $\tau<0$ 两种情况进行求解。当 $\tau\geqslant0$ 时，有

$$R_Y(\tau)=\frac{N_0b^2}{2}\mathrm{e}^{-b\tau}\int_{0}^{+\infty}\mathrm{e}^{-2b\alpha}\,\mathrm{d}\alpha=\frac{N_0b}{4}\mathrm{e}^{-b\tau}$$

由自相关函数的偶对称性知，当 $\tau<0$ 时，有

$$R_Y(\tau)=R_Y(-\tau)=\frac{N_0b}{4}\mathrm{e}^{b\tau}$$

合并 $\tau\geqslant0$ 和 $\tau<0$ 时的结果，可得到输出的自相关函数为

$$R_Y(\tau)=\frac{N_0b}{4}\mathrm{e}^{-b|\tau|},\quad |\tau|<\infty$$

(2) 由式(5-22)得输入输出的互相关函数为

$$R_{XY}(\tau)=R_X(\tau)*h(\tau)=\int_{0}^{+\infty}\frac{N_0}{2}\delta(\tau-\alpha)h(\alpha)\,\mathrm{d}\alpha=\frac{N_0}{2}b\mathrm{e}^{-b\tau}u(\tau)$$

同理，由式(5-23)得

$$R_{YX}(\tau)=R_X(\tau)*h(-\tau)=\int_0^{+\infty}\frac{N_0}{2}\delta(\tau+\alpha)h(\alpha)\mathrm{d}\alpha=\frac{N_0}{2}b\mathrm{e}^{-b\tau}u(-\tau)$$

5.2.2 随机信号通过线性系统的频域分析

分析线性系统输出的自相关函数或互相关函数对应时域分析方法，而分析系统输出的功率谱密度则对应频域分析法。系统输出的功率谱密度一方面可以根据系统输出的自相关函数求得，另一方面也可由系统的输入功率谱密度求得，同时还可以求得输入输出的互功率谱密度。以下的讨论都已经假定输入随机信号 $X(t)$ 是广义平稳的，因而输出随机信号 $Y(t)$ 也是广义平稳的，并且 $X(t)$、$Y(t)$ 是联合广义平稳的。

1. 系统输出的均值

由于 $h(t)\rightleftharpoons H(\omega)$ 关系存在，因此可得

$$m_Y=m_X\cdot\int_{-\infty}^{+\infty}h(\alpha)\mathrm{d}\alpha=m_XH(\omega)|_{\omega=0}=m_X\cdot H(0) \tag{5-24}$$

其中 $H(0)$ 称为线性系统的直流增益。

2. 系统输出的功率谱密度

对于传输函数为 $H(\omega)$ 的线性时不变系统，若输入广义平稳随机信号 $X(t)$ 的功率谱密度为 $P_X(\omega)$，则系统输出信号 $Y(t)$ 的功率谱密度为

$$P_Y(\omega)=P_X(\omega)|H(\omega)|^2 \tag{5-25}$$

我们称 $|H(\omega)|^2$ 为系统的功率谱传输函数或功率增益。式(5-25)表明，线性时不变系统的输出功率谱等于输入功率谱乘以系统的功率谱传输函数。这个公式在工程计算中很有用。

由前面推导出的结论可知，当随机信号 $X(t)$、$Y(t)$ 满足广义平稳条件时，它们的功率谱密度函数与相应的相关函数分别构成傅里叶变换对。此时，$h(\tau)$ 与 $h(-\tau)$ 的傅里叶变换关系也存在，分别为 $H(\omega)$ 与 $H^*(\omega)$。于是由式(5-18)与傅里叶变换的性质，有

$$P_Y(\omega)=P_X(\omega)H(\omega)H^*(\omega)=P_X(\omega)|H(\omega)|^2$$

若用 P_Y 表示系统输出总平均功率，则有

$$P_Y=R_Y(0)=\frac{1}{2\pi}\int_{-\infty}^{+\infty}P_X(\omega)|H(\omega)|^2\mathrm{d}\omega \tag{5-26}$$

例 5.4 某线性时不变系统的冲激响应 $h(t)=\mathrm{e}^{-bt}\mathrm{u}(t)$，$b>0$，输入 $X(t)$ 是零均值平稳高斯信号，自相关函数为 $R_X(\tau)=\sigma_X^2\mathrm{e}^{-a|\tau|}$，$a>0$，$a\neq b$。求：

(1) 输出信号 $Y(t)$ 的功率谱与自相关函数；

(2) $Y(t)$ 的一维概率密度函数；

(3) $P[Y(t)\geqslant 0]$。

解 (1) 输入 $X(t)$ 是平稳信号，采用如下的频域分析方法：

$$h(t)=\mathrm{e}^{-bt}\mathrm{u}(t)\rightleftharpoons\frac{1}{b+\mathrm{j}\omega}=H(\omega)$$

$$R_X(\tau)=\sigma_X^2\mathrm{e}^{-a|\tau|}\rightleftharpoons\frac{2a\sigma_X^2}{a^2+\omega^2}=P_X(\omega)$$

由功率谱之间的关系有

$$P_Y(\omega)=P_X(\omega)\,|H(\omega)|^2=\frac{2a\sigma_X^2}{a^2+\omega^2}\times\frac{1}{b^2+\omega^2}$$

$$=\frac{2a\sigma_X^2}{b^2-a^2}\left(\frac{1}{a^2+\omega^2}-\frac{1}{b^2+\omega^2}\right)$$

因此

$$R_Y(\tau)=\mathscr{F}\mathscr{T}^{-1}[P_Y(\omega)]=\frac{a\sigma_X^2}{b^2-a^2}\left(\frac{1}{a}e^{-a|\tau|}-\frac{1}{b}e^{-b|\tau|}\right)$$

(2) 由于 $X(t)$是高斯信号，$Y(t)$也是高斯信号，并且

$$m_Y=m_XH(0)=0$$

$$\sigma_Y^2=R_Y(0)-m_Y^2=R_Y(0)=\frac{\sigma_X^2}{b(a+b)}$$

因此有

$$f_Y(y;\,t)=\sqrt{\frac{b(a+b)}{2\pi\sigma_X^2}}\exp\left[-\frac{b(a+b)y^2}{2\sigma_X^2}\right]$$

(3) 由 $m_Y=0$ 易得

$$P[Y(t)\geqslant 0]=\int_0^{+\infty}f_Y(y;\,t)\mathrm{d}y=0.5$$

例 5.5　设随机正弦信号 $X(t)=a\cos(\omega_0t+\Theta)$，其中 ω_0、a 为常量，Θ 在$[0,2\pi]$上均匀分布。当 $X(t)$作用到图 5-6 所示的 RC 电路上时，求稳态时输出信号的功率谱与自相关函数。

解　首先求系统的频率响应或系统传输函数 $H(\omega)$。根据电路分析、信号与系统的知识可得

$$H(\omega)=\frac{\dfrac{1}{\mathrm{j}\omega C}}{R+\dfrac{1}{\mathrm{j}\omega C}}=\frac{1}{1+\mathrm{j}\omega RC}\rightleftharpoons h(t)=\frac{1}{RC}e^{-t/RC}u(t)$$

然后，计算 $X(t)$的均值和自相关函数，即

$$m_X=E[X(t)]=\int_0^{2\pi}a\cos(\omega_0t+\theta)\cdot\frac{1}{2\pi}\mathrm{d}\theta=0$$

$$R_X(t+\tau,\,t)=E[X(t)X(t+\tau)]=\frac{a^2}{2}\cos\omega_0\tau$$

由此可见，$X(t)$是宽平稳的。

考虑系统稳态时的解，可利用公式 $P_Y(\omega)=|H(\omega)|^2\cdot P_X(\omega)$得出

$$P_Y(\omega)=P_X(\omega)\cdot|H(\omega)|^2$$

$$=\frac{a^2\pi}{2}[\delta(\omega+\omega_0)+\delta(\omega-\omega_0)]\times\frac{1}{1+(\omega RC)^2}$$

$$=\frac{a^2\pi}{2(1+\omega_0^2R^2C^2)}[\delta(\omega-\omega_0)+\delta(\omega+\omega_0)]$$

于是得

$$R_Y(\tau)=\mathscr{F}\mathscr{T}^{-1}[P_Y(\omega)]=\frac{a^2}{2(1+\omega_0^2R^2C^2)}\cos\omega_0\tau$$

例 5.6　已知 $X(t)$为平稳随机信号，且已知其自相关函数 $R_X(\tau)$和功率谱密度

$P_X(\omega)$，试求 $X(t)$ 通过图 5-8 所示系统后 $Y(t)$ 的功率谱密度 $P_Y(\omega)$ 及其自相关函数 $R_Y(\tau)$。

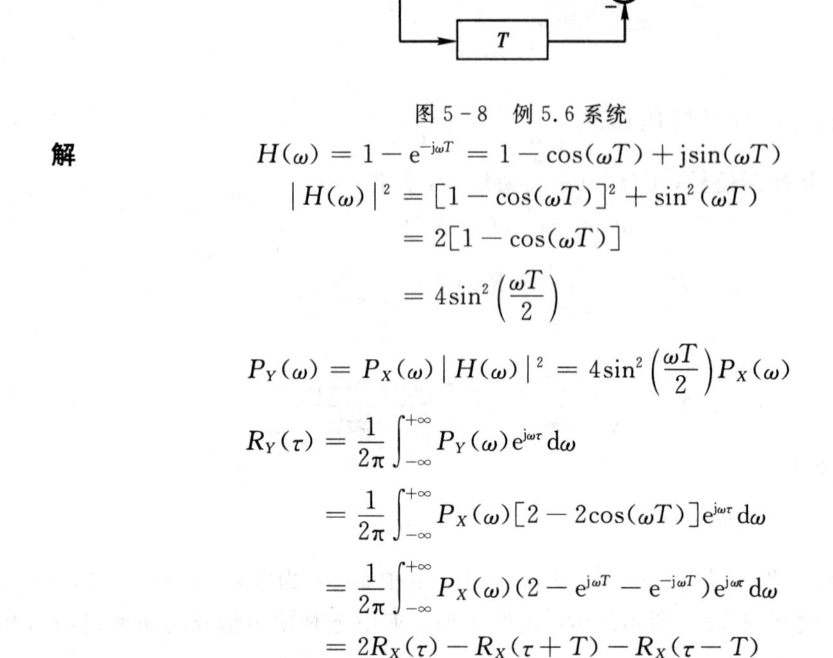

图 5-8　例 5.6 系统

解

$$H(\omega) = 1 - e^{-j\omega T} = 1 - \cos(\omega T) + j\sin(\omega T)$$

$$\begin{aligned}|H(\omega)|^2 &= [1-\cos(\omega T)]^2 + \sin^2(\omega T) \\ &= 2[1-\cos(\omega T)] \\ &= 4\sin^2\left(\frac{\omega T}{2}\right)\end{aligned}$$

$$P_Y(\omega) = P_X(\omega)|H(\omega)|^2 = 4\sin^2\left(\frac{\omega T}{2}\right)P_X(\omega)$$

$$\begin{aligned}R_Y(\tau) &= \frac{1}{2\pi}\int_{-\infty}^{+\infty} P_Y(\omega)e^{j\omega\tau}d\omega \\ &= \frac{1}{2\pi}\int_{-\infty}^{+\infty} P_X(\omega)[2-2\cos(\omega T)]e^{j\omega\tau}d\omega \\ &= \frac{1}{2\pi}\int_{-\infty}^{+\infty} P_X(\omega)(2-e^{j\omega T}-e^{-j\omega T})e^{j\omega\tau}d\omega \\ &= 2R_X(\tau) - R_X(\tau+T) - R_X(\tau-T)\end{aligned}$$

3. 系统输入输出的互功率谱密度

根据前面的讨论，对式(5-22)和式(5-23)进行傅里叶变换，即可得出输入输出的互功率谱密度，其表达式如下：

$$P_{XY}(\omega) = P_X(\omega)H(\omega) \tag{5-27}$$

$$P_{YX}(\omega) = P_X(\omega)H(-\omega) \tag{5-28}$$

*5.2.3　多个随机信号通过线性系统分析

实际电子通信系统的输入通常不会是单一信号。一般通信或雷达接收机以及医用电子仪器的输入端不仅存在有用信号，还存在很多随机噪声。如雷达接收机除接收目标信号外，还接收地物杂波等随机信号。当这些噪声和有用信号是相加的关系时，称它们为加性噪声(见图 5-9)。加性噪声也是一类随机信号。我们以两个随机信号相加为例，将其推广到多个随机信号的情况。

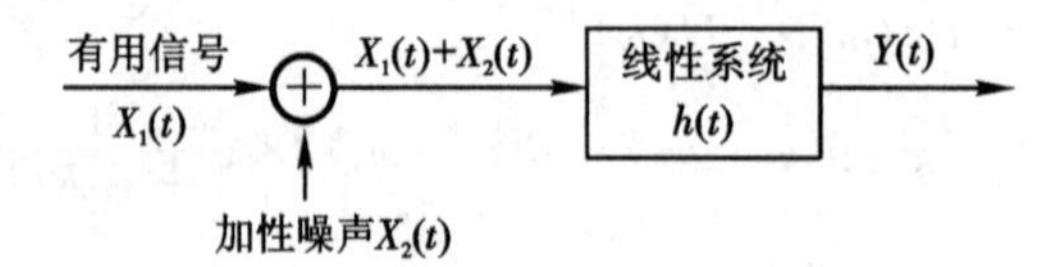

图 5-9　存在加性噪声的线性系统输入

若随机信号 $X_1(t)$ 和 $X_2(t)$ 是各自平稳且联合平稳的，它们的和通过线性系统后可得到对应的两个随机信号 $Y_1(t)$ 和 $Y_2(t)$ 的和。可以证明，$Y_1(t)$ 和 $Y_2(t)$ 也是各自平稳且联合平稳的。

两个平稳信号之和作为系统的输入信号，如 $X(t)=X_1(t)+X_2(t)$，其数学期望为

$$E[X(t)]=m_{X_1}+m_{X_2}=m_X \tag{5-29}$$

通过线性系统后，输出信号 $Y(t)=Y_1(t)+Y_2(t)$，其数学期望为

$$\begin{aligned}E[Y(t)]&=E\left[\int_{-\infty}^{+\infty}\{X_1(t-\alpha)+X_2(t-\alpha)\}h(\alpha)\mathrm{d}\alpha\right]\\&=(m_{X_1}+m_{X_2})\int_{-\infty}^{+\infty}h(\alpha)\mathrm{d}\alpha\\&=m_{Y_1}+m_{Y_2}=m_Y\end{aligned} \tag{5-30}$$

输出的自相关函数

$$\begin{aligned}R_Y(t,t+\tau)&=E\{[Y_1(t)+Y_2(t)][Y_1(t+\tau)+Y_2(t+\tau)]\}\\&=R_{Y_1}(\tau)+R_{Y_2}(\tau)+R_{Y_1Y_2}(t,t+\tau)+R_{Y_2Y_1}(t,t+\tau)\end{aligned} \tag{5-31}$$

式(5-31)中第一项和第二项可利用式(5-18)计算，即

$$R_{Y_1}(\tau)=R_{X_1}(\tau)*h(\tau)*h(-\tau) \tag{5-32}$$

$$R_{Y_2}(\tau)=R_{X_2}(\tau)*h(\tau)*h(-\tau) \tag{5-33}$$

而第三项和第四项是 $Y_1(t)$ 和 $Y_2(t)$ 的互相关函数，参考式(5-16)，有

$$\begin{aligned}R_{Y_1Y_2}(t,t+\tau)&=\int_{-\infty}^{+\infty}\int_{-\infty}^{+\infty}R_{X_1X_2}(\tau+\alpha-\beta)h(\alpha)h(\beta)\mathrm{d}\alpha\mathrm{d}\beta\\&=R_{X_1X_2}(\tau)*h(\tau)*h(-\tau)\\&=R_{Y_1Y_2}(\tau)\end{aligned} \tag{5-34}$$

$$R_{Y_2Y_1}(t,t+\tau)=R_{X_2X_1}(\tau)*h(\tau)*h(-\tau)=R_{Y_2Y_1}(\tau) \tag{5-35}$$

因此，$Y_1(t)$ 和 $Y_2(t)$ 也是各自平稳且联合平稳的，即有

$$R_Y(t,t+\tau)=R_Y(\tau)=R_{Y_1}(\tau)+R_{Y_2}(\tau)+R_{Y_1Y_2}(\tau)+R_{Y_2Y_1}(\tau) \tag{5-36}$$

系统输入信号与输出信号的互相关函数可根据式(5-19)得到，即

$$\begin{aligned}R_{XY}(t,t+\tau)&=R_{X_1Y_1}(t,t+\tau)+R_{X_1Y_2}(t,t+\tau)+R_{X_2Y_1}(t,t+\tau)+R_{X_2Y_2}(t,t+\tau)\\&=R_{X_1Y_1}(\tau)+R_{X_1Y_2}(\tau)+R_{X_2Y_1}(\tau)+R_{X_2Y_2}(\tau)\\&=R_{XY}(\tau)\end{aligned} \tag{5-37}$$

式(5-37)中，

$$R_{X_1Y_2}(t,t+\tau)=\int_{-\infty}^{+\infty}E[X_1(t)X_2(t+\tau-\alpha)]h(\alpha)\mathrm{d}\alpha=R_{X_1Y_2}(\tau) \tag{5-38}$$

$$R_{X_2Y_1}(t,t+\tau)=\int_{-\infty}^{+\infty}E[X_2(t)X_1(t+\tau-\alpha)]h(\alpha)\mathrm{d}\alpha=R_{X_2Y_1}(\tau) \tag{5-39}$$

式(5-37)说明 $X(t)$ 和 $Y(t)$ 也是联合平稳的。

例 5.7　若随机信号 $X_1(t)$ 和 $X_2(t)$ 是各自平稳且联合平稳的，当 $X(t)=X_1(t)+X_2(t)$ 通过线性系统 $h(t)$ 后，其输出为 $Y(t)=Y_1(t)+Y_2(t)$。

(1) 若 $X_1(t)$ 和 $X_2(t)$ 不相关，证明 $Y_1(t)$ 和 $Y_2(t)$ 也是不相关的，并求 $R_Y(\tau)$。

(2) 若 $X_1(t)$ 和 $X_2(t)$ 正交，证明 $Y_1(t)$ 和 $Y_2(t)$ 也是正交的，并求 $R_Y(\tau)$。

解　(1) 由 $X_1(t)$ 和 $X_2(t)$ 不相关可得

$$R_{X_1X_2}(\tau)=E[X_1(t)X_2(t+\tau)]=E[X_1(t)]E[X_2(t+\tau)]=m_{X_1}m_{X_2}$$

$$R_{X_2X_1}(\tau)=m_{X_1}m_{X_2}$$

将其代入式(5-34)和式(5-35)得

$$R_{Y_1Y_2}(\tau)=\int_{-\infty}^{+\infty}\int_{-\infty}^{+\infty}R_{X_1X_2}(\tau+\alpha-\beta)h(\alpha)h(\beta)\mathrm{d}\alpha\mathrm{d}\beta$$
$$=\int_{-\infty}^{+\infty}m_{X_1}h(\alpha)\mathrm{d}\alpha\int_{-\infty}^{+\infty}m_{X_2}h(\beta)\mathrm{d}\alpha\mathrm{d}\beta$$
$$=m_{Y_1}m_{Y_2}$$

同理可得

$$R_{Y_2Y_1}(\tau)=m_{Y_1}m_{Y_2}$$

可见平稳信号 $Y_1(t)$和 $Y_2(t)$也是不相关的。将以上两式代入式(5-36)得

$$R_Y(\tau)=R_{Y_1}(\tau)+R_{Y_2}(\tau)+2m_{X_1}m_{X_2}$$

(2) 由 $X_1(t)$和 $X_2(t)$正交可得

$$R_{X_1X_2}(\tau)=R_{X_2X_1}(\tau)=0$$

将其代入式(5-34)和式(5-35)得

$$R_{Y_1Y_2}(\tau)=R_{X_1X_2}(\tau)*h(\tau)*h(-\tau)=0$$
$$R_{Y_2Y_1}(\tau)=R_{X_2X_1}(\tau)*h(\tau)*h(-\tau)=0$$

因此 $Y_1(t)$和 $Y_2(t)$也是正交的。将以上两式代入式(5-36)得

$$R_Y(\tau)=R_{Y_1}(\tau)+R_{Y_2}(\tau)$$

5.3 白噪声通过线性系统分析

5.3.1 输入输出统计特性

假设给定线性系统的单位冲激响应 $h(t)$和传输函数 $H(\omega)$，其输出为随机信号 $Y(t)$，输入为平稳白噪声 $X(t)$，且输入为双边白噪声，其功率谱密度为

$$P_X(\omega)=\frac{N_0}{2},\quad -\infty<\omega<+\infty \tag{5-40}$$

其中 N_0为正的实常数。

其自相关函数为

$$R_X(\tau)=\frac{N_0}{2}\delta(\tau) \tag{5-41}$$

1. 时域特性

当平稳白噪声通过线性时不变系统后，输出噪声功率谱一般不再是均匀的，但其输出信号 $Y(t)$仍是平稳的，且其均值和自相关函数为

$$E[Y(t)]=m_Y=m_X\cdot H(0)=0 \tag{5-42}$$

$$R_Y(\tau)=R_X(\tau)*h(\tau)*h(-\tau)=\frac{N_0}{2}h(\tau)*h(-\tau) \tag{5-43}$$

式(5-43)即为

$$R_Y(\tau)=\frac{N_0}{2}\int_{-\infty}^{+\infty}h(\alpha)\cdot h(\tau+\alpha)\mathrm{d}\alpha \tag{5-44}$$

当 $\tau=0$ 时，$Y(t)$的总平均功率为

$$P_Y=R_Y(0)=\frac{N_0}{2}\int_{-\infty}^{+\infty}h^2(\alpha)\mathrm{d}\alpha \tag{5-45}$$

输入输出的互相关函数为

$$R_{XY}(\tau)=R_X(\tau)*h(\tau)=\frac{N_0}{2}h(\tau) \tag{5-46}$$

$$R_{YX}(\tau)=R_X(\tau)*h(-\tau)=\frac{N_0}{2}h(-\tau) \tag{5-47}$$

2. 频域特性

由式(5-25)可得，输出信号 $Y(t)$的功率谱密度为

$$P_Y(\omega)=P_X(\omega)\left|H(\omega)\right|^2=\frac{N_0}{2}\left|H(\omega)\right|^2 \tag{5-48}$$

输出信号总平均功率为

$$P_Y=\frac{1}{2\pi}\int_{-\infty}^{+\infty}P_Y(\omega)\mathrm{d}\omega=\frac{N_0}{4\pi}\int_{-\infty}^{+\infty}\left|H(\omega)\right|^2\mathrm{d}\omega \tag{5-49}$$

式(5-49)和式(5-45)等价。

对式(5-46)和式(5-47)进行傅里叶变换，可得输入输出的互功率谱密度为

$$P_{XY}(\omega)=P_X(\omega)H(\omega)=\frac{N_0}{2}H(\omega) \tag{5-50}$$

$$P_{YX}(\omega)=P_X(\omega)H(-\omega)=\frac{N_0}{2}H(-\omega) \tag{5-51}$$

通过以上分析可以看出：输出噪声的功率谱密度形状以及输入输出的互功率谱密度形状完全由系统的频谱特性 $H(\omega)$决定。通常情况下，由于 $H(\omega)$不是常数，因此输出噪声的功率谱不是平坦的，即变成了色噪声，如图 5-10 所示。

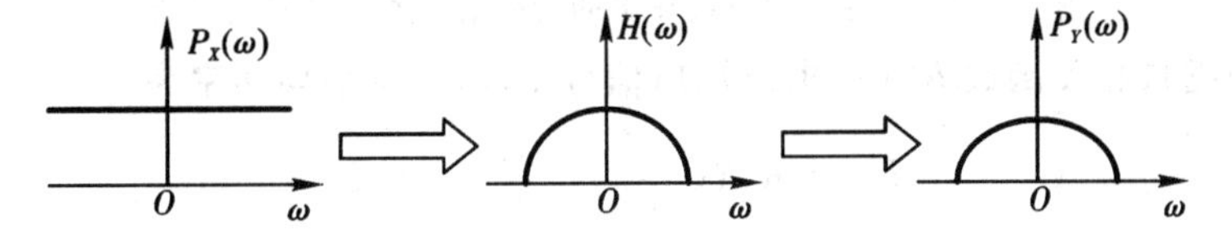

图 5-10　输出色噪声

5.3.2　白噪声通过理想低通线性系统

理想低通线性系统可以看成一个理想低通滤波器，也可看成是一个理想低通放大器。若白噪声通过一个图 5-11 所示的理想低通系统，其幅频特性如下：

$$\left|H(\omega)\right|=\begin{cases}1, & -\omega_H<\omega<\omega_H\\ 0, & \text{其他}\end{cases} \tag{5-52}$$

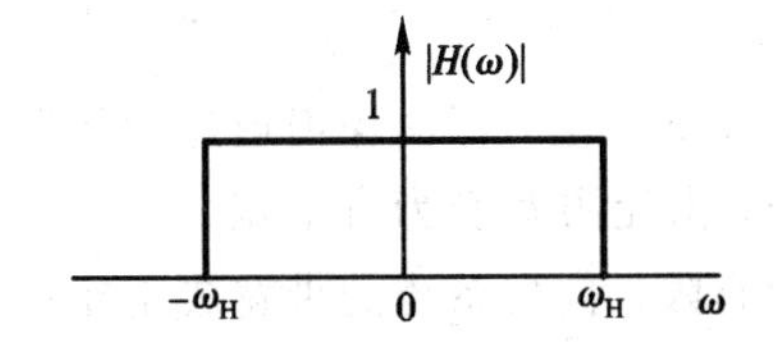

图 5-11　理想低通系统的幅频特性

当双边白噪声 $X(t)$通过理想低通系统后，系统输出随机信号 $Y(t)$的功率谱密度为

$$P_Y(\omega)=P_X(\omega)\left|H(\omega)\right|^2=\begin{cases}\dfrac{N_0}{2}, & -\omega_H<\omega<\omega_H\\ 0, & 其他\end{cases} \tag{5-53}$$

如图 5-12(a)所示。

根据 $P_Y(\omega)$，可以求出输出信号 $Y(t)$ 的总平均功率为

$$P_Y=\frac{1}{2\pi}\int_{-\infty}^{+\infty}P_Y(\omega)\mathrm{d}\omega=\frac{N_0}{4\pi}\int_{-\omega_H}^{\omega_H}1\,\mathrm{d}\omega=N_0\,\frac{\omega_H}{2\pi}=N_0B \tag{5-54}$$

其中 $B=\frac{\omega_H}{2\pi}$ 为低通系统的带宽。可见，当白噪声通过理想低通系统后，输出功率谱变窄，通频带以外的分量全部被滤除，而带宽由原来的无限宽变为 B。

输出信号 $Y(t)$ 的自相关函数为

$$R_Y(\tau)=\frac{1}{2\pi}\int_{-\omega_H}^{\omega_H}\frac{N_0}{2}e^{j\omega\tau}\mathrm{d}\omega=\frac{N_0\omega_H}{2\pi}\mathrm{Sa}(\omega_H\tau) \tag{5-55}$$

如图 5-12(b)所示。

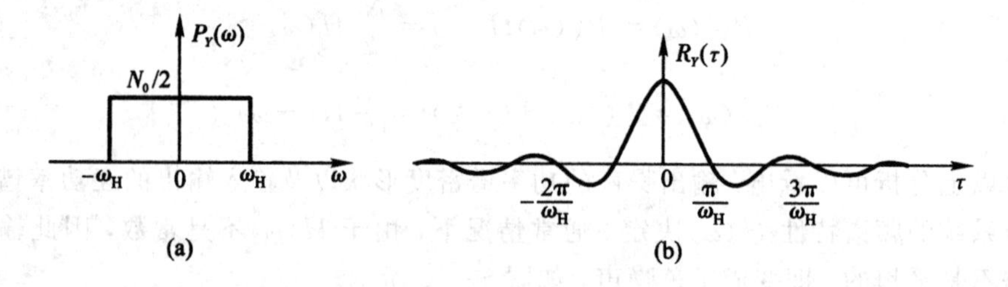

图 5-12　理想低通系统输出的功率谱密度和自相关函数

同理，根据自相关函数 $R_Y(\tau)$ 求出输出信号 $Y(t)$ 的总平均功率为

$$P_Y=R_Y(0)=N_0\,\frac{\omega_H}{2\pi}=N_0B \tag{5-56}$$

相关系数为

$$\rho_Y(\tau)=\frac{C_Y(\tau)}{C_Y(0)}=\frac{R_Y(\tau)}{R_Y(0)}=\mathrm{Sa}(\omega_H\tau) \tag{5-57}$$

相关时间为

$$\tau_0=\int_0^{+\infty}\rho_Y(\tau)\mathrm{d}\tau=\int_0^{+\infty}\mathrm{Sa}(\omega_H\tau)\mathrm{d}\tau=\frac{2\pi}{\omega_H}=\frac{1}{B} \tag{5-58}$$

式中，

$$\int_0^{+\infty}\frac{\sin ax}{x}\mathrm{d}x=\frac{\pi}{2},\quad a>0$$

通过以上分析，可以得出如下结论，即白噪声通过理想低通系统后：

(1) 功率谱密度宽度变窄，由无限宽变为有限宽；

(2) 平均功率由无限变为有限，且与系统的带宽成正比；

(3) 相关性由不相关变为相关，相关时间与系统带宽成反比。

5.3.3　白噪声通过理想带通线性系统

理想带通滤波器是一个理想的带通线性系统，更典型的带通系统是窄带滤波器。窄带

系统是电子通信系统中常见的系统，下一章将重点分析与窄带系统有关的窄带随机信号。

假定理想带通滤波器的幅频特性如图 5 - 13 所示，它可表示为

$$|H(\omega)|=\begin{cases}1, & \omega_0-\omega_H\leqslant|\omega|\leqslant\omega_0+\omega_H\\0, & \text{其他}\end{cases}\tag{5-59}$$

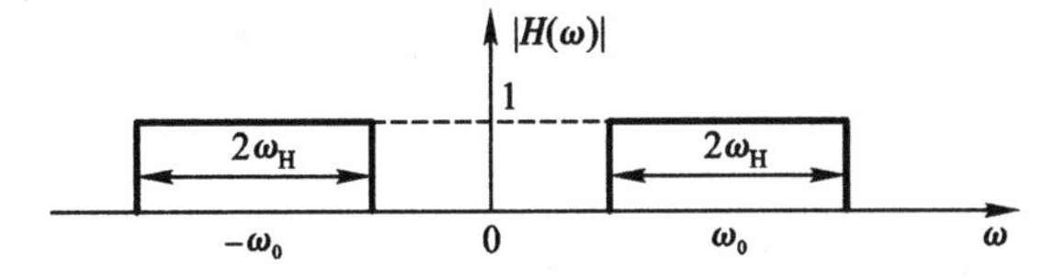

图 5 - 13　理想带通滤波器的幅频特性

则其输出信号 $Y(t)$ 的功率谱密度如图 5 - 14 所示，其表达式为

$$P_Y(\omega)=\begin{cases}\dfrac{N_0}{2}, & \omega_0-\omega_H\leqslant|\omega|\leqslant\omega_0+\omega_H\\0, & \text{其他}\end{cases}\tag{5-60}$$

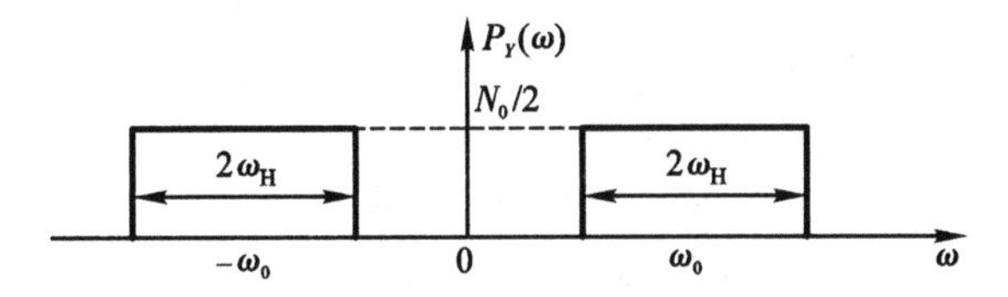

图 5 - 14　理想带通滤波器输出信号的功率谱密度

应用维纳-辛钦定理，不难求出它的自相关函数为

$$\begin{aligned}R_Y(\tau)&=\frac{1}{2\pi}\int_{-\infty}^{+\infty}P_Y(\omega)\mathrm{e}^{\mathrm{j}\omega\tau}\mathrm{d}\omega\\&=N_0\frac{\omega_H}{\pi}\cdot\mathrm{Sa}(\omega_H\tau)\cdot\cos\omega_0\tau\\&=a(\tau)\cos\omega_0\tau\end{aligned}\tag{5-61}$$

式中，

$$a(\tau)=N_0\frac{\omega_H}{\pi}\mathrm{Sa}(\omega_H\tau)\tag{5-62}$$

对应的示意图如图 5 - 15 所示。

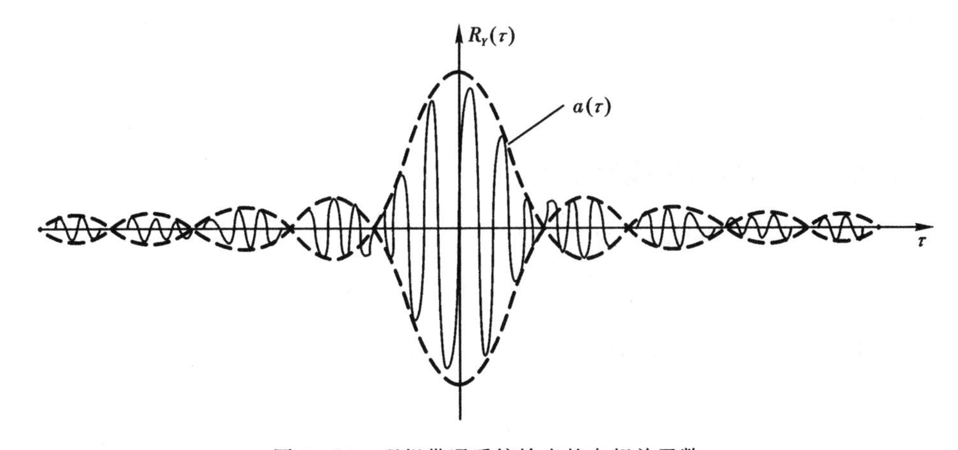

图 5 - 15　理想带通系统输出的自相关函数

输出随机信号$Y(t)$的总平均功率为

$$P_Y = \frac{1}{2\pi}\int_{-\infty}^{+\infty} P_Y(\omega)\mathrm{d}\omega = \frac{1}{\pi}\int_{\omega_0-\omega_H}^{\omega_0+\omega_H} \frac{N_0}{2}\mathrm{d}\omega = N_0 \frac{\omega_H}{\pi} = N_0 B \tag{5-63}$$

或者

$$P_Y = R_Y(0) = N_0 \frac{\omega_H}{\pi} = N_0 B \tag{5-64}$$

其中$B=\frac{\omega_H}{\pi}$为带通系统的带宽。

带通系统输出信号的自相关函数$R_Y(\tau)=a(\tau)\cos\omega_0\tau$，其中$a(\tau)$只包含$\omega_H\tau$的成分。当满足$2\omega_H\leqslant\omega_0$时，$a(\tau)$与$\cos\omega_0\tau$相比，$a(\tau)$是$\tau$的慢变化函数，而$\cos\omega_0\tau$是$\tau$的快变化函数，$a(\tau)$是$R_Y(\tau)$的包络。

若$\omega_0=0$，则$R_Y(\tau)=a(\tau)$，而$a(\tau)$与前面导出的低通滤波器输出自相关函数的形式几乎完全一样，仅相差一个系数2。这是因为这里带通系统的频带宽度是前面低通系统频带宽度的2倍。因此根据式(5-55)和式(5-61)，低通系统可以看成是带通系统的一个特例。由于低通系统的信号处理比较简单，因此在讨论带通系统时，往往先研究低通系统的特性，然后将低通系统输出的功率谱从低频搬移到ω_0处，将低通系统输出的自相关函数$a(\tau)$乘以$\cos\omega_0\tau$，即可得到带通系统的输出自相关函数。

对于带通系统，若$2\omega_H\ll\omega_0$，即带通系统的中心频率ω_0远大于系统的带宽$2\omega_H$，则称这样的系统为窄带系统(下一章将作详细介绍)。

5.4 线性系统输出端随机信号的概率分布

本章前3节讨论了在系统的冲激响应或系统传输函数已知的条件下，根据输入信号的自相关函数或功率谱密度，求系统输出的自相关函数和功率谱密度的问题。虽然这些已经能够解决许多工程实际问题，但在很多情况下还需要知道线性系统输出端信号的概率分布。

一般来说，确定线性系统输出端随机信号的概率分布是一件极不容易的事，目前还没有统一的方法可供使用。只有下面两种特殊情况，可以比较容易地解决线性系统输出端随机信号的概率分布问题。一是"输入随机信号为高斯信号"的情况；二是"输入信号的功率谱带宽远大于线性系统的带宽"的情况。

下面仅对上述两种特殊情况进行一些讨论并对其概念进行粗略说明。

5.4.1 高斯随机信号通过线性系统

随机信号$X(t)$通过冲激响应为$h(t)$的线性系统后输出为

$$Y(t) = X(t) * h(t) = \int_{-\infty}^{+\infty} X(\alpha)h(t-\alpha)\mathrm{d}\alpha \tag{5-65}$$

上述积分可用极限和形式表示，即

$$Y(t) = \lim_{\Delta\alpha\to 0\text{或}n\to\infty} \sum_{k=1}^{n} X(\alpha_k)h(t-\alpha_k)\Delta\alpha \tag{5-66}$$

如果将$X(t)$和$Y(t)$两个随机信号都用相应的多维随机变量代替(维数趋于无穷多)，

则由式(5-66)可知，随机信号的线性变换实际上可以看成是由一组线性方程组表示的多维随机变量的线性变换。这样，当 $X(t)$ 为高斯随机信号时，这个问题就变成多维高斯随机变量的线性变换问题。由高斯随机变量的有关结论可知：多维高斯随机变量经线性变换以后得到的多维随机变量仍是高斯随机变量。因此 $Y(t)$ 也是高斯随机信号，只要求得系统的输出均值及自相关函数，即可得到输出端随机信号的 n 维概率密度分布。

通过以上分析，可以得出一个重要的结论：若线性系统输入为高斯信号，则输出信号服从高斯分布。

5.4.2　宽带非高斯随机信号通过窄带线性系统

当线性系统输入的随机信号是非高斯的，但是信号的功率谱宽度远大于系统的带宽时，可以证得：系统输出可以得到接近于高斯分布的随机信号。于是可以通过求得输出信号的均值及自相关函数，写出输出信号的 n 维概率分布。

由式(5-66)，假定 $X(\alpha_k)$ 为非高斯随机变量，可得 $Y(t)$ 是无穷多个非高斯随机变量的和。概率论中心极限定理表明：大量独立随机变量之和的分布仍服从高斯分布。

如果输入信号 $X(t)$ 通过线性系统满足以下两个条件：(1) 由输入信号 $X(t)$ 所分成的窄脉冲个数 n 趋于无穷大；(2) 各个窄脉冲的幅值之间统计独立，则输出信号 $Y(t)$ 将近似服从高斯分布。对于这两个条件的分析可参见相应的参考书目。

因此，可以得到另一个重要的结论：若输入信号等效噪声带宽远大于系统的带宽，则输出信号接近于高斯分布。

这一结论提供了工程上获得高斯随机信号的方法，只要将任意分布的宽带随机信号通过一窄带线性系统，输出即为近似的高斯随机信号。通信系统中的中频放大器一般是窄带线性系统，其输出的内部噪声一般是高斯噪声。

*5.5　最佳线性滤波器

在电子通信系统中，一个基本的问题是如何在噪声背景中检测出微弱信号，接收机输出的信噪比越高，越容易提取有用信号。信噪比在通信系统中是系统有效性的一个度量，信噪比越大，信息传输发生错误的概率越小。因此，通常以输出信噪比最大来设计接收机。一般来说，能给出最大信噪比的接收机，其性能也是最好的。本节介绍的最佳线性滤波器是许多接收机的重要组成部分。

5.5.1　输出信噪比最大的最佳线性滤波器

如图 5-16 所示的线性系统，假定系统的传递函数为 $H(\omega)$，其中，$s(t)$ 是确知信号，$N(t)$ 是零均值平稳随机信号，$Y(t)$ 是输出信号。

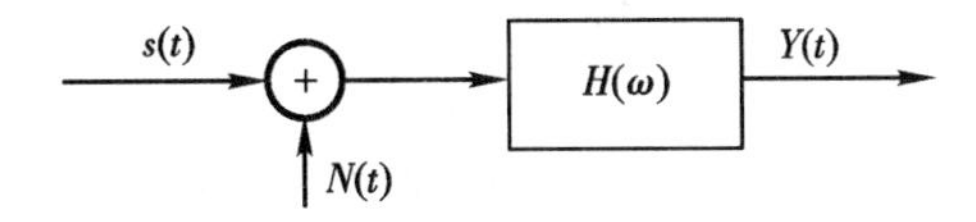

图 5-16　线性系统示意图

根据线性系统理论，输出信号 $Y(t)$ 可表示为

$$Y(t)=s_0(t)+N_0(t) \tag{5-67}$$

其中

$$s_0(t)=\frac{1}{2\pi}\int_{-\infty}^{+\infty}S(\omega)H(\omega)\mathrm{e}^{\mathrm{j}\omega t}\mathrm{d}\omega \tag{5-68}$$

$S(\omega)$ 是输入信号 $s(t)$ 的频谱，$N_0(t)$ 是输出的噪声，它的功率谱密度为

$$P_{N_0}(\omega)=P_N(\omega)\,|H(\omega)|^2 \tag{5-69}$$

输出噪声的平均功率为

$$E[N_0^2(t)]=\frac{1}{2\pi}\int_{-\infty}^{+\infty}P_N(\omega)\,|H(\omega)|^2\mathrm{d}\omega \tag{5-70}$$

定义在某个时刻($t=t_0$)滤波器输出端信号的瞬时功率与噪声的平均功率之比(简称输出信噪比)为

$$r_0=\frac{|s_0^2(t)|}{E[N_0^2(t)]} \tag{5-71}$$

将式(5-68)和式(5-70)代入式(5-71)得

$$r_0=\frac{1}{2\pi}\frac{\left|\int_{-\infty}^{+\infty}S(\omega)H(\omega)\mathrm{e}^{\mathrm{j}\omega t_0}\mathrm{d}\omega\right|^2}{\int_{-\infty}^{+\infty}P_N(\omega)\,|H(\omega)|^2\mathrm{d}\omega} \tag{5-72}$$

我们要设计一个线性系统，使其输出信噪比达到最大。可以证明，当

$$H(\omega)=\frac{cS^*(\omega)\mathrm{e}^{-\mathrm{j}\omega t_0}}{P_N(\omega)} \tag{5-73}$$

时(其中 c 为常数)，输出信噪比 r_0 达到最大，把这个最大的输出信噪比记为 $r_{0\max}$。将式(5-73)代入式(5-72)可得最大信噪比

$$r_{0\max}=\frac{c}{2\pi}\int_{\infty}^{+\infty}\frac{|S(\omega)|^2}{P_N(\omega)}\mathrm{d}\omega \tag{5-74}$$

将式(5-73)代入式(5-68)得到输出信号为

$$s_0(t)=\frac{c}{2\pi}\int_{-\infty}^{+\infty}\frac{|S(\omega)|^2}{P_N(\omega)}\mathrm{e}^{\mathrm{j}\omega(t-t_0)}\mathrm{d}\omega \tag{5-75}$$

由上式可以看出，当 $t=t_0$ 时，输出信号达到最大。

5.5.2 匹配滤波器

式(5-73)针对的是一般的平稳信号，如果噪声是白噪声，此时的最佳滤波器称为匹配滤波器，即匹配滤波器是在白噪声条件下以输出信噪比最大设计的最佳线性滤波器。由式(5-73)可得，匹配滤波器的传输函数为

$$H(\omega)=cS^*(\omega)\mathrm{e}^{-\mathrm{j}\omega t_0} \tag{5-76}$$

对上式作傅里叶变换可得到单位冲激响应为

$$h(t)=cs^*(t_0-t) \tag{5-77}$$

即匹配滤波器的冲激响应 $h(t)$ 是输入信号 $s(t)$ 的共轭镜像。对于实信号，冲激响应可写成

$$h(t)=cs(t_0-t) \tag{5-78}$$

由于白噪声的功率谱是常数，即 $P_N(\omega)=N_0/2$，故由式(5-74)可得

$$r_{0\max} = \frac{c}{2\pi} \frac{\int_{-\infty}^{\infty} |S(\omega)|^2}{N_0/2} = \frac{2cE}{N_0} \tag{5-79}$$

其中 E 代表信号 $s(t)$ 的能量。由式(5－79)可以看出，最大信噪比只与信号的能量和噪声的谱密度有关，与信号的波形无关。

由式(5－78)可以看出，如果要求系统是物理可实现的，那么 t_0 必须选择在信号结束之后才能满足 $h(t)=0$，$t<0$。这从物理概念上也容易理解，对于物理可实现系统，因为只有 t_0 选在信号结束之后，才能把信号的能量全部利用上，信噪比才能达到最大。

习　题　五

1. 设输入平稳随机信号 $X(t)$ 的自相关函数为 $R_X(\tau)=a^2+be^{-|\tau|}$，系统冲激响应为 $h(t)=e^{-\alpha t}U(t)$，a、b、α 均为正实常数。试求输出 $Y(t)$ 的均值。

2. 设线性时不变系统的传递函数为

$$H(\omega)=\frac{j\omega-\alpha}{j\omega+\beta}$$

输入平稳随机信号 $X(t)$ 的自相关函数为 $R_X(\tau)=e^{-2|\tau|}$。求输入输出之间的互相关函数 $R_{XY}(\tau)$。

3. 白噪声 $X(t)$ 通过冲击响应为 $h(t)$ 的线性系统。求证：输入输出之间的互相关函数为 $R_{XY}(\tau)=\frac{N_0}{2}h(\tau)$。

4. 若线性时不变系统的输入信号 $X(t)$ 是均值为零的平稳高斯随机信号，且自相关函数为 $R_X(\tau)=\delta(\tau)$，输出信号为 $Y(t)$。试问系统冲激响应 $h(t)$ 要具备什么条件，才能使随机变量 $X(t_1)$ 和 $Y(t_1)$ 互相独立。

5. 若功率谱密度为 5 W/Hz 的平稳白噪声作用到冲激响应为 $h(t)=e^{-2t}u(t)$ 的线性系统上，求系统输出的均方值和功率谱密度。

6. 已知线性系统的单位冲激响应 $h(t)=[5\delta(t)+3][U(t)-U(t-1)]$，输入随机信号 $X(t)=4\sin(2\pi t+\Theta)$，其中 Θ 是在 $(0, 2\pi)$ 上均匀分布的随机变量。写出输出的表达式，并求出输出的均值和方差。

7. 设线性时不变系统的冲激响应为 $h(t)=e^{-2t}U(t)$，输入平稳随机信号 $X(t)$ 的自相关函数为 $R_X(\tau)=e^{-3|\tau|}$，求输入输出之间的互相关函数 $R_{YX}(\tau)$，并画出图形。

8. 若相互正交且联合的平稳随机信号 $X_1(t)$ 和 $X_2(t)$ 作用到加法器上，输出随机信号为 $Y(t)=X_1(t)+X_2(t)$。

(1) 用 $X_1(t)$ 和 $X_2(t)$ 的自相关函数 $R_{X_1}(\tau)$ 和 $R_{X_2}(\tau)$ 表示 $Y(t)$ 的自相关函数；

(2) 用 $X_1(t)$ 和 $X_2(t)$ 的功率谱密度 $P_{X_1}(\omega)$ 和 $P_{X_2}(\omega)$ 表示 $Y(t)$ 的功率谱密度。

9. 一个均值为 m_X、自相关函数为 $R_X(\tau)$ 的平稳随机信号 $X(t)$ 通过一个线性系统后的输出信号为 $Y(t)=X(t)+X(t-T)$，T 为延迟时间。

(1) 试画出该线性系统的框图；

(2) 试求 $Y(t)$ 的自相关函数和功率谱密度。

10. 一个中心频率为 ω_0、带宽为 B 的理想带通滤波器如题 5－10 图所示。

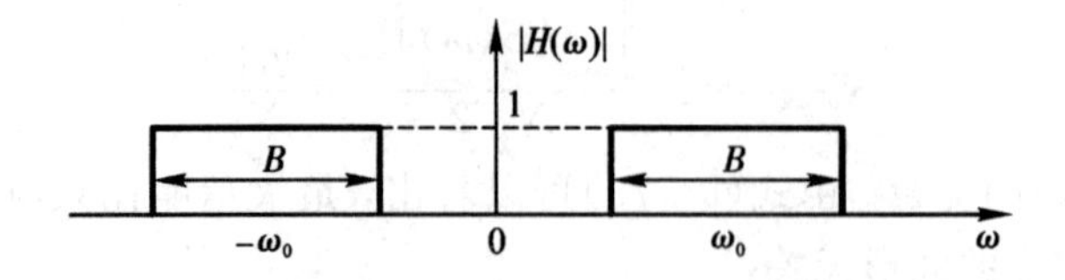

题 5-10 图

假定输入是均值为零、功率谱密度为 $N_0/2$ 的高斯白噪声，试求：

(1) 滤波器输出噪声的自相关函数；

(2) 滤波器输出噪声的平均功率；

(3) 输出噪声的一维概率密度函数。

11. 试证明最佳线性滤波器输出的信噪比为

$$r_{0\max}=\frac{1}{2\pi}\int_{-\infty}^{+\infty}\frac{|S(\omega)|^2}{P_N(\omega)}\mathrm{d}\omega$$

其中 $S(\omega)$是输入信号的频谱，$P_N(\omega)$是输入噪声功率谱密度。

12. 设线性滤波器的输入为 $X(t)=s(t)+N(t)$，已知 $s(t)$与 $N(t)$之间统计独立，且

$$s(t)=\begin{cases}A, & 0\leqslant t\leqslant\tau\\0, & \text{其他}\end{cases}$$

其中，$N(t)$是平稳噪声，其功率谱为 $P_N(\omega)=\dfrac{2\alpha\omega^2}{\alpha^2+\omega^2}$，$-\infty<\omega<+\infty$，试求输出信噪比最大的最佳线性滤波器的传输函数。

第六章　窄带随机信号分析

在电子通信系统中，大多数的信号都要通过调制才能发射出去。多数接收机接收并处理的信号是窄带信号，研究窄带接收系统和窄带信号既有实用价值，又有工程价值。而通信系统中的信号或者噪声往往是随机的，因此窄带随机信号是雷达、通信系统中分析处理最多的信号之一。

如果一个随机信号的功率谱密度集中在某一中心频率附近的一个很小的频带内，而且该频带又远小于其中心频率，即中心频率 $\omega_0 \gg 0$，其带宽 $\Delta\omega \ll \omega_0$，这样的随机信号称为窄带随机信号。显然，白噪声或者宽带噪声通过窄带系统，其输出是窄带随机信号。

窄带随机信号分析最常用的工具是希尔伯特变换。因此，本章首先介绍希尔伯特变换，然后介绍窄带随机信号的表示形式与统计特性，最后分析窄带随机信号在通信系统中的应用实例。

6.1　希尔伯特变换

希尔伯特变换是通信和信号检测理论研究中的一个重要工具，利用它可以定义信号的解析形式。希尔伯特变换与解析信号在分析窄带随机信号时都非常有用。

6.1.1　希尔伯特变换的定义

对于实信号 $x(t)$，其希尔伯特变换定义为

$$\mathscr{H}[x(t)] = \hat{x}(t) = \frac{1}{\pi}\int_{-\infty}^{+\infty} \frac{x(\alpha)}{t-\alpha}\mathrm{d}\alpha \tag{6-1}$$

反变换为

$$\mathscr{H}^{-1}[\hat{x}(t)] = x(t) = -\frac{1}{\pi}\int_{-\infty}^{+\infty} \frac{\hat{x}(\alpha)}{t-\alpha}\mathrm{d}\alpha \tag{6-2}$$

上两式经过简单的变量替换，可以写成

$$\hat{x}(t) = \frac{1}{\pi}\int_{-\infty}^{+\infty} \frac{x(t-\alpha)}{\alpha}\mathrm{d}\alpha = -\frac{1}{\pi}\int_{-\infty}^{+\infty} \frac{x(t+\alpha)}{\alpha}\mathrm{d}\alpha \tag{6-3}$$

$$x(t) = \frac{1}{\pi}\int_{-\infty}^{+\infty} \frac{\hat{x}(t-\alpha)}{\alpha}\mathrm{d}\alpha = -\frac{1}{\pi}\int_{-\infty}^{+\infty} \frac{\hat{x}(t+\alpha)}{\alpha}\mathrm{d}\alpha \tag{6-4}$$

由定义可知，$x(t)$的希尔伯特变换为$x(t)$与$\frac{1}{\pi t}$的卷积，即

$$\hat{x}(t) = x(t) * \frac{1}{\pi t} \tag{6-5}$$

对 $x(t)$的希尔伯特变换可以看成是$x(t)$通过单位冲激响应为$\frac{1}{\pi t}$的线性滤波器的输出

信号，因此希尔伯特变换可以称为希尔伯特滤波器。希尔伯特滤波器是典型的线性时不变系统，如图 6-1 所示。

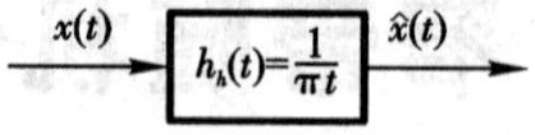

图 6-1 希尔伯特滤波器

对希尔伯特滤波器的单位冲激响应进行傅里叶变换，可得其传输函数为

$$H_h(\omega)=-\mathrm{j}\,\mathrm{sgn}(\omega)=\begin{cases}-\mathrm{j}, & \omega>0\\ \mathrm{j}, & \omega<0\end{cases} \tag{6-6}$$

其中 sgn(·)为符号函数。从希尔伯特变换器的传输函数可以看出，它的幅频特性为

$$|H_h(\omega)|=1 \tag{6-7}$$

它的相频特性为

$$\varphi_h(\omega)=\begin{cases}-\dfrac{\pi}{2}, & \omega>0\\ \dfrac{\pi}{2}, & \omega<0\end{cases} \tag{6-8}$$

此系统传输函数 $H_h(\omega)$的幅频特性和相频特性如图 6-2 所示。由此可以看出，希尔伯特滤波器本质是上一个理想的 $\pi/2$ 相移器。

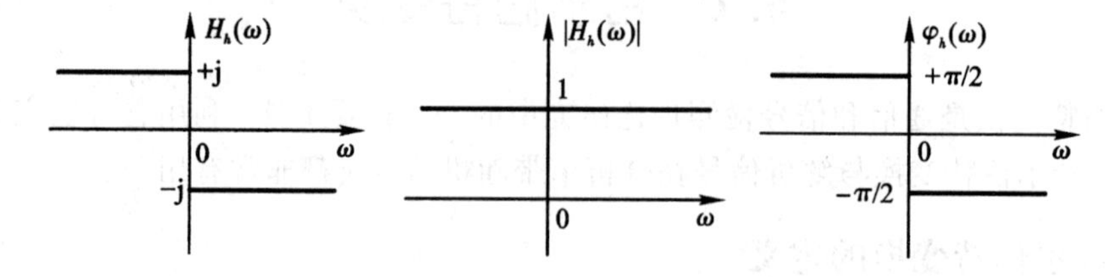

图 6-2 希尔伯特滤波器的传输函数

例 6.1 随机信号 $X(t)=a\cos(\omega_0 t+\Theta)$，其中 a、ω_0 为常量，Θ 是服从$(0, 2\pi)$均匀分布的随机变量，把此信号作为希尔伯特滤波器的输入，求输出信号 $Y(t)$的平稳性及总平均功率。

解 由例 3.2 知，随机信号 $X(t)$为广义平稳信号，且有

$$m_X=0,\quad R_X(\tau)=\frac{a^2}{2}\cos\omega_0\tau$$

由于希尔伯特变换器是线性时不变系统，所以输出信号 $Y(t)$也是广义平稳信号，且

$$m_Y=m_X\cdot H_h(0)=0$$

$$R_Y(\tau)=R_X(\tau)*h_h(\tau)*h_h(-\tau)=\frac{a^2}{2}\cos\omega_0\tau*h_h(\tau)*h_h(-\tau)$$

输出信号 $Y(t)$的功率谱密度为

$$P_Y(\omega)=P_X(\omega)\cdot|H_h(\omega)|^2=P_X(\omega)$$

总平均功率为

$$P_Y=P_X=R_X(0)=\frac{a^2}{2}$$

6.1.2　希尔伯特变换的性质

性质 1
$$\mathscr{H}[\hat{x}(t)]=-x(t) \tag{6-9}$$
$\mathscr{H}[\cdot]$表示希尔伯特正变换，对 $x(t)$连续进行两次希尔伯特变换相当于进行两次 $\pi/2$ 的相移，即 π 的相移，使信号反相。

性质 2
$$\mathscr{H}[\cos(\omega_0 t+\varphi)]=\sin(\omega_0 t+\varphi) \tag{6-10}$$
$$\mathscr{H}[\sin(\omega_0 t+\varphi)]=-\cos(\omega_0 t+\varphi) \tag{6-11}$$

例 6.2　试求 $\cos(\omega_0 t+\varphi)$的希尔伯特变换。

解　$\cos(\omega_0 t+\varphi)$的傅里叶变换为
$$\begin{aligned}\mathscr{FT}[\cos(\omega_0 t+\varphi)]&=\frac{1}{2}\mathscr{FT}[\mathrm{e}^{-\mathrm{j}\omega_0 t}\mathrm{e}^{-\mathrm{j}\varphi}+\mathrm{e}^{\mathrm{j}\omega_0 t}\mathrm{e}^{\mathrm{j}\varphi}]\\&=\pi[\delta(\omega-\omega_0)\mathrm{e}^{-\mathrm{j}\varphi}+\delta(\omega+\omega_0)\mathrm{e}^{\mathrm{j}\varphi}]\end{aligned}$$
$$\begin{aligned}\mathscr{FT}[\mathscr{H}[\cos(\omega_0 t+\varphi)]]&=-\mathrm{j}\pi\,\mathrm{sgn}(\omega)\cdot[\delta(\omega-\omega_0)\mathrm{e}^{-\mathrm{j}\varphi}+\delta(\omega+\omega_0)\mathrm{e}^{\mathrm{j}\varphi}]\\&=\begin{cases}-\mathrm{j}\pi\delta(\omega-\omega_0)\mathrm{e}^{-\mathrm{j}\varphi}, & \omega>0\\ \mathrm{j}\pi\delta(\omega+\omega_0)\mathrm{e}^{\mathrm{j}\varphi}, & \omega<0\end{cases}\end{aligned}$$
所以
$$\mathscr{H}[\cos(\omega_0 t+\varphi)]=\mathscr{FT}^{-1}[\mathscr{FT}[\mathscr{H}[\cos(\omega_0 t+\varphi)]]]=\sin(\omega_0 t+\varphi)$$

性质 3　设 $a(t)$为低通信号，其傅里叶变换为 $A(\omega)$，且
$$A(\omega)=0,\qquad |\omega|>\Delta\omega/2 \tag{6-12}$$
则当 $\omega_0>\Delta\omega/2$ 时，有
$$\mathscr{H}[a(t)\cos\omega_0 t]=a(t)\sin\omega_0 t \tag{6-13}$$
$$\mathscr{H}[a(t)\sin\omega_0 t]=-a(t)\cos\omega_0 t \tag{6-14}$$

证明　由性质 1 知，若式(6-13)成立，则式(6-14)必然成立，因此只需证明式(6-13)就可以了。令 $x(t)=a(t)\cos\omega_0 t$，则
$$X(\omega)=\frac{1}{2}[A(\omega+\omega_0)+A(\omega-\omega_0)]$$

$A(\omega)$与 $X(\omega)$的关系如图 6-3 所示。

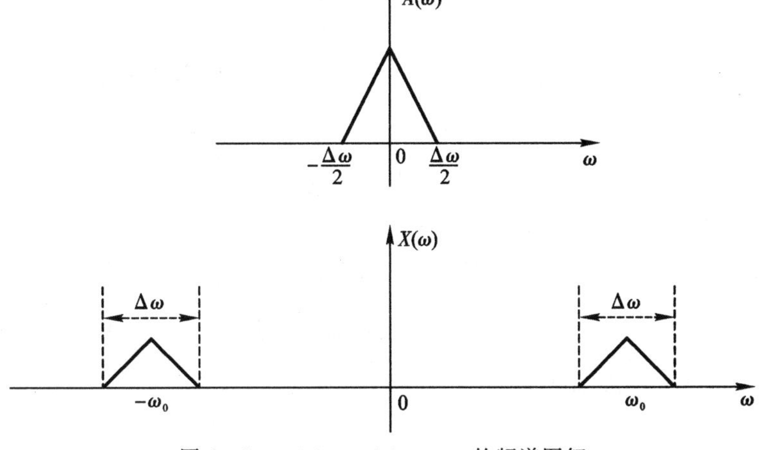

图 6-3　$x(t)=a(t)\cos\omega_0 t$ 的频谱图解

$x(t)=a(t)\cos\omega_0 t$ 经过希尔伯特变换后有

$$\begin{aligned}\hat{X}(\omega) &= X(\omega)H_h(\omega) \\ &= -\mathrm{j}\,\mathrm{sgn}(\omega)\left\{\frac{1}{2}[A(\omega+\omega_0)+A(\omega-\omega_0)]\right\} \\ &= -\frac{\mathrm{j}}{2}A(\omega+\omega_0)+\frac{\mathrm{j}}{2}A(\omega-\omega_0)\end{aligned}$$

对上式作傅里叶反变换，得

$$\hat{x}(t)=a(t)\sin\omega_0 t$$

性质4 设 $a(t)$ 和 $\varphi(t)$ 为低通信号，则

$$H[a(t)\cos(\omega_0 t+\varphi)]=a(t)\sin(\omega_0 t+\varphi) \tag{6-15}$$

$$H[a(t)\sin(\omega_0 t+\varphi)]=-a(t)\cos(\omega_0 t+\varphi) \tag{6-16}$$

请读者在习题中自行证明。

性质5 设 $z(t)=x(t)*y(t)$，则

$$\hat{z}(t)=\hat{x}(t)*y(t)=x(t)*\hat{y}(t) \tag{6-17}$$

根据卷积运算的结合律可以证明该性质。

性质6 设平稳随机信号 $X(t)$ 的自相关函数及功率谱密度为 $R_X(\tau)$ 和 $P_X(\omega)$，$\hat{x}(t)$ 的自相关函数及功率谱密度为 $R_{\hat{X}}(\tau)$ 和 $P_{\hat{X}}(\omega)$，则

$$R_{\hat{X}}(\tau)=R_X(\tau) \tag{6-18}$$

$$P_{\hat{X}}(\omega)=P_X(\omega) \tag{6-19}$$

证明 $P_{\hat{X}}(\omega)=P_X(\omega)|H_h(\omega)|^2=P_X(\omega)$，则

$$R_{\hat{X}}(\tau)=R_X(\tau)$$

即 $X(t)$ 经过希尔伯特变换后，其功率谱不变。这是因为希尔伯特变换只影响相频特性，不影响幅频特性，而功率谱密度不含有相位信息，经过希尔伯特变换后，其功率谱是不变的，即自相关函数是不变的。由式(6-18)得

$$R_{\hat{X}}(0)=R_X(0) \tag{6-20}$$

即信号 $X(t)$ 在希尔伯特变换前后平均总功率保持不变。

该性质对时间平均自相关函数也是成立的，即

$$\overline{R}_{\hat{X}}(\tau)=\overline{R}_X(\tau) \tag{6-21}$$

$$\overline{R}_{\hat{X}}(0)=\overline{R}_X(0) \tag{6-22}$$

例6.3 已知零均值平稳高斯随机信号 $X(t)$，其单边功率谱密度为

$$F_X(\omega)=\begin{cases}A, & |\omega-\omega_0|<\dfrac{\Delta\omega}{2} \\ 0, & \text{其他}\end{cases}$$

试求其希尔伯特变换 $\hat{X}(t)$ 的一维概率密度。

解 已知 $X(t)$ 是零均值平稳高斯信号，则 $\hat{X}(t)$ 也是零均值平稳高斯随机信号，所以

$$\sigma_{\hat{X}}^2=R_{\hat{X}}(0)=R_X(0)=\frac{1}{2\pi}\int_0^{+\infty}F_X(\omega)\mathrm{d}\omega=\frac{1}{2\pi}\int_{\omega_0-\Delta\omega/2}^{\omega_0+\Delta\omega/2}A\mathrm{d}\omega=\frac{A\Delta\omega}{2\pi}$$

所以 $\hat{X}(t)$ 的一维概率密度函数为

$$f_{\hat{X}}(\hat{x})=\frac{1}{\sqrt{A\Delta\omega}}\exp\left(-\frac{\pi\hat{x}^2}{A\Delta\omega}\right)$$

性质 7　平稳随机信号 $X(t)$ 与其希尔伯特变换 $\hat{X}(t)$ 的自相关函数 $R_{X\hat{X}}(\tau)$ 等于自相关函数 $R_X(\tau)$ 的希尔伯特变换 $\hat{R}_X(\tau)$，时间平均自相关函数 $\bar{R}_{X\hat{X}}(\tau)$ 等于时间平均自相关函数 $\bar{R}_X(\tau)$ 的希尔伯特变换 $\hat{\bar{R}}_X(\tau)$，即

$$R_{X\hat{X}}(\tau)=\hat{R}_X(\tau) \tag{6-23}$$

$$\bar{R}_{X\hat{X}}(\tau)=\hat{\bar{R}}_X(\tau) \tag{6-24}$$

证明　$\hat{X}(t)$ 可以看成是 $X(t)$ 通过一个线性时不变系统的输出信号，所以它与 $X(t)$ 是联合平稳的。因此有

$$\begin{aligned} R_{X\hat{X}}(\tau) &= E[X(t)\hat{X}(t+\tau)] \\ &= E\left[X(t)\int_{-\infty}^{+\infty}\frac{X(t+\tau-\alpha)}{\pi\alpha}\mathrm{d}\alpha\right] \\ &= \int_{-\infty}^{+\infty}\frac{E[X(t)X(t+\tau-\alpha)]}{\pi\alpha}\mathrm{d}\alpha \\ &= \int_{-\infty}^{+\infty}\frac{R_X(\tau-\alpha)}{\pi\alpha}\mathrm{d}\alpha=\hat{R}_X(\tau) \end{aligned}$$

同理可证

$$R_{\hat{X}X}(\tau)=R_{X\hat{X}}(-\tau)=-\hat{R}_X(\tau)=-R_{X\hat{X}}(-\tau) \tag{6-25}$$

且有

$$R_{\hat{X}X}(0)=R_{X\hat{X}}(0)=0 \tag{6-26}$$

而

$$\begin{aligned} \bar{R}_{X\hat{X}}(\tau) &= \overline{X(t)\hat{X}(t+\tau)} \\ &= \overline{X(t)\int_{-\infty}^{+\infty}\frac{X(t+\tau-\alpha)}{\pi\alpha}\mathrm{d}\alpha} \\ &= \int_{-\infty}^{+\infty}\frac{\overline{X(t)X(t+\tau-\alpha)}}{\pi\alpha}\mathrm{d}\alpha \\ &= \int_{-\infty}^{+\infty}\frac{\bar{R}_X(\tau-\alpha)}{\pi\alpha}\mathrm{d}\alpha \\ &= \hat{\bar{R}}_X(\tau) \end{aligned}$$

同理可证

$$\bar{R}_{\hat{X}X}(\tau)=\bar{R}_{X\hat{X}}(-\tau)=-\hat{\bar{R}}_X(\tau)=-\bar{R}_{X\hat{X}}(-\tau) \tag{6-27}$$

且有

$$\bar{R}_{\hat{X}X}(0)=\bar{R}_{X\hat{X}}(0)=0 \tag{6-28}$$

通过上述结果可以看出：平稳随机信号 $X(t)$ 与 $\hat{X}(t)$ 在同一时刻是正交的，且它们的互相关函数和时间平均互相关函数都是奇函数。

6.2　窄带随机信号的定义及表示

6.2.1　窄带随机信号的定义

在一般的无线电接收机中，大多数是高频或中频放大器，它们的通频带带宽 $\Delta\omega$ 往往

远小于中心频率 ω_0，且中心频率 ω_0 远离零频，即

$$\Delta\omega \ll \omega_0, \quad \omega_0 \gg 0 \tag{6-29}$$

称这种线性系统为窄带系统。

当窄带系统的输入端加入白噪声或宽带随机信号 $X(t)$ 时(见图 6-4(a))，系统的带通传输特性如图 6-4(b)所示，输出信号的功率谱集中在以 ω_0 为中心的一个很小的频带内，其输出信号 $Y(t)$ 为窄带随机信号。若用示波器观测某次输出的波形(某样本函数)，可以看到它的样本接近于一个正弦波，但是其幅度 $a_k(t)$ 和相位 $\varphi_k(t)$ 都在随时间 t 作缓慢变化。典型的窄带随机信号的样本函数时域波形和功率频谱密度如图 6-4(c)和图 6-4(d) 所示。

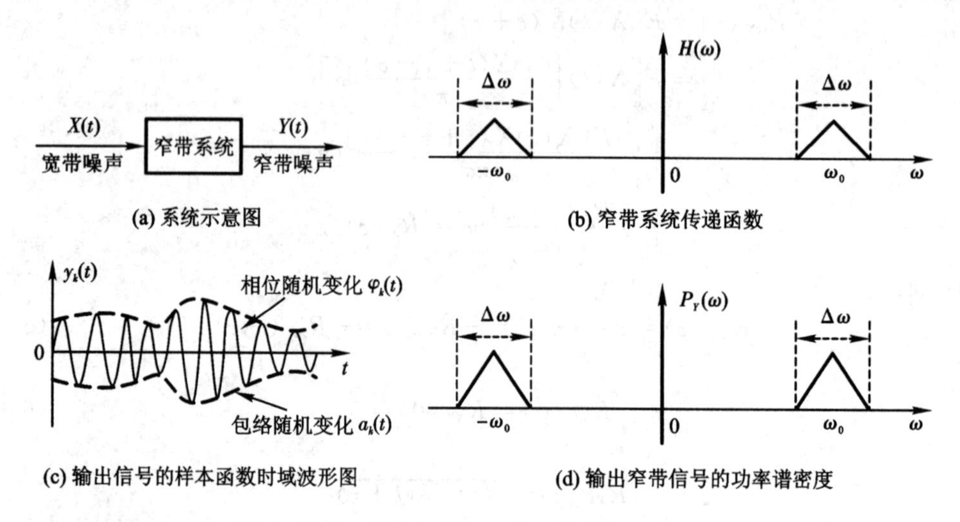

图 6-4 宽带噪声通过窄带系统

6.2.2 窄带随机信号的表示

1. 窄带随机信号的数学模型

由图 6-4(c)可知，窄带随机信号的一个样本函数就是一个高频窄带随机信号。它对应样本空间 Ω 中的任一样本点 ξ_k，所对应的样本函数可表示为

$$y_k(t) = a_k(t)\cos[\omega_0 t + \varphi_k(t)], \quad \xi_k \in \Omega \tag{6-30}$$

而所有样本函数的集合就构成整个窄带随机信号 $Y(t)$，记为

$$Y(t) = A(t)\cos[\omega_0 t + \Phi(t)] \tag{6-31}$$

上式就是窄带随机信号常用的数学模型，其中 $A(t)$ 称为窄带信号的包络，$\Phi(t)$ 称为窄带信号的相位。

由于 $a_k(t)$ 和 $\varphi_k(t)$ 相对于 $\cos\omega_0 t$ 来说都是缓慢变化的时间函数，所以 $A(t)$ 和 $\Phi(t)$ 相对于 $\cos\omega_0 t$ 来说也是缓慢变化的随机信号。于是，窄带随机信号可以看成是随机调幅和随机调相的准振荡表示。

2. 窄带随机信号的正交分解表示

统计分析的对象是随机函数。为了方便地对窄带随机信号进行统计分析，先将窄带随机信号进行随机函数与非随机函数的分解，所以有

$$
\begin{aligned}
Y(t) &= A(t)\cos[\omega_0 t+\Phi(t)] \\
&= A(t)\cos\Phi(t)\cos\omega_0 t - A(t)\sin\Phi(t)\sin\omega_0 t \\
&= A_c(t)\cos\omega_0 t - A_s(t)\sin\omega_0 t
\end{aligned} \tag{6-32}
$$

上式中，$\cos\omega_0 t$、$\sin\omega_0 t$ 都是非随机函数。而随机函数为

$$
\begin{cases}
A_c(t) = A(t)\cos\Phi(t) \\
A_s(t) = A(t)\sin\Phi(t)
\end{cases} \tag{6-33}
$$

其中 $A_c(t)$称为窄带信号 $Y(t)$的同相分量，而 $A_s(t)$称为窄带信号 $Y(t)$的正交分量或者垂直分量。不难看出，$A_c(t)$和 $A_s(t)$也是相对于 $\cos\omega_0 t$ 缓慢变化的函数。

由式(6－33)可以推出

$$
\begin{cases}
A(t) = \sqrt{A_c^2(t)+A_s^2(t)} \\
\Phi(t) = \arctan\left[\dfrac{A_s(t)}{A_c(t)}\right]
\end{cases} \tag{6-34}
$$

可见，窄带随机信号 $Y(t)$的包络 $A(t)$和相位 $\Phi(t)$完全可由同相分量 $A_c(t)$和正交分量 $A_s(t)$确定，且 $A_c(t)$和 $A_s(t)$是一对在几何上正交的分量，如图 6－5 所示。

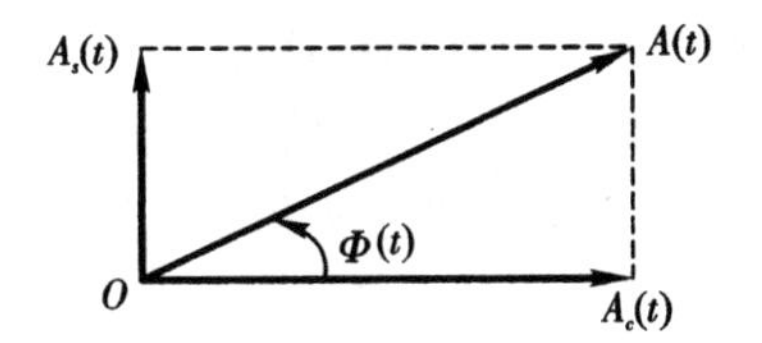

图 6－5　窄带随机信号的正交分解

6.3　窄带随机信号的统计分析

本节所讨论的平稳随机信号 $Y(t)$为宽平稳、零均值的实高斯窄带随机信号。下面讨论窄带随机信号 $Y(t)$的统计特性，主要讨论同相分量 $A_c(t)$和正交分量 $A_s(t)$的统计特性以及它们与信号 $Y(t)$的统计关系。

在讨论统计特性之前，先导出 $Y(t)$、$A_c(t)$、$A_s(t)$之间的函数关系如下：

$$
\begin{cases}
Y(t) = A_c(t)\cos\omega_0 t - A_s(t)\sin\omega_0 t \\
\hat{Y}(t) = A_c(t)\sin\omega_0 t + A_s(t)\cos\omega_0 t
\end{cases} \tag{6-35}
$$

$$
\begin{cases}
A_c(t) = Y(t)\cos\omega_0 t + \hat{Y}(t)\sin\omega_0 t \\
A_s(t) = \hat{Y}(t)\cos\omega_0 t - Y(t)\sin\omega_0 t
\end{cases} \tag{6-36}
$$

1. $A_c(t)$和 $A_s(t)$的均值

对式(6－36)两边进行统计平均，可得

$$
E[A_c(t)] = E[A_s(t)] = E[Y(t)] = E[\hat{Y}(t)] = 0 \tag{6-37}
$$

2. $A_c(t)$和 $A_s(t)$的自相关函数和功率谱密度

$$
\begin{aligned}
R_{A_c}(t, t+\tau) &= E[A_c(t)A_c(t+\tau)] \\
&= E\{[Y(t)\cos\omega_0 t + \hat{Y}(t)\sin\omega_0 t][Y(t+\tau)\cos(\omega_0 t+\omega_0\tau) + \\
&\quad \hat{Y}(t+\tau)\sin(\omega_0 t+\omega_0\tau)]\} \\
&= R_Y(\tau)\cos\omega_0 t\cos(\omega_0 t+\omega_0\tau) + R_{\hat{Y}Y}(\tau)\cos\omega_0 t\sin(\omega_0 t+\omega_0\tau) + \\
&\quad R_{Y\hat{Y}}(\tau)\sin\omega_0 t\cos(\omega_0 t+\omega_0\tau) + R_{\hat{Y}}(\tau)\sin\omega_0 t\sin(\omega_0 t+\omega_0\tau)
\end{aligned}
$$

根据希尔伯特变换性质有

$$R_{\hat{Y}}(\tau)=R_Y(\tau)$$

$$R_{Y\hat{Y}}(\tau)=-\hat{R}_Y(\tau)$$

$$R_{\hat{Y}Y}(\tau)=\hat{R}_Y(\tau)$$

代入上式中，并化简为

$$R_{A_c}(t,t+\tau)=R_{A_c}(\tau)=R_Y(\tau)\cos\omega_0\tau+\hat{R}_Y(\tau)\sin\omega_0\tau \tag{6-38}$$

同理有

$$R_{A_s}(t,t+\tau)=R_{A_s}(\tau)=R_Y(\tau)\cos\omega_0\tau+\hat{R}_Y(\tau)\sin\omega_0\tau \tag{6-39}$$

因此

$$R_{A_c}(\tau)=R_{A_s}(\tau) \tag{6-40}$$

当 $\tau=0$ 时有

$$R_{A_c}(0)=R_{A_s}(0)=R_Y(0) \tag{6-41}$$

若窄带信号 $Y(t)$ 是平稳高斯信号，根据式(6-36)知，$A_c(t)$ 和 $A_s(t)$ 都是 $Y(t)$ 的线性组合，所以 $A_c(t)$ 和 $A_s(t)$ 都是平稳高斯随机信号。

由式(6-37)到式(6-41)可以得出：若零均值窄带随机信号 $Y(t)$ 广义平稳，则其同相分量 $A_c(t)$ 和正交分量 $A_c(t)$ 都是广义平稳随机信号，且它们的均值都为零，总平均功率相等，都等于窄带随机信号 $Y(t)$ 的总平均功率。

对式(6-38)和式(6-39)两边进行傅里叶变换，得

$$\begin{aligned}P_{A_c}(\omega)&=P_{A_s}(\omega)\\&=\int_{-\infty}^{+\infty}R_{A_c}(\tau)e^{-j\omega\tau}d\tau\\&=\frac{1}{2\pi}P_Y(\omega)*\pi[\delta(\omega+\omega_0)+\delta(\omega-\omega_0)]+\frac{1}{2\pi}\hat{P}_Y(\omega)*\\&\quad j\pi[\delta(\omega+\omega_0)-\delta(\omega-\omega_0)]\\&=\frac{1}{2}[P_Y(\omega+\omega_0)+P_Y(\omega-\omega_0)]+\frac{j}{2}[\hat{P}_Y(\omega+\omega_0)-\hat{P}_Y(\omega-\omega_0)]\end{aligned}$$

又因为 $\hat{P}_Y(\omega)=\int_{-\infty}^{+\infty}\hat{R}_Y(\omega)e^{-j\omega\tau}d\tau=-j\text{sgn}(\omega)P_Y(\omega)$，将其代入上式可得

$$\begin{aligned}P_{A_c}(\omega)&=P_{A_s}(\omega)\\&=\frac{1}{2}[P_Y(\omega+\omega_0)+P_Y(\omega-\omega_0)]+\\&\quad\frac{1}{2}[\text{sgn}(\omega+\omega_0)P_Y(\omega+\omega_0)-\text{sgn}(\omega-\omega_0)P_Y(\omega-\omega_0)]\end{aligned} \tag{6-42}$$

上式各项所对应的功率谱密度的图形如图 6-6 所示。

图 6-6 画出了 $P_{A_c}(\omega)$ 和 $P_{A_s}(\omega)$ 的功率谱密度，根据图解分析可以看出 $P_{A_c}(\omega)$ 和 $P_{A_s}(\omega)$ 集中在 $|\omega|<\Delta\omega/2$ 范围内，由此可以看出，同相分量 $A_c(t)$ 和正交分量 $A_s(t)$ 都是低频随机信号。式(6-42)可表示为

$$P_{A_c}(\omega)=P_{A_s}(\omega)=\begin{cases}P_Y(\omega+\omega_0)+P_Y(\omega-\omega_0), & |\omega|<\Delta\omega/2\\0, & \text{其他}\end{cases} \tag{6-43}$$

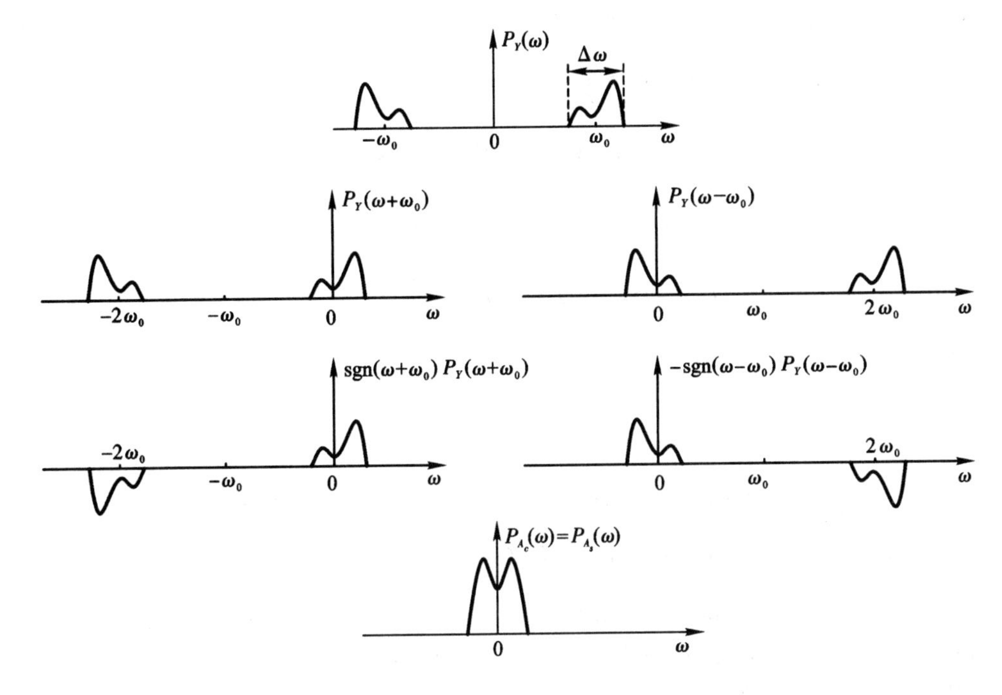

图 6-6　$P_{A_c}(\omega)$和$P_{A_s}(\omega)$的功率谱密度示意图

3. $A_c(t)$和$A_s(t)$的互相关函数和互功率谱密度

$$
\begin{aligned}
R_{A_cA_s}(t,\ t+\tau) &= E[A_c(t)A_s(t+\tau)] \\
&= E\{[Y(t)\cos\omega_0 t+\hat{Y}(t)\sin\omega_0 t][\hat{Y}(t+\tau)\cos(\omega_0 t+\omega_0\tau)- \\
&\quad Y(t+\tau)\sin(\omega_0 t+\omega_0\tau)]\} \\
&= R_{Y\hat{Y}}(\tau)\cos\omega_0 t\cos(\omega_0 t+\omega_0\tau)-R_Y(\tau)\cos\omega_0 t\sin(\omega_0 t+\omega_0\tau)+ \\
&\quad R_Y(\tau)\sin\omega_0 t\cos(\omega_0 t+\omega_0\tau)-R_{\hat{Y}Y}(\tau)\sin\omega_0 t\sin(\omega_0 t+\omega_0\tau) \\
&= -R_Y(\tau)\sin\omega_0\tau+\hat{R}_Y(\tau)\cos\omega_0\tau \\
&= R_{A_cA_s}(\tau)
\end{aligned}
$$

即

$$
R_{A_cA_s}(t,\ t+\tau)=R_{A_cA_s}(\tau)=-R_Y(\tau)\sin\omega_0\tau+\hat{R}_Y(\tau)\cos\omega_0\tau \tag{6-44}
$$

上式表明，$A_c(t)$和$A_s(t)$是联合广义平稳的。

同理有

$$
R_{A_sA_c}(\tau)=R_{A_cA_s}(-\tau)=R_Y(\tau)\sin\omega_0\tau-\hat{R}_Y(\tau)\cos\omega_0\tau \tag{6-45}
$$

因此

$$
R_{A_sA_c}(\tau)=R_{A_cA_s}(-\tau)=-R_{A_sA_c}(-\tau) \tag{6-46}
$$

上式表明$A_c(t)$和$A_s(t)$的互相关函数$R_{A_sA_c}(\tau)$或者$R_{A_cA_s}(\tau)$是关于τ的奇函数，则有

$$
R_{A_sA_c}(0)=R_{A_cA_s}(0)=0 \tag{6-47}
$$

由该式可知，$A_c(t)$和$A_s(t)$在同一时刻的两个随机变量是正交的。

又因为$A_c(t)$和$A_s(t)$的均值都为零，所以当$\tau=0$时，也有

$$
C_{A_sA_c}(0)=C_{A_cA_s}(0)=0 \tag{6-48}
$$

说明随机信号$A_c(t)$和$A_s(t)$在同一时刻的两个随机变量是互不相关的。

对式(6－44)和式(6－45)两边进行傅里叶变换得

$$
\begin{aligned}
P_{A_cA_s}(\omega) &= -P_{A_sA_c}(\omega) = \int_{-\infty}^{+\infty} R_{A_cA_s}(\tau)\mathrm{e}^{-\mathrm{j}\omega\tau}\mathrm{d}\tau \\
&= \int_{-\infty}^{+\infty}[-R_Y(\tau)\sin\omega_0\tau + \hat{R}_Y(\tau)\cos\omega_0\tau]\mathrm{e}^{-\mathrm{j}\omega\tau}\mathrm{d}\tau \\
&= -\frac{1}{2\pi}P_Y(\omega) * \mathrm{j}\pi[\delta(\omega+\omega_0)-\delta(\omega-\omega_0)] + \\
&\quad \frac{-\mathrm{j}}{2\pi}P_Y(\omega)\mathrm{sgn}(\omega) * \pi[\delta(\omega+\omega_0)+\delta(\omega-\omega_0)] \\
&= \frac{\mathrm{j}}{2}[P_Y(\omega-\omega_0)-P_Y(\omega+\omega_0)] - \\
&\quad \frac{\mathrm{j}}{2}[P_Y(\omega+\omega_0)\mathrm{sgn}(\omega+\omega_0) + \\
&\quad P_Y(\omega-\omega_0)\mathrm{sgn}(\omega-\omega_0)]
\end{aligned}
$$

$$
\begin{aligned}
P_{A_cA_s}(\omega) = \frac{\mathrm{j}}{2}[&P_Y(\omega-\omega_0)-P_Y(\omega+\omega_0) - \\
&P_Y(\omega+\omega_0)\mathrm{sgn}(\omega+\omega_0) - P_Y(\omega-\omega_0)\mathrm{sgn}(\omega-\omega_0)]
\end{aligned} \tag{6-49}
$$

由图 6－7 可以看出，互功率谱密度 $P_{A_cA_s}(\omega)$ 或者 $P_{A_sA_c}(\omega)$ 集中在 $|\omega|<\Delta\omega/2$ 范围内，式(6－49)可以改写为

$$
\begin{aligned}
P_{A_cA_s}(\omega) &= -P_{A_sA_c}(\omega) \\
&= \begin{cases} \mathrm{j}[P_Y(\omega-\omega_0)-P_Y(\omega+\omega_0)], & |\omega|<\Delta\omega/2 \\ 0, & \text{其他} \end{cases}
\end{aligned} \tag{6-50}
$$

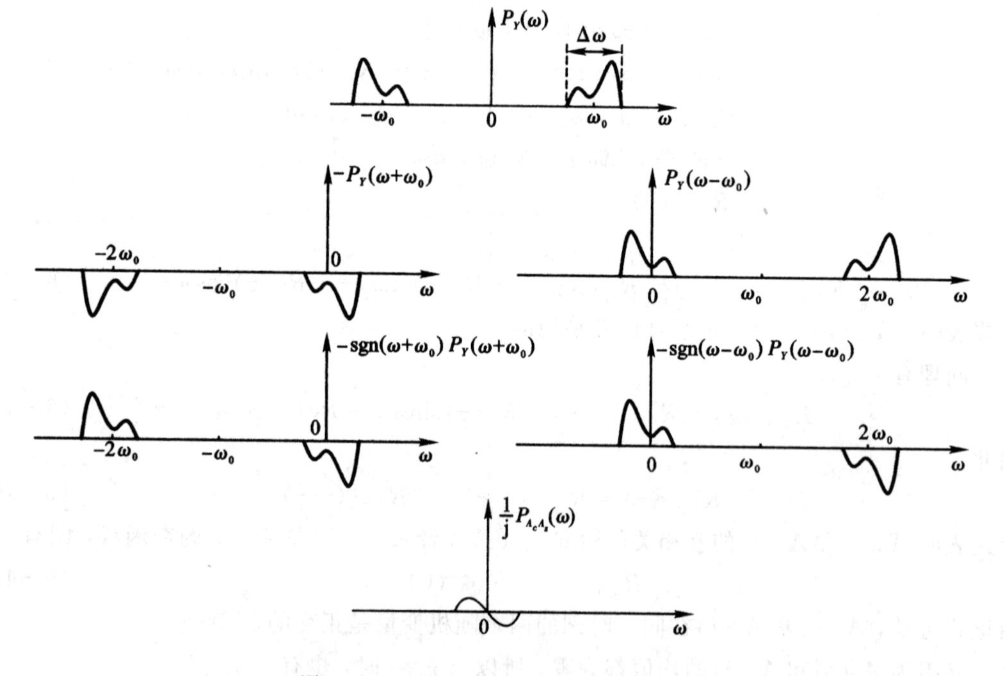

图 6－7　$P_{A_cA_s}(\omega)/\mathrm{j}$ 功率谱密度示意图

若零均值窄带随机信号 $Y(t)$ 的单边功率谱密度关于 ω_0 是偶对称的，由上式可知

$$P_{A_cA_s}(\omega)=-P_{A_sA_c}(\omega)=0 \tag{6-51}$$

则

$$R_{A_cA_s}(\tau)=-R_{A_sA_c}(\tau)=0 \tag{6-52}$$

又因为 $A_c(t)$和 $A_s(t)$的均值都为零，所以有

$$C_{A_cA_s}(\tau)=-C_{A_sA_c}(\tau)=0 \tag{6-53}$$

上两式表明，此时 $A_c(t)$和 $A_s(t)$在任意时刻都是正交的或者互不相关的。

4. 窄带随机信号 $Y(t)$的自相关函数

仿照上述性质的证明方法，可以证得

$$R_Y(\tau)=R_{A_c}(\tau)\cos\omega_0\tau-R_{A_cA_s}(\tau)\sin\omega_0\tau \tag{6-54}$$

根据前面的分析，可以得到一个重要的结论：零均值窄带平稳高斯随机信号 $Y(t)$，其同相分量 $A_c(t)$和正交分量 $A_s(t)$同样是平稳高斯随机信号，均值为 0，方差也相同($\sigma^2=R_Y(0)$)，且同一时刻的 $A_c(t)$与 $A_s(t)$是互不相关、相互独立或相互正交的。

5. $A_c(t)$和 $A_s(t)$的一维概率密度函数

由于零均值平稳高斯窄带随机信号 $Y(t)\sim N(0,\sigma^2)$，所以 $A_c(t)\sim N(0,\sigma^2)$，$A_s(t)\sim N(0,\sigma^2)$，则同相分量 $A_c(t)$的一维概率密度函数为

$$f_{A_c}(a_{ct})=\frac{1}{\sqrt{2\pi}\sigma}\exp\left(-\frac{a_{ct}^2}{2\sigma^2}\right) \tag{6-55}$$

同理，正交分量 $A_s(t)$的一维概率密度函数为

$$f_{A_c}(a_{st})=\frac{1}{\sqrt{2\pi}\sigma}\exp\left(-\frac{a_{st}^2}{2\sigma^2}\right) \tag{6-56}$$

上两式中，A_{ct}、A_{st}为 $A_c(t)$、$A_s(t)$在某固定时刻 t 所对应的随机变量，a_{ct}、a_{st}为随机变量 A_{ct}、A_{st}可能的取值状态。

$A_c(t)$和 $A_s(t)$的联合概率密度为

$$f_{A_cA_s}(a_{ct},a_{st})=f_{A_c}(a_{ct})\cdot f_{A_s}(a_{st})=\frac{1}{2\pi\sigma^2}\exp\left(-\frac{a_{ct}^2+a_{st}^2}{2\sigma^2}\right) \tag{6-57}$$

例 6.4　零均值平稳窄高斯随机信号 $X(t)$的功率谱密度如图 6-8 所示。

(1) 试写出此随机信号的一维概率密度函数；

(2) 写出 $X(t)$的同相分量、正交分量在同一时刻的联合概率密度函数。

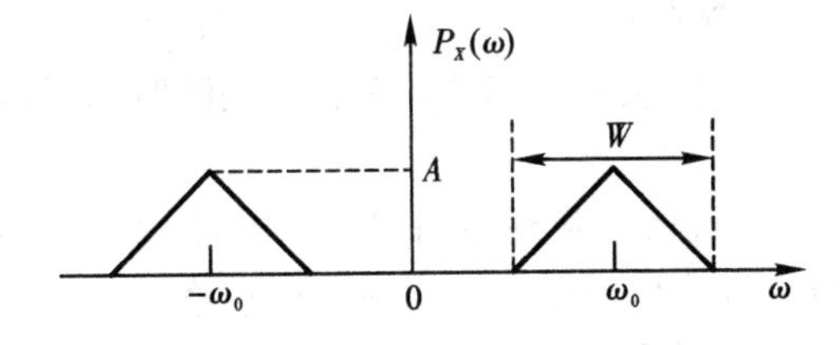

图 6-8　例 6.4 图

解　(1) 零均值平稳窄带高斯信号 $X(t)$的正交表达式为

$$X(t)=A_c(t)\cos\omega_0 t-A_s(t)\sin\omega_0 t$$

基于功率谱计算功率得

$$P=R_X(0)=\sigma^2=\frac{1}{2\pi}\int_{-\infty}^{+\infty}P_X(\omega)\mathrm{d}\omega=\frac{AW}{2\pi}$$

$X(t)$为零均值的高斯随机信号，所以

$$X(t)\sim N(0,\sigma^2)$$

所以一维概率密度

$$f_X(x)=\frac{1}{\sqrt{2\pi}\sigma}\mathrm{e}^{-\frac{x^2}{2\sigma^2}},\quad \sigma^2=\frac{AW}{2\pi}$$

(2) 由$A_c(t)$、$A_s(t)$与$X(t)$的关系知：$A_c(t)$、$A_s(t)$也为平稳高斯随机信号，且与$X(t)$有相同的期望和方差，在同一时刻二者是互不相关或者统计独立的，即$R_{A_sA_c}(0)=R_{A_cA_s}(0)=0$。

$$\begin{aligned}f_{A_{ct}A_{st}}(a_{ct},a_{st})&=f_{A_c}(a_{ct})f_{A_s}(a_{st})\\&=\frac{1}{\sqrt{2\pi}\sigma}\mathrm{e}^{-\frac{(a_{ct}-0)^2}{2\sigma^2}}\frac{1}{\sqrt{2\pi}\sigma}\mathrm{e}^{-\frac{(a_{st}-0)^2}{2\sigma^2}}\\&=\frac{1}{2\pi\sigma^2}\exp\left(-\frac{a_{ct}^2+a_{st}^2}{2\sigma^2}\right)\end{aligned}$$

$$\sigma^2=\frac{AW}{2\pi}$$

6.4 窄带高斯随机信号包络和相位分布

通信电子系统接收电路中经常采用宽带随机信号$X(t)$激励一个高频窄带系统，如图6-9所示。由前面宽带信号通过窄带系统的结论可知，该情况下系统输出随机信号$Y(t)$可以认为是窄带高斯随机信号。因此，窄带高斯随机信号模型是通信电子系统中经常用到的随机信号模型，研究窄带高斯随机信号具有重要的实际意义。

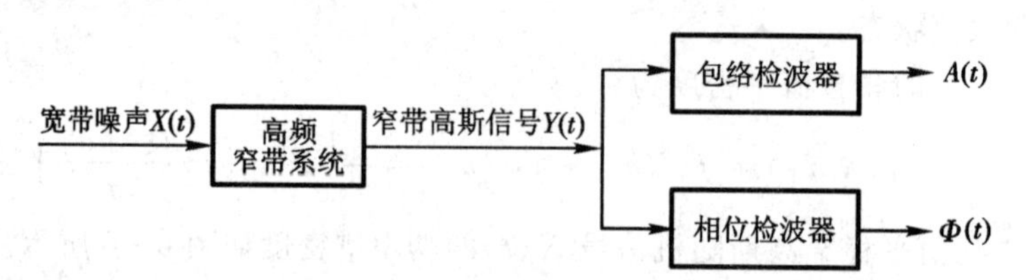

图 6-9 窄带随机信号的包络和相位

根据前一节的分析，图6-9中窄带高斯信号$Y(t)$可表示为准正弦振荡的形式

$$Y(t)=A(t)\cos[\omega_0t+\Phi(t)]\tag{6-58}$$

其中$A(t)$和$\Phi(t)$分别是$Y(t)$的包络和相位，它们都是随时间缓慢变化的低频随机信号，ω_0为中心高频载波频率。

通信系统中，调幅信号的信息加载到包络$A(t)$中，而调频和调相信号的信息包含在相位$\Phi(t)$中，所以在接收端获取原始信息需要检测出包络$A(t)$和相位$\Phi(t)$的信息。若将窄带随机信号$Y(t)$送入包络检波器，则在检波器输出端可得包络$A(t)$；若将$Y(t)$送入相位检波器，可检测出相位$\Phi(t)$，如图6-9所示。由于$A(t)$和$\Phi(t)$都是$Y(t)$的非线性变换，推导它们的多维分布函数很困难，因此本节重点讨论它们的一维概率密度函数。

6.4.1 窄带高斯噪声的包络和相位的一维概率分布

假定窄带平稳高斯随机信号$Y(t)$的均值为零、方差为σ^2，先求其包络$A(t)$和相位

$\Phi(t)$的一维概率密度。在任一给定的时刻，对$A(t)$和$\Phi(t)$采样，可得到随机变量A_t和Φ_t，其对应的可能取值状态为a_t和φ_t，故求$A(t)$和$\Phi(t)$的一维概率密度就是求出概率密度$f_A(a_t)$和$f_\Phi(\varphi_t)$。

由上节内容知，窄带随机信号$Y(t)$可表示为

$$Y(t)=A(t)\cos[\omega_0 t+\Phi(t)]=A_c(t)\cos\omega_0 t-A_s(t)\sin\omega_0 t \tag{6-59}$$

$A_c(t)$和$A_s(t)$与$Y(t)$有相同的均值和方差，且都是平稳高斯信号，二者在任意相同时刻是正交的、互不相关的或者统计独立的随机变量。设A_{ct}和A_{st}是$A_c(t)$和$A_s(t)$在固定t时刻对应的随机变量，a_{ct}和a_{st}为所对应的可能取值状态。$A_c(t)$和$A_s(t)$联合概率密度为

$$f_{A_cA_s}(a_{ct},a_{st})=f_{A_c}(a_{ct})\cdot f_{A_s}(a_{st})=\frac{1}{2\pi\sigma^2}\exp\left(-\frac{a_{ct}^2+a_{st}^2}{2\sigma^2}\right) \tag{6-60}$$

又根据$A(t)$、$\Phi(t)$和$A_c(t)$、$A_s(t)$的关系

$$\begin{cases}A(t)=\sqrt{A_c^2(t)+A_s^2(t)}\\ \Phi(t)=\arctan\left[\dfrac{A_s(t)}{A_c(t)}\right]\end{cases} \tag{6-61}$$

通过二维随机变量函数变换可得$A(t)$和$\Phi(t)$的二维联合概率密度函数为

$$f_{A\Phi}(a_t,\varphi_t)=|J|f_{A_cA_s}(a_{ct},a_{st}) \tag{6-62}$$

由于

$$\begin{cases}A_{ct}=h_1(A_t,\Phi_t)=A_t\cos\Phi_t\\ A_{st}=h_2(A_t,\Phi_t)=A_t\sin\Phi_t\end{cases} \tag{6-63}$$

雅可比变换行列式为

$$J=\begin{vmatrix}\dfrac{\partial h_1}{\partial a_t} & \dfrac{\partial h_1}{\partial\varphi_t}\\ \dfrac{\partial h_2}{\partial a_t} & \dfrac{\partial h_2}{\partial\varphi_t}\end{vmatrix}=\begin{vmatrix}\cos\varphi_t & -a_t\sin\varphi_t\\ \sin\varphi_t & a_t\cos\varphi_t\end{vmatrix}=a_t\geqslant 0 \tag{6-64}$$

则可得

$$\begin{aligned}f_{A\Phi}(a_t,\varphi_t)&=f_{A_{ct}A_{st}}(a_{ct},a_{st})|J|\\&=\frac{a_t}{2\pi\sigma^2}\exp\left(-\frac{a_t^2}{2\sigma^2}\right),\quad a_t\geqslant 0,\ 0\leqslant\varphi_t\leqslant 2\pi\end{aligned} \tag{6-65}$$

由边缘概率的运算求得

$$\begin{aligned}f_A(a_t)&=\int_{-\infty}^{+\infty}f_{A_t\Phi_t}(a_t,\varphi_t)\mathrm{d}\varphi_t\\&=\int_0^{2\pi}\frac{a_t}{2\pi\sigma^2}\exp\left(-\frac{a_t^2}{2\sigma^2}\right)\mathrm{d}\varphi_t\\&=\frac{a_t}{\sigma^2}\exp\left(-\frac{a_t^2}{2\sigma^2}\right),\quad a_t\geqslant 0\end{aligned} \tag{6-66}$$

$$\begin{aligned}f_\Phi(\varphi_t)&=\int_0^{+\infty}\frac{a_t}{2\pi\sigma^2}\exp\left(-\frac{a_t^2}{2\sigma^2}\right)\mathrm{d}a_t\\&=-\frac{1}{2\pi}\int_0^{\infty}\exp\left(-\frac{a_t^2}{2\sigma^2}\right)\Bigg|_{0=\frac{1}{2\pi}}^{+\infty},\quad 0\leqslant\varphi_t\leqslant 2\pi\end{aligned} \tag{6-67}$$

由$A(t)$和$\Phi(t)$的概率密度函数可知包络$A(t)$服从瑞利分布，如图 6-10 所示；随机

相位 $\Phi(t)$ 服从 $(0, 2\pi)$ 的均匀分布。

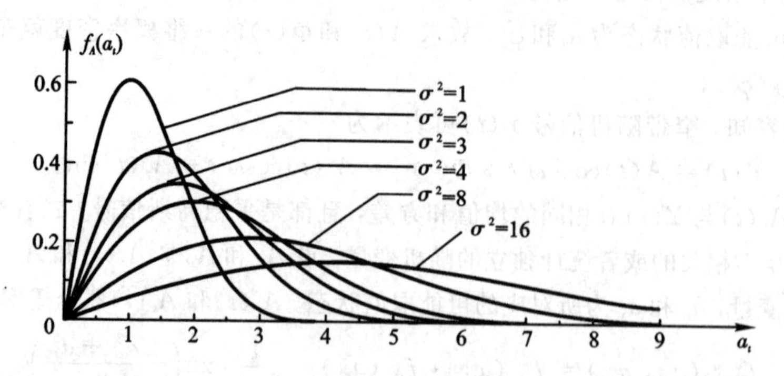

图 6-10　瑞利分布概率密度函数

观察式(6-65)～式(6-67)，可以看出

$$f_{A\Phi}(a_t, \varphi_t) = f_A(a_t) \cdot f_\Phi(\varphi_t) \tag{6-68}$$

所以在同一时刻，包络 $A(t)$ 和相位 $\Phi(t)$ 相互统计独立。

由以上内容可得出另一个重要结论：零均值窄带高斯平稳随机信号 $Y(t)$，其包络 $A(t)$ 的一维分布服从瑞利分布，相位 $\Phi(t)$ 的一维分布服从均匀分布，且同一时刻的 $A(t)$ 和 $\Phi(t)$ 相互统计独立。

*6.4.2　窄带高斯随机信号包络平方的一维分布

在电子通信系统中，包络检波法是最常用的检测方法，而平方律检波器应用非常广泛。如图 6-11 所示，在平方律检波器输出端可得到窄带高斯随机信号 $Y(t)$ 包络的平方 $A^2(t)$。

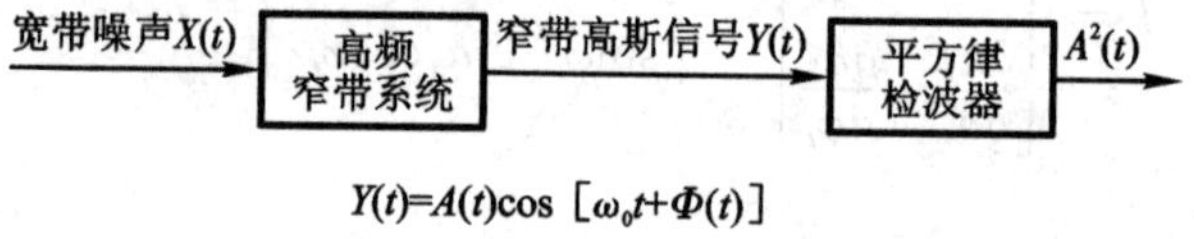

宽带噪声 $X(t)$ → 高频窄带系统 → 窄带高斯信号 $Y(t)$ → 平方律检波器 → $A^2(t)$

$Y(t)=A(t)\cos[\omega_0 t+\Phi(t)]$

图 6-11　平方律检波器

由前面理论知，当 $Y(t)$ 为均值为 0、方差为 σ^2 的平稳高斯窄带随机信号时，其包络 $A(t)$ 的一维概率密度为瑞利分布

$$f_A(a_t) = \frac{a_t}{\sigma^2}\exp\left(-\frac{a_t^2}{2\sigma^2}\right), \quad a_t \geqslant 0 \tag{6-69}$$

应用求一维随机变量函数变换分布的方法，容易求出包络平方的一维概率密度。令

$$U(t) = A^2(t) \tag{6-70}$$

则在固定时刻 t，有

$$\begin{cases} U_t = g(A_t) = A_t^2, & U_t \geqslant 0 \\ A_t = h(U_t) = \sqrt{U_t}, & A_t \geqslant 0 \end{cases} \tag{6-71}$$

其雅可比变换行列式为

$$J = \frac{1}{2\sqrt{U_t}} \tag{6-72}$$

于是包络平方的一维概率密度函数为

$$f_U(u_t) = f_A(a_t)|J| = \frac{1}{2\sigma^2}\exp\left(-\frac{u_t}{2\sigma^2}\right), \quad u_t \geqslant 0 \tag{6-73}$$

上式是一个典型的指数表达式。

实际应用中，为了分析方便，经常应用归一化随机变量。令归一化随机变量 $V_t = \frac{U_t}{\sigma^2}$，则可得到 V_t 的概率密度为

$$f_V(v_t) = \frac{1}{2}\exp\left(-\frac{v_t^2}{2}\right), \quad v_t \geqslant 0 \tag{6-74}$$

有些应用中还需要进一步对包络平方信号 $U(t)$ 进行多点采样和求和，得到累加量

$$z = \sum_{i=1}^{n} U(t_i) = \sum_{i=1}^{n} A^2(t_i) = \sum_{i=1}^{n} [A_c^2(t_i) + A_s^2(t_i)]$$

然后在 z 的基础上进行检测和处理。由于 $A_c(t_i)$ 与 $A_s(t_i)$ 相互独立并且具有相同的分布，因此 z 实际上是 $2n$ 个独立的零均值、同分布的高斯随机变量的平方和，它服从中心 χ^2 的分布（如例 1.7）。

6.5 随相正弦波信号加窄带高斯噪声之和的包络和相位分布

在信号检测理论中，随机相位信号的检测是其他信号检测的基础，而接收机的中频输出经常遇到随相正弦波与窄带噪声（即信号加噪声）通过包络检波器或者平方律检波器的问题，如图 6-12 所示。本节主要讨论随机相位正弦波与窄带高斯噪声之和的统计特性，导出合成信号通过包络检波器后的包络和相位的概率密度，以及包络平方的概率密度。

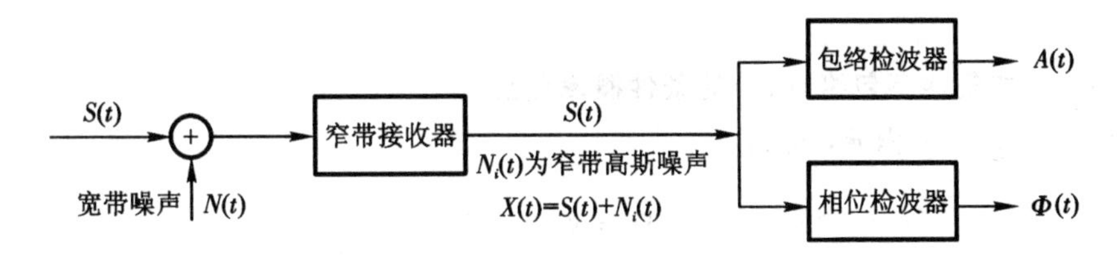

图 6-12　随相正弦波加窄带高斯噪声合成信号

6.5.1 随相正弦波加窄带高斯噪声包络和相位分布

设随机相位正弦波

$$S(t) = a\cos(\omega_0 t + \theta) = a\cos\theta\cos\omega_0 t - a\sin\theta\sin\omega_0 t \tag{6-75}$$

其中，a 和 ω_0 为常数，θ 为服从 $(0, 2\pi)$ 均匀分布的随机变量。

宽带噪声 $N(t)$ 通过窄带接收机后得到窄带高斯噪声 $N_i(t)$，假定其均值为零，方差为 σ^2，所以有

$$N_i(t) = A_N(t)\cos[\omega_0 t + \Phi(t)] = N_c(t)\cos\omega_0 t - N_s(t)\sin\omega_0 t \tag{6-76}$$

此时信号加噪声合成信号为

$$X(t) = S(t) + N_i(t) = [a\cos\theta + N_c(t)]\cos\omega_0 t - [a\sin\theta + N_s(t)]\sin\omega_0 t \tag{6-77}$$

令

$$\begin{cases} X_c(t) = a\cos\theta + N_c(t) \\ X_s(t) = a\sin\theta + N_s(t) \end{cases} \tag{6-78}$$

则

$$X(t) = X_c(t)\cos\omega_0 t - X_s(t)\sin\omega_0 t = A(t)\cos[\omega_0 t + \Phi(t)] \tag{6-79}$$

由上式可以看出，合成信号 $X(t)$ 也是窄带信号，$X_c(t)$ 为其同相分量，$X_s(t)$ 为其正交分量。所以 $X(t)$ 的包络 $A(t)$ 和相位 $\Phi(t)$ 可表示为

$$\begin{cases} A(t) = \sqrt{X_c^2(t) + X_s^2(t)} = \sqrt{[a\cos\theta + N_c(t)]^2 + [a\sin\theta + N_s(t)]^2} \\ \Phi(t) = \arctan\left[\dfrac{a\sin\theta + N_s(t)}{a\cos\theta + N_c(t)}\right] \end{cases} \tag{6-80}$$

由于 $N_c(t)$、$N_s(t)$ 都是零均值高斯随机信号，且相互统计独立，所以对给定的 θ 值，$X_c(t)$、$X_s(t)$ 也必然是相互独立的高斯随机信号，它们的均值和方差分别为

$$E[X_c(t)|\theta] = a\cos\theta$$

$$E[X_s(t)|\theta] = a\sin\theta$$

$$D[X_c(t)|\theta] = D[X_s(t)|\theta] = \sigma^2$$

于是，可以得到在 θ 给定的条件下，$X_c(t)$ 和 $X_s(t)$ 的联合概率密度函数为

$$f_{X_cX_s}(x_{ct}, x_{st}|\theta) = \frac{1}{2\pi\sigma^2}\exp\left\{-\frac{1}{2\sigma^2}[(x_{ct} - a\cos\theta)^2 + (x_{st} - a\sin\theta)^2]\right\} \tag{6-81}$$

同上节，通过二维随机变量函数变换，可求得包络 $A(t)$ 和相位 $\Phi(t)$ 的联合概率密度函数为

$$f_{A\Phi}(a_t, \varphi_t|\theta) = \frac{a_t}{2\pi\sigma^2}\exp\left\{-\frac{1}{2\sigma^2}[a_t^2 + a^2 - 2a_t a\cos(\theta - \varphi_t)]\right\},\ a_t \geqslant 0,\ 0 < \varphi_t < 2\pi \tag{6-82}$$

1. 在 θ 已知条件下包络 $A(t)$ 的条件概率密度

将式(6-82)对 φ_t 积分，可得

$$\begin{aligned} f_A(a_t|\theta) &= \int_0^{2\pi} f_{A\Phi}(a_t, \varphi_t \mid \theta)\mathrm{d}\varphi_t \\ &= \frac{a_t}{\sigma^2}\mathrm{I}_0\left(\frac{aa_t}{\sigma^2}\right)\exp\left(-\frac{a_t^2 + a^2}{2\sigma^2}\right), \quad a_t \geqslant 0 \end{aligned} \tag{6-83}$$

式中 $\mathrm{I}_0(\cdot)$ 是第一类零阶修正贝塞尔函数。由上式可见，$f_A(a_t|\theta)$ 与 θ 无关，是无条件分布 $f_A(a_t)$。所以，随相正弦波信号加窄带高斯噪声的包络 $A(t)$ 的一维概率密度 $f_A(a_t)$ 为

$$f_A(a_t) = \frac{a_t}{\sigma^2}\mathrm{I}_0\left(\frac{aa_t}{\sigma^2}\right)\exp\left(-\frac{a_t^2 + a^2}{2\sigma^2}\right), \quad a_t \geqslant 0 \tag{6-84}$$

上式称为广义瑞利分布概率密度或莱斯分布概率密度，简称莱斯分布。a/σ 是信号幅度与窄带噪声标准差之比，称为信噪比，记为 r。

下面讨论在不同信噪比 r 条件下包络的一维概率密度函数。

(1) 当信噪比 $r \ll 1$，即小信噪比时

$$\mathrm{I}_0\left(\frac{aa_t}{\sigma^2}\right) \approx 1 + \frac{1}{4}\left(\frac{aa_t}{\sigma^2}\right)^2$$

所以

$$f_A(a_t)=\frac{a_t}{\sigma^2}\left[1+\frac{1}{4}\left(\frac{aa_t}{\sigma^2}\right)^2\right]\exp\left(-\frac{a_t^2+a^2}{2\sigma^2}\right),\quad a_t\geqslant 0 \tag{6-85}$$

当 $a\to 0$ 时

$$f_A(a_t)=\frac{a_t}{\sigma^2}\exp\left(-\frac{a_t^2}{2\sigma^2}\right),\quad a_t\geqslant 0 \tag{6-86}$$

上两式说明，随着信噪比的减小，莱斯分布趋近于瑞利分布。当信噪比为零，随相正弦波信号不存在时，幅度 $a=0$，式(6-84)便退化成式(6-86)，即此时莱斯分布退化成瑞利分布。

(2) 当信噪比 $r\gg 1$，即大信噪比时

$$\mathrm{I}_0\left(\frac{aa_t}{\sigma^2}\right)=\frac{\exp\left(\frac{aa_t}{\sigma^2}\right)}{\sqrt{2\pi\frac{aa_t}{\sigma^2}}}\left(1+\frac{1}{8\frac{aa_t}{\sigma^2}}+\cdots\right)\approx\frac{\exp\left(\frac{aa_t}{\sigma^2}\right)}{\sqrt{2\pi\frac{aa_t}{\sigma^2}}}$$

所以

$$f_A(a_t)=\sqrt{\frac{a_t}{2\pi a\sigma^2}}\exp\left[-\frac{(a_t-a)^2}{2\sigma^2}\right],\quad a_t\geqslant 0 \tag{6-87}$$

从上式可见，此概率密度在 $a_t=a$ 处取得最大值。当 a_t 偏离 a 时，它很快下降，且 $\sqrt{\frac{a_t}{2\pi a}}$ 改变的速度比 $\exp\left[-\frac{(a_t-a)^2}{2\sigma^2}\right]$ 衰减的速度要慢得多，特别是在 a 附近，即当 a_t 偏离 a 很小时，可以近似认为 $\sqrt{\frac{a_t}{2\pi a\sigma^2}}\approx\frac{1}{\sqrt{2\pi}\sigma}$。所以在大信噪比条件下，有 $a_t\approx a$，此时有

$$f_A(a_t)=\frac{1}{\sqrt{2\pi}\sigma}\exp\left[-\frac{(a_t-a)^2}{2\sigma^2}\right],\quad a_t\geqslant 0 \tag{6-88}$$

上式说明，在大信噪比条件下，在 a 附近包络的一维概率密度近似为高斯分布。

上面导出了包络 $A(t)$ 的一维概率密度函数，并得到了在大信噪比和小信噪比条件下的近似公式。图 6-13 所示为不同信噪比条件下包络的概率密度函数图形。

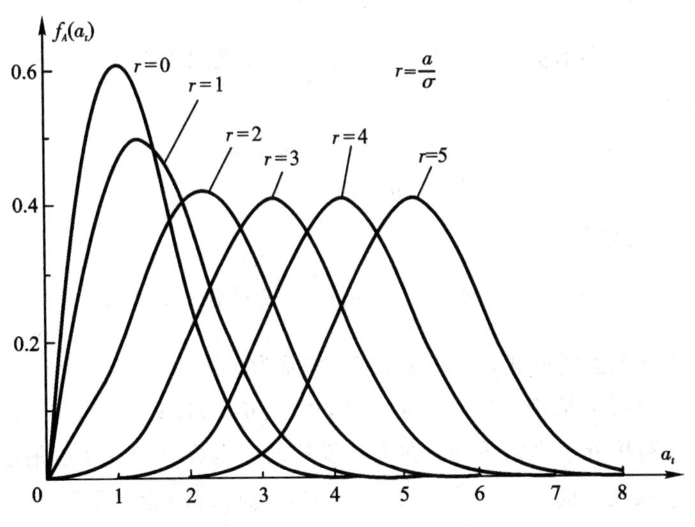

图 6-13　莱斯分布函数

2. 合成信号的相位分布

将式(6-82)对 a_t 进行积分，可得

$$f_{\Phi}(\varphi_t|\theta)=\int_0^{+\infty} f_{A\Phi}(a_t,\varphi_t)\mathrm{d}a_t$$

$$=\int_0^{+\infty}\frac{a_t}{2\pi\sigma^2}\exp\left\{-\frac{1}{2\sigma^2}\left[a_t^2+a^2-2a_t a\cos(\theta-\varphi_t)\right]\right\}\mathrm{d}a_t$$

$$=\frac{1}{2\pi}\exp\left\{-\frac{1}{2\sigma^2}\left[a^2-a^2\cos(\theta-\varphi_t)\right]\right\}\cdot$$

$$\int_0^{+\infty}\frac{a_t}{\sigma^2}\exp\left\{-\frac{1}{2\sigma^2}(a_t-a\cos(\theta-\varphi_t))^2\right\}\mathrm{d}a_t$$

$$=\frac{1}{2\pi}\exp\left(-\frac{a^2}{2\sigma^2}\right)+\frac{a\cos(\theta-\varphi_t)}{\sqrt{2\pi}\sigma}\cdot\exp\left[-\frac{1}{2\sigma^2}\left[a^2-a^2\cos^2(\theta-\varphi_t)\right]\right]\cdot$$

$$\phi\left[\frac{a\cos(\theta-\varphi_t)}{\sigma}\right]$$

式中，$\phi(\cdot)$是概率积分函数。将信噪比 $r=a/\sigma$ 代入上式得

$$f_{\Phi}(\varphi_t|\theta)=\frac{1}{2\pi}\exp\left(-\frac{r^2}{2}\right)+\frac{r\cos(\theta-\varphi_t)}{\sqrt{2\pi}}$$

$$\cdot\exp\left[-\frac{1}{2}r^2\sin^2(\theta-\varphi_t)\right]\cdot\phi\left[r\cos(\theta-\varphi_t)\right] \tag{6-89}$$

仍分别以小信噪比和大信噪比两种情况来讨论。

(1) 当 $r=0$ 时，即无信号时，

$$f_{\Phi}(\varphi_t|\theta)=\frac{1}{2\pi} \tag{6-90}$$

此时，相位服从均匀分布。

(2) 当 $r\gg1$ 时，$\phi[r\cos(\theta-\varphi_t)]\approx1$，式(6-89)简化成

$$f_{\Phi}(\varphi_t|\theta)\approx\frac{r\cos(\theta-\varphi_t)}{\sqrt{2\pi}}\cdot\exp\left[-\frac{1}{2}r^2\sin^2(\theta-\varphi_t)\right] \tag{6-91}$$

可以看出，$f_{\Phi}(\varphi_t|\theta)$的图形关于 θ 对称，并且在 $\varphi_t=\theta$ 处取得最大值。

当 $\theta-\varphi_t\ll1$ 时

$$\begin{cases}\sin(\theta-\varphi_t)\approx\theta-\varphi_t\\ \cos(\theta-\varphi_t)\approx1\end{cases} \tag{6-92}$$

则 $f_{\Phi}(\varphi_t|\theta)$进一步近似为

$$f_{\Phi}(\varphi_t|\theta)\approx\frac{r}{\sqrt{2\pi}}\cdot\exp\left[-\frac{1}{2}r^2(\theta-\varphi_t)^2\right] \tag{6-93}$$

显然，上式为高斯概率密度形式，其均值为 θ，方差为 $1/r^2$。

由以上分析可以得出结论：在小信噪比时，相位 $\Phi(t)$接近于均匀分布；随着信噪比的加大，$f_{\Phi}(\varphi_t|\theta)$逐渐接近于高斯分布；在大信噪比时，$f_{\Phi}(\varphi_t|\theta)$在 θ 值附近服从高斯分布。由于方差 $1/r^2$ 与信噪比 r 成反比，所以当 $r\to\infty$时，$f_{\Phi}(\varphi_t|\theta)$趋近于$\delta(\theta-\varphi_t)$。图 6-14 给出了不同信噪比条件下相位 $\Phi(t)$的一维概率密度函数示意图。

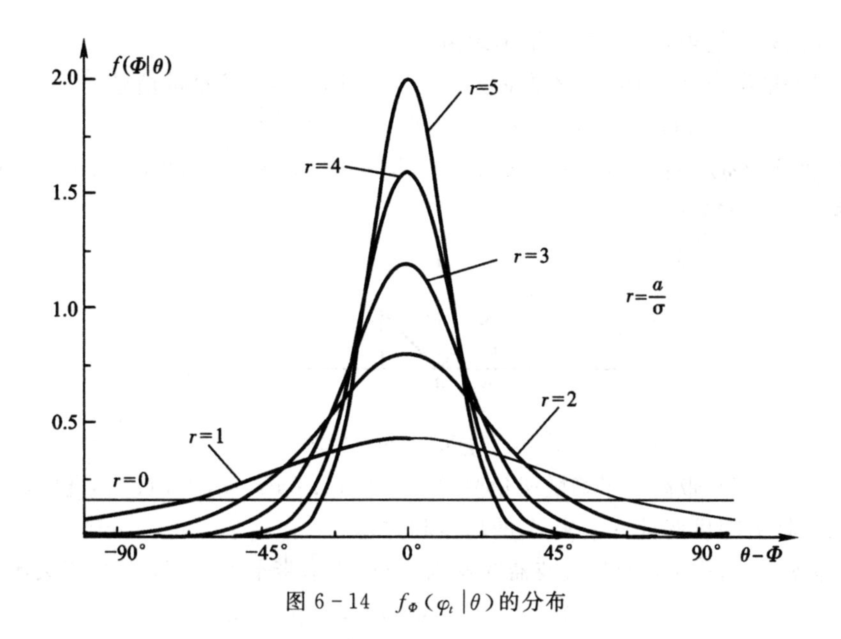

图 6 - 14　$f_\Phi(\varphi_t|\theta)$的分布

*6.5.2　随相正弦波加窄带高斯噪声包络平方的一维分布

由式(6 - 80)的随相正弦波和窄带高斯噪声的合成包络，可求得包络平方的分布，则

$$U(t)=A^2(t)=[N_c(t)+a\cos\theta]^2+[N_s(t)+a\sin\theta]^2$$

由上节内容可知，合成信号包络$A(t)$的一维概率密度函数为

$$f_A(a_t)=\frac{a_t}{\sigma^2}\mathrm{I}_0\left(\frac{aa_t}{\sigma^2}\right)\exp\left(-\frac{a_t^2+a^2}{2\sigma^2}\right),\quad a_t\geqslant 0 \tag{6-94}$$

取任意时刻t，包络的平方$U_t=A_t^2$，根据该关系进行函数变换的概率分布求解，可以求得包络平方的概率分布

$$f_U(u_t)=\left|\frac{\mathrm{d}a_t}{\mathrm{d}u_t}\right|f_A(a_t)=\frac{1}{2\sigma^2}\mathrm{I}_0\left(\frac{a\sqrt{u_t}}{\sigma^2}\right)\exp\left(-\frac{u_t+a^2}{2\sigma^2}\right),\quad u_t\geqslant 0 \tag{6-95}$$

习　题　六

1. 证明：

(1) $\mathscr{H}\left[\frac{\sin t}{t}\right]=\frac{1-\cos t}{t}$；

(2) $\mathscr{H}[\mathrm{e}^{\mathrm{j}\omega_0 t}]=-\mathrm{j}\mathrm{e}^{\mathrm{j}\omega_0 t}$

2. 已知零均值窄带平稳噪声$X(t)=A(t)\cos\omega_0 t-B(t)\sin\omega_0 t$，其功率谱密度如题 6 - 2 图所示。画出$\omega_0=(\omega_1+\omega_2)/2$情况下随机信号$A(t)$、$B(t)$各自的功率谱密度并判

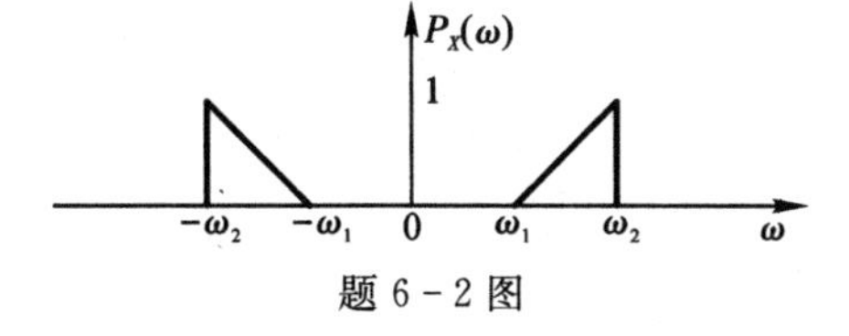

题 6 - 2 图

断信号$A(t)$、$B(t)$是否互不相关，给出理由。

3. 已知平稳噪声 $N(t)$的功率谱密度如题 6－3 图所示。求窄带信号

$$X(t)=N(t)\cos(\omega_0 t+\theta)-N(t)\sin(\omega_0 t+\theta)$$

的功率谱密度 $P_X(\omega)$，并画出功率谱密度图。其中 $\omega_0 \gg \omega_1$ 为常数，θ 服从$(0, 2\pi)$的均匀分布，且与噪声 $N(t)$独立。

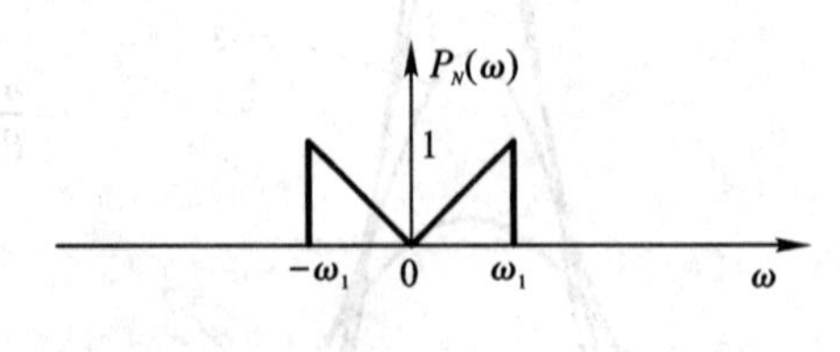

题 6－3 图

4. 已知零均值窄带高斯平稳随机信号 $X(t)=A(t)\cos[\omega_0 t+\Phi(t)]$，包络 $A(t)$在任意时刻 t 的采样为随机变量 A_t。求 A_t的均值和方差。

5. 如题 6－5 图所示，同步检波器的输入 $X(t)$为窄带平稳噪声，其自相关函数为

$$R_X(\tau)=\sigma_X^2 e^{-\beta|\tau|}\cos\omega_0\tau, \quad \beta \ll \omega_0$$

若另一输入 $Y(t)=a\sin(\omega_0 t+\theta)$，其中 a、ω_0 为常数，θ 是服从$(0, 2\pi)$均匀分布的随机变量，且与噪声 $X(t)$独立。求检波器输出 $Z(t)$的平均功率。

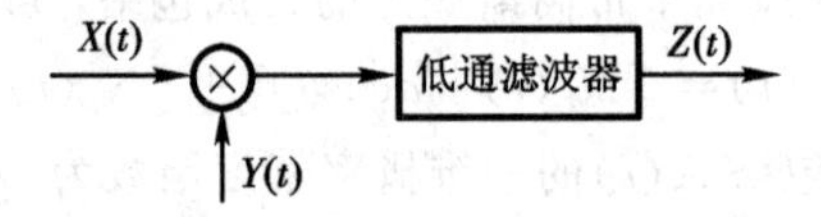

题 6－5 图

6. 设功率谱密度为 $N_0/2$ 的零均值高斯白噪声通过一个理想带通滤波器，此滤波器的增益为1，中心频率为 f_c，带宽为 $2B$。求滤波器输出的窄带随机信号 $N(t)$和它的同相及其正交分量的自相关函数 $R_N(\tau)$、$R_{N_c}(\tau)$和$R_{N_s}(\tau)$。

7. 设有一理想包络检波器接收到的信号为调幅信号与零均值窄带平稳高斯噪声之和，即 $X(t)=s(t)+N_i(t)=m(t)\cos\omega_0 t+N_c(t)\cos\omega_0 t-N_s(t)\sin\omega_0 t$，式中，$m(t)$为确知信号，并已知 $E[N_c^2(t)]=E[N_s^2(t)]=\sigma_N^2$，$E[N_c(t)N_s(t+\tau)]=E[N_s(t)N_c(t+\tau)]=0$。试求该检波器输出的一维概率密度。

8. 功率谱密度为 $N_0/2$ (W/Hz)的平稳白噪声经耦合电容加到矩形带通滤波器，测得滤波器的中心频率为 60 MHz，通带宽度为 1 MHz，通带内的电压增益为 4。若再在滤波器后加理想线性包络检波器，试求检波器输出的均值和方差。

附录 A　本书常用符号及含义

符号	含义
$A[\cdot]$	算术平均算子
$A(t)$	窄带随机信号的包络
$A_c(t)$，$A_s(t)$	窄带随机信号的同相和正交分量
$BPF[\cdot]$	带通滤波处理
$\boldsymbol{C_X}$	随机矢量的协方差矩阵
C_{XY}，$\mathrm{cov}(X, Y)$	协方差
$C_X(t_1, t_2)$	随机信号的自协方差函数
$C_{XY}(t_1, t_2)$	互协方差函数
$D[X]$，σ_X^2	随机变量的方差
$D[X(t)]$，$\sigma_X^2(t)$	随机信号的方差函数
$E[X]$，m_X	数学期望、统计平均、集平均、均值
$E[X^n]$	n 阶原点矩
$E[X^2]$，Ψ_X^2	均方值
$E[(X-m_X)^n]$	n 阶中心距
$E[X(t)]$，$m_X(t)$	随机信号的均值函数
$E[X^2(t)]$，$\Psi_X^2(t)$	随机信号的均方值函数
$E(\omega)$，$E(f)$	能量谱密度
$\mathrm{erf}(x)$	误差函数
$\mathrm{erfc}(x)$	补误差函数
$F_X(x)$	概率分布函数、累积分布函数
$F_{XY}(x, y)$	二维联合概率分布函数
$F_Y(y\|x)$	条件概率分布函数
$f_X(x)$	概率密度函数
$f_X(x; t)$	随机信号的一维概率密度函数
$f_Y(y\|x)$	条件概率密度函数
$f_{XY}(x, y)$	二维联合概率密度函数
$F_X(x; t)$	随机信号的一维概率分布
$F_X(x_1, x_2, \cdots, x_n; t_1, t_2, \cdots, t_n)$	随机信号的多维分布函数
$f_X(x_1, x_2, \cdots, x_n; t_1, t_2, \cdots, t_n)$	随机信号的多维概率密度函数
$\mathscr{FT}[\cdot]$	傅里叶正变换
$\mathscr{FT}^{-1}[\cdot]$	傅里叶反变换
$F_X(\omega)$	物理或单边谱密度
$h(t)$	系统的单位冲激响应
$h_h(t)$	希尔伯特的冲激响应
$H(\omega)$	系统的传输函数
$H_h(\omega)$	希尔伯特变换器的传输函数

$\lvert H(\omega)\rvert^2$	系统功率传输函数
$\mathscr{H}[\cdot]$	希尔伯特正变换
$\mathscr{H}^{-1}[\cdot]$	希尔伯特反变换
$\mathrm{I}_0(\cdot)$	零阶修正贝塞尔函数
$\mathrm{I}_n(\cdot)$	n 阶修正贝塞尔函数
J	雅可比行列式
$L[\cdot]$	线性算子
$LPF[\cdot]$	低通滤波处理
m_X, $m_X(t)$	数学期望
$\boldsymbol{M}_X$	均值矢量
$N(m_X, \sigma_X^2)$	高斯(正态)分布
$N(\boldsymbol{M}_X, \boldsymbol{C}_X)$	n 维高斯(正态)分布
N_0	单边白噪声谱密度
$P(A)$	事件 A 出现的概率
$P(A\mid B)$	事件 B 条件下事件 A 的概率
P_X	功率
$P_X(\omega)$, $P_X(f)$	随机信号的功率谱密度
$P_{A_c}(\omega)$	$A_c(t)$的功率谱密度
$P_{A_s}(\omega)$	$A_s(t)$的功率谱密度
$P_{A_cA_s}(\omega)$, $P_{A_sA_c}(\omega)$	$A_c(t)$、$A_s(t)$的互功率谱密度
$P_k(\omega)$	样本的功率谱密度
$P_{XY}(\omega)$	互功率谱密度
$Q(x)$	Q 函数
$R_X(t_1, t_2)$	随机信号的自相关函数
R_{XY}	互相关值
$\mathbf{R}^n$	n 维实数空间
$R_X(\tau)$	平稳信号的自相关函数
$R_{XY}(\tau)$	联合平稳信号的互相关函数
$\hat{R}_X(\tau)$	$R_X(\tau)$的希尔伯特变换
$s(t)$	确知时间函数
$\hat{s}(t)$	$s(t)$的希尔伯特变换
$S(\omega)$	$s(t)$的频谱
$\hat{S}(\omega)$	$\hat{s}(t)$的频谱
$S^*(\omega)$	$S(\omega)$的共轭函数
$\mathrm{Sa}(x)$	辛克函数
$\mathrm{sgn}(\cdot)$	符号函数
$U(a, b)$	均匀分布
$U(t)$	阶跃函数

x_k，$x(\xi_k)$	随机变量的样本
$x(t)$，$x(t, \xi_k)$	随机信号的样本函数
$x_{kT}(t)$	样本的截断函数
X，$X(\xi)$	随机变量
τ_c	相关时间
$X(t)$，$X(t, \xi)$	随机信号
$X_{kT}(\omega)$	截断函数的频谱
$\boldsymbol{X}$	随机矢量
$\overline{X(t)}$	算术平均
$x(t) \rightleftharpoons X(\omega)$	傅里叶变换对
$\hat{x}(t)$	$x(t)$的希尔伯特变换
ξ，ξ_k	随机试验结果、样本点
Ω	随机试验样本空间
σ_X，$\sigma_X(t)$	标准差
ρ_X，ρ_{XY}	相关系数
$\rho_X(t_1, t_2)$，$\rho_{XY}(t_1, t_2)$	随机信号的自(或互)相关函数
$\rho_X(\tau)$，$\rho_{XY}(\tau)$	平稳信号的自(或互)相关函数
$\delta(t)$	单位冲激函数
$\mathrm{u}(t)$	单位阶跃函数
$\Phi(x)$	标准积分函数
$\chi^2(n)$	n个自由度的χ^2分布

附录B　三角函数变换表

同角三角函数的基本关系式		
倒数关系	商的关系	平方关系
$\tan\alpha\cdot\cot\alpha=1$ $\sin\alpha\cdot\csc\alpha=1$ $\cos\alpha\cdot\sec\alpha=1$	$\sin\alpha/\cos\alpha=\tan\alpha=\sec\alpha/\csc\alpha$ $\cos\alpha/\sin\alpha=\cot\alpha=\csc\alpha/\sec\alpha$	$\sin^2\alpha+\cos^2\alpha=1$ $1+\tan^2\alpha=\sec^2\alpha$ $1+\cot^2\alpha=\csc^2\alpha$

诱导公式			
$\sin(-\alpha)=-\sin\alpha$	$\cos(-\alpha)=\cos\alpha$	$\tan(-\alpha)=-\tan\alpha$	$\cot(-\alpha)=-\cot\alpha$
$\sin(\pi/2-\alpha)=\cos\alpha$	$\sin(\pi-\alpha)=\sin\alpha$	$\sin(3\pi/2-\alpha)=-\cos\alpha$	$\sin(2\pi-\alpha)=-\sin\alpha$
$\cos(\pi/2-\alpha)=\sin\alpha$	$\cos(\pi-\alpha)=-\cos\alpha$	$\cos(3\pi/2-\alpha)=-\sin\alpha$	$\cos(2\pi-\alpha)=\cos\alpha$
$\tan(\pi/2-\alpha)=\cot\alpha$	$\tan(\pi-\alpha)=-\tan\alpha$	$\tan(3\pi/2-\alpha)=\cot\alpha$	$\tan(2\pi-\alpha)=-\tan\alpha$
$\cot(\pi/2-\alpha)=\tan\alpha$	$\cot(\pi-\alpha)=-\cot\alpha$	$\cot(3\pi/2-\alpha)=\tan\alpha$	$\cot(2\pi-\alpha)=-\cot\alpha$
$\sin(\pi/2+\alpha)=\cos\alpha$	$\sin(\pi+\alpha)=-\sin\alpha$	$\sin(3\pi/2+\alpha)=-\cos\alpha$	$\sin(2\pi+\alpha)=\sin\alpha$
$\cos(\pi/2+\alpha)=-\sin\alpha$	$\cos(\pi+\alpha)=-\cos\alpha$	$\cos(3\pi/2+\alpha)=\sin\alpha$	$\cos(2\pi+\alpha)=-\cos\alpha$
$\tan(\pi/2+\alpha)=-\cot\alpha$	$\tan(\pi+\alpha)=\tan\alpha$	$\tan(3\pi/2+\alpha)=-\cot\alpha$	$\tan(2\pi+\alpha)=\tan\alpha$
$\cot(\pi/2+\alpha)=-\tan\alpha$	$\cot(\pi+\alpha)=\cot\alpha$	$\cot(3\pi/2+\alpha)=-\tan\alpha$	$\cot(2\pi+\alpha)=\cot\alpha$

两角和与差的正余弦公式	
$\sin(\alpha+\beta)=\sin\alpha\cos\beta+\cos\alpha\sin\beta$ $\cos(\alpha+\beta)=\cos\alpha\cos\beta-\sin\alpha\sin\beta$	$\sin(\alpha-\beta)=\sin\alpha\cos\beta-\cos\alpha\sin\beta$ $\cos(\alpha-\beta)=\cos\alpha\cos\beta+\sin\alpha\sin\beta$

两角积化和差公式	
$\sin\alpha\cos\beta=\frac{1}{2}[\sin(\alpha+\beta)+\sin(\alpha-\beta)]$ $\cos\alpha\cos\beta=\frac{1}{2}[\cos(\alpha+\beta)+\cos(\alpha-\beta)]$	$\cos\alpha\sin\beta=\frac{1}{2}[\sin(\alpha+\beta)-\sin(\alpha-\beta)]$ $\sin\alpha\sin\beta=-\frac{1}{2}[\cos(\alpha+\beta)-\cos(\alpha-\beta)]$

三角函数的和差化积公式	
$\sin\alpha+\sin\beta=2\sin\left[\frac{\alpha+\beta}{2}\right]\cos\left[\frac{\alpha-\beta}{2}\right]$ $\cos\alpha+\cos\beta=2\cos\left[\frac{\alpha+\beta}{2}\right]\cos\left[\frac{\alpha-\beta}{2}\right]$	$\sin\alpha-\sin\beta=2\cos\left[\frac{\alpha+\beta}{2}\right]\sin\left[\frac{\alpha-\beta}{2}\right]$ $\cos\alpha-\cos\beta=-2\sin\left[\frac{\alpha+\beta}{2}\right]\sin\left[\frac{\alpha-\beta}{2}\right]$

附录C　常用信号的傅里叶变换表

名　称	时域信号 $f(t)$	频谱函数 $F(\omega)$
单边指数脉冲	$A\mathrm{e}^{-\alpha t}\mathrm{u}(t)\ (\alpha>0)$	$\dfrac{A}{\alpha+\mathrm{j}\omega}$
双边指数脉冲	$A\mathrm{e}^{-\alpha\|t\|}\ (\alpha>0)$	$\dfrac{2A\alpha}{\alpha^2+\omega^2}$
矩形脉冲	$Ag_\tau(t)=\begin{cases}A, & \|t\|<\dfrac{\tau}{2}\\ 0, & \|t\|\geqslant\dfrac{\tau}{2}\end{cases}$	$A\tau\mathrm{Sa}\left(\dfrac{\omega\tau}{2}\right)$
三角脉冲	$Ag_{\Delta\tau}(t)=\begin{cases}A\left(1-\dfrac{2\|t\|}{\tau}\right), & \|t\|<\dfrac{\tau}{2}\\ 0, & \|t\|\geqslant\dfrac{\tau}{2}\end{cases}$	$\dfrac{A\tau}{2}\mathrm{Sa}^2\left(\dfrac{\omega\tau}{4}\right)$
单个余弦脉冲	$\begin{cases}A\cos\dfrac{\pi t}{\tau}, & \|t\|<\dfrac{\tau}{2}\\ 0, & \|t\|\geqslant\dfrac{\tau}{2}\end{cases}$	$\dfrac{2A\tau\cos\dfrac{\omega\tau}{2}}{\pi\left[1-\left(\dfrac{\omega\tau}{\pi}\right)^2\right]}$
抽样脉冲	$\mathrm{Sa}(\omega_0 t)=\dfrac{\sin\omega_0 t}{\omega_0 t}$	$\begin{cases}\dfrac{\pi}{\omega_0}, & \|\omega\|<\omega_0\\ 0, & \|\omega\|>\omega_0\end{cases}$
冲激函数	$A\delta(t)$	A
阶跃函数	$A\mathrm{u}(t)$	$A\pi\delta(\omega)+\dfrac{A}{\mathrm{j}\omega}$
符号函数	$A\mathrm{sgn}(t)$	$\dfrac{2A}{\mathrm{j}\omega}$
直流	A	$2\pi A\delta(\omega)$
冲激序列	$\delta_T(t)=\sum\limits_{n=-\infty}^{+\infty}\delta(t-nT)$	$\omega_1\sum\limits_{n=-\infty}^{+\infty}\delta(\omega-n\omega_1),\ \omega_1=\dfrac{2\pi}{T}$
余弦函数	$A\cos\omega_0 t$	$A\pi[\delta(\omega+\omega_0)+\delta(\omega-\omega_0)]$
正弦函数	$A\sin\omega_0 t$	$\mathrm{j}A\pi[\delta(\omega+\omega_0)-\delta(\omega-\omega_0)]$

附录D 傅里叶变换的基本性质

序号	性　质	时域信号 $f(t)$	频谱函数 $F(\omega)$
1	线性	$\sum_{i=1}^{n} a_i f_i(t)$	$\sum_{i=1}^{n} a_i F_i(\omega)$
2	对称性	$F(t)$	$2\pi f(-\omega)$
3	标尺变换	$f(at)$，$a\neq 0$	$\frac{1}{\lvert a\rvert}F\left(\frac{\omega}{a}\right)$
4	时移特性	$f(t\pm t_0)$	$F(\omega)e^{\pm j\omega t_0}$
		$f(at\pm b)$，$a\neq 0$	$\frac{1}{\lvert a\rvert}F\left(\frac{\omega}{a}\right)e^{\pm j\omega\frac{b}{a}}$
5	频移特性	$f(t)e^{\pm j\omega_0 t}$	$F(\omega\mp\omega_0)$
		$f(t)\cos\omega_0 t$	$\frac{1}{2}[F(\omega+\omega_0)+F(\omega-\omega_0)]$
		$f(t)\sin\omega_0 t$	$\frac{j}{2}[F(\omega+\omega_0)-F(\omega-\omega_0)]$
6	时域微分	$f^{(n)}(t)$	$(j\omega)^n F(\omega)$
7	时域积分	$\int_{-\infty}^{t} f(\tau)d\tau$	$\frac{1}{j\omega}F(\omega)+\pi F(0)\delta(\omega)$
8	频域微分	$tf(t)$	$jF'(\omega)$
		$(-jt)^n f(t)$	$F^{(n)}(\omega)$
9	时域卷积	$f_1(t) * f_2(t)$	$F_1(\omega)\cdot F_2(\omega)$
10	频域卷积	$f_1(t)\cdot f_2(t)$	$\frac{1}{2\pi}F_1(\omega) * F_2(\omega)$

附录 E　部分习题参考答案与提示

习题一

1. 应用知识点：贝叶斯公式。结论：最可能搭乘的是轮船。

2. (1) $k=\dfrac{1}{6}$

(2) $F_X(x)=\begin{cases}\dfrac{1}{12}x^2, & 0<x<3\\ -\dfrac{1}{4}x^2+2x-3, & 3\leqslant x\leqslant 4\\ 0, & \text{其他}\end{cases}$

(3) $P\left\{1<X\leqslant\dfrac{7}{2}\right\}=\dfrac{41}{48}$

3. $E[X]=\sqrt{\dfrac{\pi}{2}}\sigma_X$，　$D(X)=\sigma_X^2\left(\sqrt{2\pi}-\dfrac{\pi}{2}\right)$

4. 根据一维随机变量函数的变换，先求反函数，再求一维雅可比。

$$f_Y(y)=f_X(\arcsin y-\theta)\frac{1}{\sqrt{1-y^2}}+f_X(\pi-\arcsin y-\theta)\frac{1}{\sqrt{1-y^2}}$$

5. 有两种解法。第 1 种根据二维随机变量函数的变换求解，第 2 种根据高斯随机变量的性质求解，第 2 种方法简单。

$f_{UV}(u,v)=\dfrac{1}{4\pi}\exp\left(-\dfrac{u^2+v^2}{4}\right)$，可证明随机变量 U 与 V 相互独立。

6. $E[U]=6$；$E[V]=-5$；$D[U]=76$；$D[V]=52$；$\mathrm{cov}(U,V)=-40$

7. $\begin{cases}Y_1=X_1\\ Y_2=X_1+X_2\end{cases}$，$\begin{cases}X_1=Y_1\\ X_2=Y_2-Y_1\end{cases}$，$|J|=\begin{vmatrix}\dfrac{\partial h_1}{\partial y_1} & \dfrac{\partial h_1}{\partial y_2}\\ \dfrac{\partial h_2}{\partial y_1} & \dfrac{\partial h_2}{\partial y_2}\end{vmatrix}=\begin{vmatrix}1 & 0\\ -1 & 1\end{vmatrix}=1$

$f_{Y_1Y_2}(y_1,y_2)=|J|f_{X_1X_2}(x_1,x_2)=f_{X_1X_2}(x_1,x_2)=f_{X_1X_2}(y_1,y_2-y_1)$

$f_{Y_2}(y_2)=\int_{-\infty}^{+\infty}f_{X_1X_2}(y_1,y_2-y_1)\mathrm{d}y_1$；$f_Y(y)=\int_{-\infty}^{+\infty}f_{X_1X_2}(x_1,y-x_1)\mathrm{d}x_1$

8. 略

9. (1) 有两种证明方法。

第 1 种方法：根据高斯随机变量的性质，Y_1、Y_2 是高斯随机变量 X_1、X_2 的线性组合，所以 Y_1、Y_2 都是高斯随机变量。

第 2 种方法：根据二维随机变量函数的变换证明。

题中的原函数、反函数和雅可比行列式分别为

$$\begin{cases}Y_1=\alpha X_1+\beta X_2\\ Y_2=\alpha X_1-\beta X_2\end{cases}$$

$$\begin{cases} X_1=\dfrac{Y_1+Y_2}{2\alpha} \\ X_2=\dfrac{Y_1-Y_2}{2\beta} \end{cases}$$

$$J=\begin{vmatrix} \dfrac{1}{2\alpha} & \dfrac{1}{2\alpha} \\ \dfrac{1}{2\beta} & -\dfrac{1}{2\beta} \end{vmatrix}=-\frac{1}{2\alpha\beta}$$

根据题意：

$$f_{X_1X_2}(x_1,x_2)=f_{X_1}(x_1)f_{X_2}(x_2)=\frac{1}{2\pi\sigma^2}\exp\left(-\frac{x_1^2+x_2^2}{2\sigma^2}\right)$$

$$f_{Y_1Y_2}(y_1,y_2)=f_{X_1X_2}\left(\frac{y_1+y_2}{2\alpha},\frac{y_1-y_2}{2\beta}\right)|J|$$

$$=\frac{1}{2\pi\sigma^2}\cdot\frac{1}{2|\alpha||\beta|}\exp\left[-\frac{\left(\dfrac{y_1+y_2}{2\alpha}\right)^2+\left(\dfrac{y_1-y_2}{2\beta}\right)^2}{2\sigma^2}\right]$$

$$f_{Y_1Y_2}(y_1,y_2)=\frac{1}{4\pi\sigma^2|\alpha||\beta|}\exp\left[-\frac{(\alpha+\beta)(y_1^2+y_2^2)+2y_1y_2(\beta-\alpha)}{8\sigma^2\alpha^2\beta^2}\right]$$

(2) (Y_1,Y_2)的均值为

$$\boldsymbol{M}_Y=\begin{bmatrix} E[Y_1] \\ E[Y_2] \end{bmatrix}=\begin{bmatrix} 0 \\ 0 \end{bmatrix}$$

(Y_1,Y_2)的协方差矩阵为

$$\boldsymbol{C}_Y=\begin{bmatrix} \sigma_{Y_1}^2 & C_{Y_1Y_2} \\ C_{Y_2Y_1} & \sigma_{Y_2}^2 \end{bmatrix}=\begin{bmatrix} (\alpha^2+\beta^2)\sigma^2 & (\alpha^2-\beta^2)\sigma^2 \\ (\alpha^2-\beta^2)\sigma^2 & (\alpha^2+\beta^2)\sigma^2 \end{bmatrix}$$

(3) 由 Y_1、Y_2 相互独立可以推出 Y_1、Y_2 必定互不相关，则 $C_{Y_1Y_2}=(\alpha^2-\beta^2)\sigma^2=0$，可得结论 $\alpha=\pm\beta$。

10. 略

11. $E[Y]=4$，$D[Y]=72$，$R_{XY}=E[XY]=0$，所以随机变量 X 与 Y 正交。

$C_{XY}=R_{XY}-m_Xm_Y=-12\neq 0$，所以随机变量 X 与 Y 相关。

习题二

1. 第 1 种方法：根据随机信号的概率密度定义和一维随机变量函数变换求解。

第 2 种方法：根据高斯随机信号的性质求解。

解法 1：

随机信号固定时刻得到不同时刻的随机变量，分别求出每个时刻随机变量的概率密度函数。

$t=0$ 时， $f_X(x_1;0)=\dfrac{1}{\sqrt{2\pi}}\exp\left(-\dfrac{x_1{}^2}{2}\right)$

$t=\dfrac{\pi}{3\omega_0}$时， $f_X\left(x_2;\dfrac{\pi}{3\omega_0}\right)=\sqrt{\dfrac{2}{\pi}}\exp(-2x_2^2)$

$t=\frac{2\pi}{3\omega_0}$时，　　$f_X\left(x_3;\ \frac{2\pi}{3\omega_0}\right)=\sqrt{\frac{2}{\pi}}\exp(-2x_3^2)$

解法 2：

$$X[X(t)]=E[A\cos\omega_0 t]=E[A]\cos\omega_0 t=0$$

$$D[X(t)]=D[A\cos\omega_0 t]=D[A]\cos^2\omega_0 t=\cos^2\omega_0 t$$

所以随机信号 $X(t)$的一维概率密度为

$$f_X(x;\ t)=\frac{1}{\sqrt{2\pi}\,|\cos\omega_0 t|}\exp\left(-\frac{x^2}{2\cos^2\omega_0 t}\right)$$

具体答案同解法 1。

2. 根据随机信号的概率密度定义和一维随机变量函数变换求解。

t 时刻随机信号 $X(t)$的一维概率密度函数为

$$f_X(x;\ t)=\frac{1}{\pi a\sqrt{a^2-x^2}}$$

3. $X(t)=X+Yt$ 是高斯随机变量 X、Y 的线性组合，所以随机信号 $X(t)$是高斯随机信号；只需确定其数学期望和方差，就可以写出一维概率密度函数。

$$E[X(t)]=E[X+Yt]=0$$

$$D[X(t)]=(1+t^2)\sigma^2$$

$X(t)$的一维概率密度函数为

$$f_X(x;\ t)=\frac{1}{\sqrt{2\pi(1+t^2)\sigma^2}}\exp\left[-\frac{x^2}{2(1+t^2)\sigma^2}\right]$$

4. $E[X^2(t)]=\frac{1}{3}\cos^2(\omega_0 t+\theta)$；$D[X(t)]=\frac{1}{12}\cos^2(\omega_0 t+\theta)$

5. $E[Y(t)]=m_X(t)+f(t)$；$C_Y(t_1,\ t_2)=C_X(t_1,\ t_2)$

6. $R_Y(t_1,\ t_2)=R_X(t_1+a,\ t_2+a)-R_X(t_1+a,\ t_2)-R_X(t_1,\ t_2+a)+R_X(t_1,\ t_2)$

7. $I(t)=\frac{\mathrm{j}\omega C}{1+\mathrm{j}\omega RC}A\cos(\omega_0 t+\Theta)$；$E[I^2(t)]=\frac{1}{6}\left(\frac{\mathrm{j}\omega C}{1+\mathrm{j}\omega RC}\right)^2$

8. (1) $R_{W_1}(t_1,\ t_2)=R_X(t_1,\ t_2)+R_Y(t_1,\ t_2)$

(2) $R_{W_2}(t_1,\ t_2)=R_X(t_1,\ t_2)+R_Y(t_1,\ t_2)$

(3) $R_{W_1W_2}(t_1,\ t_2)=R_X(t_1,\ t_2)-R_Y(t_1,\ t_2)$

9. $f_X(x_1;\ t_1)=\frac{1}{\sqrt{2\pi}\sigma}\exp\left[-\frac{(x_1-\cos(\omega_0 t_1+\theta_0))^2}{2\sigma^2}\right]$

10. 一维概率密度为

$$f_X(x;\ t)=\frac{1}{\sqrt{2\pi(1+t^2)\sigma^2}}\exp\left[-\frac{x^2}{2(1+t^2)\sigma^2}\right]$$

二维概率密度的求解有两种方法。

第 1 种方法：根据高斯随机变量二维概率密度方法推导均值矩阵、协方差矩阵，代入二维概率密度进行矩阵乘法、矩阵求逆。

第 2 种方法：根据二维随机变量函数的变换求解。

$X(t)$的二维概率密度为

$$f_X(x_1, x_2; t_1, t_2)=f_{AB}\left(\frac{t_1x_2-t_2x_1}{t_1-t_2}, \frac{x_1-x_2}{t_1-t_2}\right)|J|$$

$$=\frac{1}{2\pi|t_1-t_2|}\exp\left[-\frac{(x_1-x_2)^2+(t_1x_2-t_2x_1)^2}{2(t_1-t_2)^2\sigma^2}\right]$$

习题三

1. (1) $E[X(t)]=0$

(2) $R_X(t_1, t_2)=E[X(t_1)X(t_2)]=50\cos\omega_0(t_1-t_2)$

(3) $X(t)$是广义平稳信号。

2. 要证明$X(t)$、$Y(t)$联合广义平稳，必须先证明$X(t)$、$Y(t)$各自广义平稳，然后再证明$X(t)$、$Y(t)$的互相关函数$R_{XY}(t, t+\tau)=R_{XY}(\tau)$。

容易证明：

(1) $E[X(t)]=0$；$R_X(t, t+\tau)=\frac{1}{2}\cos\omega_0\tau$；$E[X^2(t)]=\frac{1}{2}<\infty$，$X(t)$平稳。

(2) $E[Y(t)]=0$；$R_Y(t, t+\tau)=\frac{1}{2}\cos\omega_0\tau$；$E[Y^2(t)]=\frac{1}{2}<\infty$，$Y(t)$平稳。

$$R_{XY}(t, t+\tau)=E[X(t)Y(t+\tau)]=E[\cos(\omega_0t+\Theta)\sin(\omega_0t+\omega_0\tau+\Theta)]$$

$$=\frac{1}{2}\sin\omega_0\tau$$

所以$X(t)$和$Y(t)$具有联合广义平稳性。

由题意知

$$R_{XY}(\tau)=\frac{1}{2}\sin\omega_0\tau=C_{XY}(\tau)$$

当$\omega_0\tau=k\pi$时，即$\tau=|t_1-t_2|=\frac{k\pi}{\omega_0}$ $(k=0, \pm1, \cdots)$时，$X(t)$和$Y(t)$互不相关和正交。

由于$X(t)$和$Y(t)$依赖于统计独立的随机变量Θ的变化，所以$X(t)$和$Y(t)$不独立。

3. $\rho_X(\tau)=e^{-|\tau|}$

相关时间的定义1：$\tau_0=\int_0^{+\infty}\rho_X(\tau)d\tau=\int_0^{+\infty}e^{-\tau}d\tau=1$。

相关时间的定义2：$|\rho_X(\tau_0')|=0.05$，求得：$\tau_0'=3$。

4. 略

5. $E[X(t)]=\cos(\omega_0t+\theta_0)$，$D[X(t)]=\sigma^2$

随机信号$X(t)$在任意时刻t_1的一维概率密度函数为

$$f_X(x_1; t_1)=\frac{1}{\sqrt{2\pi}\sigma}\exp\left[-\frac{(x_1-\cos(\omega_0t_1+\theta_0))^2}{2\sigma^2}\right]$$

所以$X(t)$不是平稳信号。

6. $E[Z(t)]=E[X(t)Y(t)]=m_Xm_Y=m_Z$

$R_Z(t, t+\tau)=E[Z(t)Z(t+\tau)]=R_X(\tau)R_Y(\tau)=R_Z(\tau)$

$E[Z^2(t)]=E[X^2(t)]E[Y^2(t)]<\infty$

7. $E[X(t)]=\pm 5$；$D[X(t)]=4$

8. (1) $R_Z(t, t+\tau)=E[Z(t)Z(t+\tau)]$

$$=R_X(\tau)\cos\omega_0 t\cos\omega_0(t+\tau)-R_{XY}(\tau)\cos\omega_0 t\sin\omega_0(t+\tau)$$
$$-R_{YX}(\tau)\sin\omega_0 t\cos\omega_0(t+\tau)+R_Y(\tau)\sin\omega_0 t\sin\omega_0(t+\tau)$$

(2) $R_Z(t, t+\tau)=R_X(\tau)\cos\omega_0\tau$

9. (1) $R_{XY}(\tau)=R_X(\tau)+R_{XN}(\tau)$

(2) $R_{XY}(\tau)=R_X(\tau)$

10. $E[X(t)]=0$；$R_X(t, t+\tau)=\mathrm{Sa}(2\tau)$；$E[X^2(t)]=1<\infty$

随机信号 $X(t)$广义平稳。

$\overline{X(t)}=\overline{A\cos(\Omega t+\Theta)}=0=E[X(t)]$

$\overline{X(t)X(t+\tau)}=\overline{A\cos(\Omega t+\Theta)A\cos(\Omega t+\Omega\tau+\Theta)}=\frac{A^2}{2}\cos\Omega\tau\neq\mathrm{Sa}(2\tau)$

所以随机信号 $X(t)$不具备各态历经性。

11. $E[X(t)]=0$；$E[X^2(t)]=E[A^2]\sin^2 t+E[B^2]\cos^2 t$

$\overline{X(t)}=\overline{A\sin t+B\cos t}=0=E[X(t)]$；$\overline{X^2(t)}=\frac{A^2}{2}+\frac{B^2}{2}\neq E[X^2(t)]$

12. $E[X(t)]=0$；$R_X(t, t+\tau)=\frac{A^2}{2}\cos\omega_0\tau$

当 A 为随机变量时，

$$E[X(t)]=0;\ R_X(t, t+\tau)=\frac{E[A^2]}{2}\cos\omega_0\tau$$

当 A 为常数时，

$$\overline{X(t)}=\overline{A\cos(\omega_0 t+\Theta)}=0=E[X(t)]$$

$$\overline{X(t)X(t+\tau)}=\overline{A\cos(\omega_0 t+\Theta)A\cos(\omega_0 t+\omega_0\tau+\Theta)}=\frac{A^2}{2}\cos\omega_0\tau$$

所以当 A 为常数时，该信号各态历经。

习题四

1. $P_X(\omega)=\mathscr{FT}[R_X(\tau)]=\frac{2}{(\omega+1)^2+4}+\frac{2}{(\omega-1)^2+4}+2\pi\delta(\omega)$

$X(t)$的平均功率 $P=2$。

2. $R_X(\tau)=\mathscr{FT}^{-1}[P_X(\omega)]=2e^{-2|\tau|}-e^{-|\tau|}$；$D[X(t)]=1$

3. $P_Y(\omega)=2P_X(\omega)[1+\cos(\omega T)]$

4. 略

5. $E[Z(t)]=am_X+bm_Y=m_Z$

$R_Z(t, t+\tau)=a^2R_X(\tau)+abR_{XY}(\tau)+baR_{YX}(\tau)+b^2R_X(\tau)=R_Z(\tau)$

$E[Z^2(t)]=R_Z(0)<\infty$

输出信号 $Z(t)$也是平稳信号。

$R_{XZ}(t, t+\tau)=aR_X(\tau)+bR_{XY}(\tau)=R_{XZ}(\tau)$

$R_{YZ}(t, t+\tau)=aR_{YX}(\tau)+bR_Y(\tau)=R_{YZ}(\tau)$

所以 $X(t)$、$Z(t)$为联合平稳随机信号。

$$P_Z(\omega)=\mathscr{FT}[R_Z(\tau)]=a^2P_X(\omega)+abP_{XY}(\omega)+baP_{YX}(\omega)+b^2P_Y(\omega)$$

$$P_{XZ}(\omega)=\mathscr{FT}[R_{XZ}(\tau)]=aP_X(\omega)+bP_{XY}(\omega)$$

$$P_{YZ}(\omega)=\mathscr{FT}[R_{YZ}(\tau)]=aP_{YX}(\omega)+bP_Y(\omega)$$

6. 由 $X(t)$、$Y(t)$为联合平稳随机信号可得

$$E[X(t)]=m_X,\ R_X(t,\ t+\tau)=R_X(\tau),\ E[X^2(t)]<\infty$$

$$E[Y(t)]=m_Y,\ R_Y(t,\ t+\tau)=R_Y(\tau),\ E[Y^2(t)]<\infty$$

$$R_{XY}(t,\ t+\tau)=R_{XY}(\tau),\ R_{YX}(t,\ t+\tau)=R_{YX}(\tau)$$

(1) 讨论 $X(t)$、$Y(t)$的均值和自相关函数在什么条件下，才能使随机信号 $Z(t)$宽平稳。

$$E[Z(t)]=m_X\cos\omega_0 t+m_Y\sin\omega_0 t$$

要使 $E[Z(t)]=m_Z$ 成立，必须满足：$m_X=m_Y=m_Z=0$。

要使

$$\begin{aligned}R_Z[t,\ t+\tau]=&R_X(\tau)\cos\omega_0 t\cos(\omega_0 t+\omega_0\tau)+R_Y(\tau)\sin\omega_0 t\sin(\omega_0 t+\omega_0\tau)\\&+R_{XY}(\tau)\cos\omega_0 t\sin(\omega_0 t+\omega_0\tau)+R_{XY}(-\tau)\sin\omega_0 t\cos(\omega_0 t+\omega_0\tau)\\=&R_Z(\tau)\end{aligned}$$

必须满足：$R_X(\tau)=R_Y(\tau)$；$R_{XY}(-\tau)=-R_{XY}(\tau)$。

此时：$R_Z[t,\ t+\tau]=R_X(\tau)\cos\omega_0\tau+R_{XY}(\tau)\sin\omega_0\tau=R_Z(\tau)$。

(2) $$\begin{aligned}P_Z(\omega)&=\mathscr{FT}[R_Z(\tau)]\\&=\frac{1}{2}[P_X(\omega+\omega_0)+P_X(\omega-\omega_0)]+\frac{\mathrm{j}}{2}[P_{XY}(\omega+\omega_0)-P_{XY}(\omega-\omega_0)]\end{aligned}$$

(3) $$P_Z(\omega)=\frac{1}{2}[P_X(\omega+\omega_0)+P_X(\omega-\omega_0)]$$

7. 仿照例 4.2 方法证明。

8. (1) 由物理谱 $F_X(\omega)=\begin{cases}4, & \omega\geqslant 0\\ 0, & \omega<0\end{cases}$，可以得功率谱密度 $P_X(\omega)=2$ $(-\infty<\omega<\infty)$。

自相关函数 $R_X(\tau)=\mathscr{FT}^{-1}[P_X(\omega)]=2\delta(\tau)$。

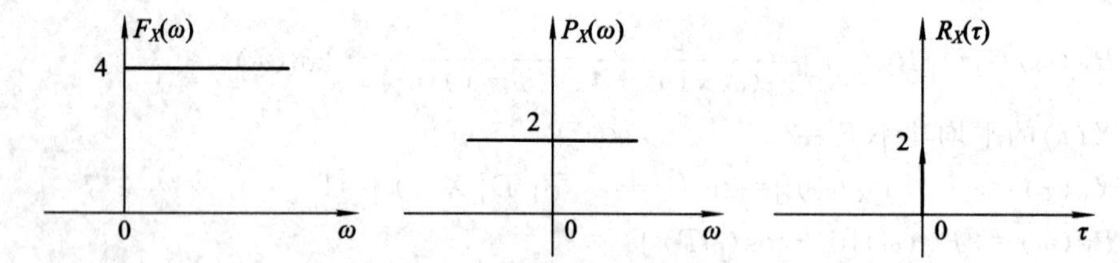

(2) 信号 $X(t)$是白噪声，功率谱密度满足白噪声定义。

9. 先证明 $Z(t)$平稳。

$$E[Z(t)]=E[X(t)Y(t)]=m_Xm_Y=m_Z$$

$$R_Z(t,\ t+\tau)=E[Z(t)Z(t+\tau)]=R_X(\tau)R_Y(\tau)$$

$$P_Z(\omega)=\mathscr{FT}[R_Z(\tau)]=\left[\frac{2\alpha}{\alpha^2+\omega^2}+2\pi m_X^2\delta(\omega)\right]\left[\frac{2\beta}{\beta^2+\omega^2}+2\pi m_Y^2\delta(\omega)\right]$$

10. (1)

$$E[X(t)]=E[a\cos(\Omega t+\Theta)]=0$$

$$R_X(t,\ t+\tau)=a^2\int_0^{+\infty}\cos\omega\tau f_\Omega(\omega)\mathrm{d}\omega=R_X(\tau)$$

$$E[X^2(t)]=R_X(0)=\frac{a^2}{2}<\infty$$

所以 $X(t)$是平稳信号。

(2) $X(t)$的方差：

$$D[X(t)]=E[X^2(t)]-E^2[X(t)]=\frac{a^2}{2}$$

$X(t)$的功率谱密度：

$$\begin{aligned}P_X(\omega)&=\mathscr{FT}[R_X(\tau)]=\frac{a^2}{2}\int_{-\infty}^{+\infty}\left[\int_{-\infty}^{+\infty}\cos\omega\tau f_\Omega(\omega)\mathrm{d}\omega\right]\mathrm{e}^{-\mathrm{j}\omega\tau}\mathrm{d}\tau\\&=a^2\int_{-\infty}^{+\infty}\left[\int_0^{+\infty}\cos\omega\tau f_\Omega(\omega)\mathrm{d}\omega\right]\mathrm{e}^{-\mathrm{j}\omega\tau}\mathrm{d}\tau\\&=a^2\int_{-\infty}^{+\infty}\left[\int_0^{+\infty}\cos^2\omega\tau f_\Omega(\omega)\mathrm{d}\omega\right]\mathrm{d}\tau\\&=\frac{a^2}{2}\int_{-\infty}^{+\infty}\left[\int_0^{+\infty}f_\Omega(\omega)\mathrm{d}\omega\right]\mathrm{d}\tau+\frac{a^2}{2}\int_{-\infty}^{+\infty}\left[\int_0^{+\infty}\cos(2\omega\tau)f_\Omega(\omega)\mathrm{d}\omega\right]\mathrm{d}\tau\end{aligned}$$

11. 略

12. 略

习题五

1. $E[Y(t)]=\pm\dfrac{a}{\alpha}$

2. 略

3. $R_X(\tau)=\dfrac{N_0}{2}\delta(\tau)$，$R_{XY}(\tau)=R_X(\tau)*h(\tau)=\dfrac{N_0}{2}h(\tau)$

4. 系统冲激响应 $h(t)$满足 $\int_{-\infty}^{+\infty}h(t)\mathrm{d}t=0$ 时，随机变量 $X(t_1)$和 $Y(t_1)$互相独立。

5. 系统输出的功率谱密度 $P_Y(\omega)=\dfrac{5}{4+\omega^2}$；系统输出的均方值 $E[Y^2(t)]=\dfrac{5}{4}$。

6. 输出信号 $Y(t)=X(t)*h(t)=20\sin(2\pi t+\theta)$

$E[Y(t)]=E[20\sin(2\pi t+\theta)]=0$

$D[Y(t)]=200$

7. 略

8. (1) $Y(t)$的自相关函数

$$R_Y(t,\ t+\tau)=E[Y(t)Y(t+\tau)]=R_{X_1}(\tau)+R_{X_2}(\tau)=R_Y(\tau)$$

(2) 很容易证明 $Y(t)$是平稳随机信号，其功率谱密度为

$$P_Y(\omega)=P_{X_1}(\omega)+P_{X_2}(\omega)$$

9. (1) 该线性系统的框图如图 T5 所示。

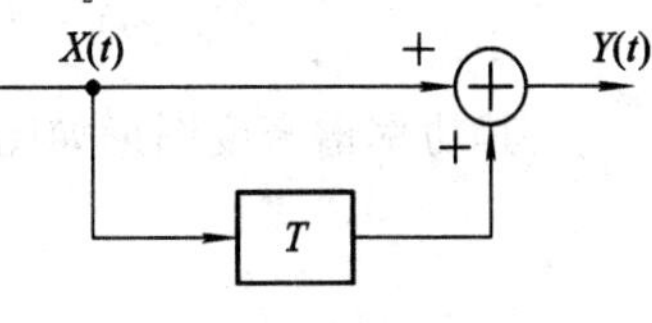

图 T5

(2) $Y(t)$是平稳信号$X(t)$通过线性时不变系统的输出，所以$Y(t)$也是平稳信号。

有两种方法可解，先时域求自相关函数，然后利用维纳-辛钦定理求解功率谱密度，反之亦可。

参考答案为第一种方法。

$$R_Y(t, t+\tau)=2R_X(\tau)+R_X(\tau-T)+R_X(\tau+T)=R_Y(\tau)$$

$$P_Y(\omega)=\mathscr{FT}[R_Y(\tau)]=2P_X(\omega)(1+\cos\omega T)$$

10. (1) 滤波器输出噪声的自相关函数

$$P_Y(\omega)=P_X(\omega)\cdot|H(\omega)|^2=\frac{N_0}{2}[g_B(\omega+\omega_0)+g_B(\omega-\omega_0)]$$

$$R_Y(\tau)=\mathscr{FT}^{-1}[P_Y(\omega)]=\frac{N_0B}{2\pi}\mathrm{Sa}\left(\frac{B\tau}{2}\right)\cos\omega_0\tau$$

(2) 滤波器输出噪声的平均功率$P_Y=R_Y(0)=\dfrac{N_0B}{2\pi}$。

(3) 高斯噪声通过带通滤波器输出噪声$Y(t)$也是高斯噪声，所以其一维概率密度取决于其数学期望和方差。

$$m_Y=E[Y(t)]=E[X(t)]\cdot H(0)=0 \text{ 或者 } m_Y=\pm\sqrt{R_Y(\infty)}=0$$

$$\sigma_Y^2=D[Y(t)]=E[Y^2(t)]-m_Y^2=\frac{N_0B}{2\pi}$$

所以输出噪声的一维概率密度函数为

$$f_Y(y)=\frac{1}{\sqrt{N_0B}}e^{-\frac{\pi y^2}{N_0B}}$$

11. 略

12. 略

习题六

1. 略

2. 略

3. 首先证明窄带信号$X(t)$平稳，然后再求功率谱密度表达式并画图。

$$E[X(t)]=0$$

$$R_X(t, t+\tau)=E[X(t)X(t+\tau)]=R_N(\tau)\cos\omega_0\tau=R_X(\tau)$$

$$E[X^2(t)]=R_X(0)=R_N(0)=\frac{1}{2\pi}\int_{-\infty}^{+\infty}P_N(\omega)\mathrm{d}\omega=\frac{\omega_1}{2\pi}<\infty$$

所以窄带信号$X(t)$平稳。

利用维纳-辛钦定理可得窄带信号$X(t)$的功率谱密度为

$$P_X(\omega)=\mathscr{FT}[R_X(\tau)]=\frac{1}{2}[P_N(\omega+\omega_0)+P_N(\omega-\omega_0)]$$

其功率谱密度图形如图 T6 所示。

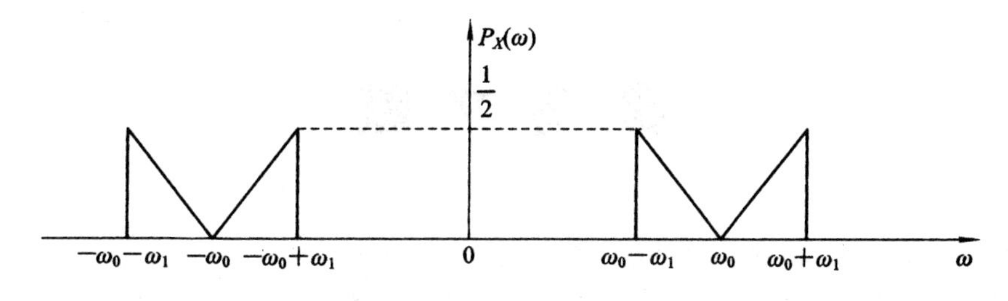

图 T6

4. A_t 的均值：

$$E[A_t]=\int_0^{+\infty}a_t\left[\frac{a_t}{\sigma^2}\exp\left(-\frac{a_t^2}{2\sigma^2}\right)\right]\mathrm{d}a_t=\sqrt{\frac{\pi}{2}}\sigma$$

A_t 的方差：

$$E[A_t^2]=\int_0^{+\infty}a_t^2\left[\frac{a_t}{\sigma^2}\exp\left(-\frac{a_t^2}{2\sigma^2}\right)\right]\mathrm{d}a_t=2\sigma^2$$

$$D[A_t]=E[A_t^2]-E^2[A_t]$$

5. 窄带平稳噪声表达式为 $X(t)=A_c(t)\cos\omega_0 t-A_s(t)\sin\omega_0 t$，假定乘法器输出为 $M(t)$，有

$$M(t)=X(t)Y(t)$$
$$=\frac{aA_c(t)}{2}\cos\theta\sin 2\omega_0 t+aA_c(t)\sin\theta\cos^2\omega_0 t-aA_s(t)\cos\theta\sin^2\omega_0 t-$$
$$\frac{aA_s(t)}{2}\sin\theta\sin 2\omega_0 t$$

低通滤波输出：

$$Z(t)=\frac{a}{2}[A_c(t)\sin\theta-A_s(t)\cos\theta]$$

$$E[Z(t)]=0;\ R_Z(t,t+\tau)=\frac{a^2}{4}\left[\frac{1}{2}R_{AC}(\tau)+\frac{1}{2}R_{AS}(\tau)\right]=R_Z(\tau)$$

所以信号 $Z(t)$ 平稳。

$$P_Z=R_Z(0)=\frac{a^2}{4}R_X(0)=\frac{a^2}{4}\sigma_X^2$$

6. 理想白噪声通过理想带通滤波器的输出为窄带高斯噪声：

$$N(t)=N_c(t)\cos 2\pi f_c t-N_s(t)\sin 2\pi f_c t$$

其输出功率谱密度为

$$P_N(f)=\frac{N_0}{2}|H(f)|^2=\frac{N_0}{2},\quad f_c-B<|f|<f_c+B$$

窄带随机信号的自相关函数

$$R_N(\tau)=\mathscr{F}\mathscr{T}^{-1}[P_N(f)]=2N_0B\cdot\mathrm{Sa}(2\pi B\tau)\cos(2\pi f_c\tau)$$

由于理想白噪声功率谱是偶对称的，所以 $R_{N_cN_s}(\tau)=0$。

所以 $R_{N_c}(\tau)=R_{N_s}(\tau)=2N_0B\cdot\mathrm{Sa}(2\pi B\tau)$。

7. 略

8. 略

参 考 文 献

[1] 常建平，李海林. 随机信号分析[M]. 北京：科学出版社，2006.
[2] 李晓峰，李在铭，周宁，等. 随机信号分析[M]. 3 版. 北京：电子工业出版社，2007.
[3] 王永德，王军. 随机信号分析基础[M]. 3 版. 北京：电子工业出版社，2009.
[4] 高新波，刘聪锋，宁骊平，等. 随机信号分析[M]. 北京：科学出版社，2009.
[5] 陈明. 信息与通信工程中的随机过程[M]. 北京：科学出版社，2009.
[6] 赵淑琴，郑薇. 随机信号分析[M]. 2 版. 北京：电子工业出版社，2011.
[7] 罗鹏飞，张文明. 随机信号分析与处理[M]. 2 版. 北京：清华大学出版社，2012.
[8] 刘磊，王琳. 随机信号与系统[M]. 北京：清华大学出版社，2011.
[9] 杨福生. 随机信号分析[M]. 北京：清华大学出版社，1990.
[10] 张明友，张扬. 随机信号分析基础[M]. 2 版. 成都：电子科技大学出版社，2002.
[11] 樊昌信，曹丽娜. 通信原理[M]. 6 版. 北京：国防工业出版社，2006.
[12] 罗鹏飞，张文明，刘福声. 随机信号分析[M]. 2 版. 长沙：国防科技大学出版社，2003.
[13] 张卓奎，陈慧婵. 随机过程[M]. 西安：西安电子科技大学出版社，2003.
[14] 张贤达. 现代信号处理[M]. 北京：清华大学出版社，1998.
[15] 朱华等. 随机信号分析[M]. 北京：北京理工大学出版社，1990.
[16] 郭业才. 通信信号分析与处理[M]. 合肥：合肥工业大学出版社，2009.
[17] 张贤达，保铮. 通信信号处理[M]. 北京：国防工业出版社，2000.
[18] 赵静，张瑾. 基于 MATLAB 的通信系统仿真[M]. 北京：北京航空航天大学出版社，2007.